煤与瓦斯协同共采优化理论及应用

孙维吉　梁　冰　秦　冰　郝建峰　著

东北大学出版社

·沈　阳·

Ⓒ 孙维吉 等 2021

图书在版编目（CIP）数据

煤与瓦斯协同共采优化理论及应用 / 孙维吉等著
. — 沈阳：东北大学出版社，2021.10
ISBN 978-7-5517-2811-9

Ⅰ．①煤⋯ Ⅱ．①孙⋯ Ⅲ．①瓦斯煤层采煤法 Ⅳ.
①TD823.82

中国版本图书馆 CIP 数据核字（2021）第 220179 号

出 版 者：东北大学出版社
　　　　　地址：沈阳市和平区文化路三号巷 11 号
　　　　　邮编：110819
　　　　　电话：024-83683655（总编室）　83687331（营销部）
　　　　　传真：024-83687332（总编室）　83680180（营销部）
　　　　　网址：http://www.neupress.com
　　　　　E-mail: neuph@neupress.com
印 刷 者：辽宁一诺广告印务有限公司
发 行 者：东北大学出版社
幅面尺寸：170 mm×240 mm
印　　张：18.5
字　　数：313千字
出版时间：2021年10月第1版
印刷时间：2021年10月第1次印刷
策划编辑：张德喜
责任编辑：郎　坤
责任校对：杨　坤
封面设计：潘正一

ISBN 978-7-5517-2811-9　　　　　　　　　定　价：68.00元

前 言 PREFACE

目前，煤炭是我国最重要的能源，而瓦斯作为煤炭的伴生产物，不仅是煤炭开采中的重大危险源和很严重的环境污染源，还是一种宝贵的不可再生的绿色能源。我国瓦斯资源量非常大，其总量与我国的天然气资源总量相当，而且随着煤炭开采力度加大，开采深度增加，进入深部煤层开采阶段，瓦斯含量随着埋深呈逐渐增加趋势，导致瓦斯治理问题的难度增大。国家"十三五"（2016—2020年）规划纲要第三十章明确提出要"深入推进能源革命，着力推动能源生产利用方式变革，优化能源供给结构，提高能源利用效率，建设清洁低碳、安全高效的现代能源体系，维护国家能源安全"，"优化建设国家综合能源基地，大力推进煤炭清洁高效利用"，"推进大型煤炭基地绿色化开采和改造，鼓励采用新技术发展煤电"。

煤炭行业也已初步提出了与"煤炭资源绿色开采"相关的明确概念及技术体系与基础理论[1-3]。煤炭绿色开采的技术体系主要包括：与水资源相关的保水开采与煤水共采技术、采动后的岩层移动与采动导致的地表沉陷控制技术及采矿区周围地面土地资源保护技术、煤与瓦斯共采技术、采矿后产生的矸石再次充填利用技术等。同时，国家陆陆续续出台与能源相关的新的利好政策，使人们尤其是能源开采领域的工作者和学者逐渐认识到国家对煤层气能源的重视。煤层气是重要的绿色能源，其合理利用能造福人类。煤与瓦斯共采技术是现今提倡的绿色开采技术之一[4]，实现煤与瓦斯共采，是深部煤炭资源开采的必然途径。

本书主要内容来源于国家重点基础研究发展计划（973计划）"深部煤炭开发中煤与瓦斯共采理论"项目课题六"煤层群煤与瓦斯共采时空协同机制及技术优化方法"（2011CB201206）和国家自然科学基金面上项目"煤与瓦斯共采协同优化模型及安全开采控制机制研究"（51874166），重点研究了煤与瓦斯共采的协同优化理论，建立煤与瓦斯共采协同机制。旨在有序指导煤矿科学合理地安排煤层开采作业和瓦斯抽采作业时间，实现保证安全的前提下生产效益最大化。

全书共7章。第1章综述了与煤与瓦斯共采研究相关的理论，共采技术、流固耦合等方面的研究现状。第2章利用自主研发的煤与瓦斯共采试验台，研究含瓦斯煤岩体采动过程中裂隙发育、渗透率演化规律，以及采动影响下的瓦斯涌出规律；采用现场数据分析瓦斯抽采对煤炭回采的影响；提出煤炭开采与瓦斯抽采之间的共采时空协同机制。第3章建立以经济效益最大化、抽采率最大化为目标函数，以煤炭回采量和瓦斯抽采量为约束变量，以煤炭开采量和瓦斯抽采量与时间、空间关系为约束条件的煤与瓦斯共采时空协同优化模型。第4章提出基于作业成本法的煤炭和瓦斯生产成本预算新方法，将瓦斯抽采成本从煤炭生产成本中剥离出来，为共采技术优化模型提供准确的煤炭和瓦斯生产成本信息。第5章、第6章分别选取近距离煤层群代表矿井沙曲矿24207工作面和单一煤层代表矿井漳村矿2601工作面进行煤与瓦斯共采优化，计算得到该工作面最优采煤量和瓦斯抽采量，以及共采时间。第7章采用数值模拟研究手段，模拟对比三种覆岩裂隙带瓦斯抽采方法。

作者所在的研究团队的全体成员为本书的撰写倾注了大量心血。感谢袁欣鹏博士、石占山博士、韩玉明博士为本书撰写所做的辛勤工作；感谢国家重点基础研究发展计划（973计划）（2011CB201206）第六课题组煤炭科学技术研究院有限公司齐庆新研究员、李宏艳研究员，山东科技大学潘立友教授，煤科集团沈阳研究院有限公司秦玉金研究员提出的宝贵意见；感谢沙曲矿、漳村矿工作人员提供的大量有益的现场数据。

应该指出，煤层群煤与瓦斯共采优化理论研究涉及多学科的理论与方法，是一个长期的研究过程，今后还需要更多更深入的研究来充实和完善煤与瓦斯共采相关理论，以更好地服务于生产实践。由于作者水平有限，书中难免存在不足之处，敬请批评指正。

孙维吉

2020年4月

于辽宁工程技术大学

目 录 | CONTENTS

第1章 绪 论

1.1 煤与瓦斯共采研究的意义

瓦斯（煤层气）与煤岩之间具有"共同产生""共同储存"（即煤岩体既是瓦斯的生气来源，也是瓦斯的储存介质）的特点，在煤岩体直接受开采扰动，或者覆岩受到采动的影响而产生煤体变形、破断产生裂隙之后才会形成大量的瓦斯运移（瓦斯在运移过程中产生瓦斯的解吸、扩散、渗流、升浮及向采空区和采掘巷道中大量涌入，甚至发生煤与瓦斯突出等灾害）。由于煤层本身赋存条件、复杂的地形条件和投入成本较高等因素制约，大规模、有效地在我国进行地面钻直井或水平井以及井网排采煤层气的技术和能力仍十分受限。因此，针对我国低透气性、高瓦斯煤层群的开采，在我国特有的复杂地质和瓦斯赋存条件下，应重点研究在煤岩体采动干扰过程中或者在采动影响之后，煤层群中的本煤层和邻近层、保护层与被保护层的应力变化规律，采动后在原生裂隙基础上的裂隙扩展分布和采动裂隙的演化情况，以及最关键的煤层透气性增加程度，这直接影响了瓦斯抽采效果。同时要分析在产生有效裂隙增加煤层透气性基础上煤体内瓦斯运移规律，也就是主要研究在煤岩体卸压开采过程中煤层内的瓦斯解吸-渗透规律，而关键是解决采动后煤体裂隙的发育、演化规律和分布情况的有效控制问题，从而找到瓦斯运移的有效通道，并提出能够有效提高瓦斯抽采率的方法，解决我国低透气性高瓦斯煤层的瓦斯治理难题，大力发展煤与瓦斯共采关键技术。

瓦斯的开发利用具有"一举多得"的益处：首先，加强了煤炭开采时的瓦斯事故抵预能力，保障了安全开采；其次，实现温室气体的有效减排，提高了环保效应；最后，宝贵的煤层气资源实现商业化开发将会产生长远的效益。但是，煤炭开采和瓦斯开采两者之间的相互制约关系非常复杂，如因煤层赋存条件导致瓦斯抽采率偏低、抽采时间长，会在获得相同经济收益下造成成本大幅度提高，而且也会严重限制煤炭的回采速度、生产周期，不利于煤炭企业的正常发展；反之，若煤炭回采过快，会引起瓦斯涌出量提高，容易发生瓦斯灾害。煤与瓦斯共采既能保障我国经济持续健康发展对能源的大量回收，还将进一步提升我国煤矿安全生产效率和高效洁净资源的生产能力，尤其对我国能源结构的完善、减少雾霾对大气的污染具有十分重要的意义。

我国煤与瓦斯共采技术的工程应用已成规模，但目前为止还未形成具备有效性、科学性、针对性的和煤与瓦斯共采技术相配套的煤与瓦斯共采基础理论体系。针对目前煤与瓦斯共采中仍然存在的煤炭开采与瓦斯抽采在时间上、工序衔接上难以实现同步性、协调性，导致瓦斯抽采率普遍偏低的现状，应进一步对低透气性高瓦斯煤层赋存条件下的煤与瓦斯共采控制参数体系及参数量化分析方法进行分析研究，探索控制参数对煤与瓦斯共采的影响机制，建立煤与瓦斯共采的评价模型及基于时间、空间协同机制的共采优化模型，进行煤与瓦斯共采影响因素统计辨识，针对影响因素如煤层埋深、煤层厚度、煤层面积、渗透率、瓦斯含量、顶底板岩层物理力学性质等，提出影响指标的量化标准，建立煤炭开采与瓦斯抽采最优匹配的理论模型与优化设计方法。我国多数煤层瓦斯含量较高，因此研究含有瓦斯煤层的评价指标体系和建立评价模型更具有普遍意义，这就需要改变以往只评价单一煤炭开采或者单一瓦斯抽采的片面性评价方式，对煤与瓦斯共采体系中的评价指标进行分析与量化，建立煤与瓦斯共采中煤炭开采和瓦斯抽采的时间、空间协同机制的理论基础及煤与瓦斯共采评价和优化模型。

针对我国目前煤炭行业的实际情况，国家有必要从能源安全的角度出发，出台一些相应的政策，以保证有限的煤炭资源和煤层气资源得到有效回收。而目前的一个难点是：在国家要求开采煤炭资源服务于经济、社会发展的同时，缺少一套切实可行的煤炭和煤层气资源开发理论来指导煤炭企业科学合理地开采煤炭资源和瓦斯（煤层气）资源；缺少一套资源开采评价理论为国家有关部门对煤炭行业的决策提供参考。煤与瓦斯共采技术的应用仍处在经验的层面，理论相对滞后，缺乏具有系统性和科学性的煤与瓦斯共采技术应用的理论指导，为此，建立煤与瓦斯共采评价模型和优化方法对其技术的应用具有重要的指导意义。

煤炭是我国最主要的一次性主导能源，而瓦斯作为煤炭开采中的伴生产物，随着煤炭开采力度的加大，开采深度的增加，瓦斯含量呈逐渐增加趋势，导致瓦斯治理的难度提升，实现煤与瓦斯共采，是深部煤炭资源开采的必然途径。本书从分析煤与瓦斯共采中两个子系统（煤炭开采和瓦斯抽采）之间相互促进又相互制约的复杂关系入手，研究煤与瓦斯共采控制参数评价指标体系，揭示控制参数对煤与瓦斯共采效果的影响规律，建立煤与瓦斯共采的评价模型及考虑时间、空间协同机制的共采优化理论，完善煤与瓦斯共采基础理论体系。

1.2　国内外研究现状

1.2.1　煤与瓦斯共采理论研究现状

李树刚、钱鸣高、许家林等[1]提出"煤矿绿色开采"的基本概念和绿色开采技术分类，认为煤炭开采过程要做到防止或尽可能降低对环境保护或水、土地、瓦斯等其他资源造成的不好的影响，最终取得最好的效益，包括经济、环境和社会效益。根据煤矿中同时出现的或可能造成影响的土地沉陷、地下水污染、瓦斯涌出以及采煤时的废弃矸石排放等问题，提出几种绿色开采技术：① 与水资源相关的保水开采与煤水共采技术；② 采动后的岩层移动与采动导致的地表沉陷控制技术及采矿区周围地面土地资源保护技术；③ 煤与瓦斯共采技术；④ 采矿后产生的矸石再次充填利用技术；等等。煤与瓦斯共采是绿色开采技术之一，是在低渗透率高瓦斯煤层开采的同时，利用煤岩层移动变形，使含瓦斯煤层卸压增加其渗透率，从而开采出煤层气，提高煤层气抽采率的技术，是我国煤矿安全开采的一个重要途径[2]。

在多次强烈构造运动的影响下，我国含煤地层在成煤后其结构发生了重大改变，煤层内部的原始裂隙系统受影响严重，破坏程度高，较大程度上增强了煤体的塑性，这就导致煤层的渗透率较低。我国煤储层普遍具有高变质程度、低渗透率、较低的瓦斯压力和低含气饱和度的典型特点，

70%以上煤层的渗透率小于1×10^{-3} μm^2，使得沿煤层打钻孔困难，导致我国开展煤层瓦斯采前预抽效果普遍较差。而通过何种手段有效提高煤层渗透率是提高煤层瓦斯抽采率的症结所在。煤层低渗透率的特性严重制约着煤层瓦斯抽采。在不断的现场实践中，我们逐渐认识到不管渗透率有多差，只要煤层开采扰动引发覆岩移动变形对煤层产生卸压，采动后就会增大数十倍到数百倍，效果好的甚至可能增加上千倍，为瓦斯运移和抽放创造了有利条件，较大程度上提高了煤层瓦斯抽采效果。我国煤层的低透气性这种不利于瓦斯抽采的较差的物性条件决定了我国的瓦斯抽采重点应放在井下煤层采动后卸压瓦斯抽采方面，开采高瓦斯煤层，利用岩层运动的特性对煤层瓦斯抽采，实现煤与瓦斯共采。煤炭开采，引起邻近煤层卸压，透气性增加，促进瓦斯抽采，不仅改善了采煤安全条件，更得到了洁净能源，这就是煤与瓦斯共采技术。应充分利用采动过程中对煤层卸压效应增大煤层渗透率的原理，重点研究采动卸压煤层的瓦斯抽放，坚持走"煤与瓦斯共采"的道路[3-7]。

开采形成采煤和瓦斯抽采两个完整的系统，将两个系统统一起来实现"煤与瓦斯共采"，不仅有益于矿井的安全生产，而且采出的还是洁净能源[8]。对于煤与瓦斯共采的研究，钱鸣高院士等提出了煤与瓦斯共采的可能性，并论述了瓦斯抽采的经济效益[9-10]。

保护层开采的目的是通过保护层的开采使被保护层产生卸压，释放被保护层及围岩的弹性能，增大煤层的透气性，促进被保护层瓦斯解吸，为被保护层瓦斯运移创造通道。保护层开采能达到这一增大煤层透气性、提高瓦斯抽采率的目的，是解决高瓦斯煤层群，尤其是突出煤层瓦斯治理问题的主要方法之一。保护层开采之后，对卸压煤层选取瓦斯抽采区域以及进行抽采参数设计，近年来在国内外得到广泛应用。

王金庄[11]对保护层开采的覆岩裂隙演化规律进行研究，其托板理论的提出验证了离层裂隙在煤岩体内的存在问题。美国的Z.T.比尼斯基和S.S.彭[12-13]分析了经过采动干扰后覆岩煤体的卸压规律，同时有学者对不同覆岩煤体的裂隙带进行了分析[4, 14-21]。赵德深[22]针对煤体的离层分布规律，根据其提出的"拱梁平衡理论"进行了初步分析。在"十五"期间，胡千庭等学者采用数值计算方法，模拟分析了保护层开采后被保护煤层在工作面倾向和走向上的卸压特征。石必明[23]采用有限元分析软件得到下保护层开采过程中被保护层远距离煤层的动态发展演化情况，基于岩石破裂损伤理论基础展开研究。以中国矿业大学为代表，从事煤炭领域相关研究工作的煤科类院校以及煤科研究院所等单位，在煤体采动理论的研究基础上，从理论上对煤体采动后裂隙演化及分布规律，卸压煤体内的瓦斯扩散、运移通道以及运移规律展开了进一步的研究[24-33]。程远平等[34]提出了高瓦斯低透气性煤层群煤与瓦斯安全高效开采的概念与思路：在高瓦斯低透气性煤层群开采下，首先要开采瓦斯含量低且没有突出危险性的煤层，利用它的采动影响使位于它邻近层的卸压煤层透气性成百倍地增加，形成瓦斯高效抽采的较好条件，不仅解决了卸压煤层向首采层涌出瓦斯带来的安全威胁，而且保证了瓦斯含量高、具有突出危险性的主采煤层安全高效地被开采，又较大地降低了被卸压煤层的瓦斯含量，消除了突出危险性，具有较好应用前景。许家林等[35]将煤与瓦斯共采作为绿色开采体系的重要部分，利用煤层开采引起的岩层移动对煤层渗透率的增大作用，根据其提出的卸压瓦斯抽放钻孔布置的"O"形圈理论，明确指出关键层理论所得出的节理裂隙场分布规律将对瓦斯抽出技术有重要指导作用，在采煤的同时高效开采卸压煤层气，建立"煤与煤层气共采"技术体系。

针对淮南矿区因为煤层群低透气性，瓦斯不能通过传统的瓦斯抽放技术和方法解决的难题，以该矿区为主要研究背景，对于煤（岩）层不同地质条件和瓦斯赋存条件，袁亮[36]建立了煤层卸压开采抽采卸压瓦斯的理论，提出了"开采煤层顶底板卸压瓦斯抽采工程技术方法"，建立了保护层卸压开采抽采被保护层卸压瓦斯理论、煤与瓦斯共采工程技术方法，使淮南矿区的煤炭产量由 $1.000×10^7$ t 增加到 $3.633×10^7$ t，抽采率由 5.0% 提高到 46.5%，达到世界先进水平。

同时，国内外学者对卸压后煤岩体的渗透率和采空区内的裂隙分布以及瓦斯流动规律进行了研究[37-43]。涂敏[44]通过实验室试验、数值计算、理论分析，对开采卸压后覆岩裂隙分布、离层裂隙动态演化的规律、采动后覆岩应力变化及卸压煤层内瓦斯的富集区等进行了相关研究，针对沿空留巷卸压层的采空一侧煤岩层顶板上存在三个裂隙发育分布区（同时是卸压瓦斯的富集区域），提出了卸压瓦斯抽采的基本原理。袁亮等[45-46]指出，对于具有煤与瓦斯突出危险的煤层群，在深部低透气性、高瓦斯的开采条件下，无煤柱沿空留巷Y型通风方式的煤与瓦斯共采方法是一个有效的发展方向，形成利用沿空留巷钻孔来进行连续不断抽采卸压瓦斯的工程技术体系，代替以浅部煤层瓦斯专用巷道为主的抽采技术，实现了卸压瓦斯的连续抽采与综采工作面采煤同步推进。卢平等[47]通过模型试验和理论研究发现工作面采空区侧存在"竖向裂隙发育区"，在其工作面的覆岩下沉带和底鼓变形带内出现煤体膨胀变形，大大提高了煤层的透气性，为远程卸压瓦斯抽采提供了良好的通道。袁亮[48]初步建立了低透气性煤层群高效抽采的高位环形裂隙体及其判别方法，可综合判定煤层瓦斯高效抽采范围，为煤与瓦斯共采理论发展以及工程实践提供了一套新的科学研究方法和工程设计手段。吴仁伦[49]从煤与瓦斯共采的角度出发，提出煤层卸压瓦斯解吸带的卸压程度为煤层群开采条件下上覆煤岩层卸压瓦斯抽采的"三带"划分标准，并分析"三带"范围形成的影响因素，以此为理论依据，建立了煤层群卸压瓦斯抽采模式。

谢和平等[50]综合考虑不同煤炭开采方式下形成的煤体支承压力、孔隙压以及吸附瓦斯后煤体膨胀变形的耦合关系等因素，分析煤体损伤产生裂隙从而引起的体积改变，在此基础上定义了一个新力学量——增透率，来反映煤体单位体积改变下产生的渗透率的改变量，为煤与瓦斯共采实际中的煤岩层增透效果评价提供量化指标。

钱鸣高、缪协兴、许家林等[25]研究认为，随着工作面的推进，采动影响下覆岩运动所产生的采动裂隙是动态发展的，按照裂隙的发育方向可将其分为离层裂隙和穿层裂隙。离层裂隙普遍发育于上覆整个岩层中，会产生膨胀卸压的效果；而竖向穿层裂隙则只是在一定高度的岩层内发育，主要取决于采高及覆岩性质。在开采上邻近层时，瓦斯会通过穿层裂隙涌入其回采空间，称为"导气裂隙带"。而竖向穿层裂隙上方覆岩中的瓦斯则不能通过其涌入下部回采空间。工作面卸压瓦斯主要来自上下邻近层、本煤层以及上覆岩层。

许家林等[51-52]研究发现，关键层失稳破坏后，采动裂隙在采空区周围形成了一个相互连通的发育区，这些裂隙会在采空区中部的压实作用下逐渐闭合且保持稳定，称为采动裂隙"O"形圈，并基于此提出了卸压瓦斯抽采"O"形圈理论。该理论指出：周围煤岩体解吸出来的瓦斯通过导通裂隙源源不断地涌入"O"形圈，实践表明，在"O"形圈内布置钻孔或者抽采巷道在扩大抽采范围、提高抽采效率等方面具有实用性和可行性[53-57]。

李树刚等[58-60]的研究表明，上覆关键层的移动轨迹与裂隙带发育程度息息相关，分层裂隙和破断裂隙在覆岩中的分布形态呈"椭抛带"，这也为抽采方式的选择和抽采参数的确定提供了依据。

袁亮等[61-68]系统地研究了煤与瓦斯共采理论与技术，研究了高瓦斯矿井上覆岩层移动的时空演化规律，认为煤层瓦斯压力与地应力线性相关，随地应力的增大，煤层渗透率表现出负指数减小趋势。通过研究低透气性煤层增透机理，发现卸压抽采是增大煤层透气性的有效方法，且地应力对煤层透气性的影响比较大。基于此提出了以"高效"抽采来代替通过增大风量解决瓦斯的治理理念，而实现此想法的关键在于通过卸压使煤体透气性增大。突破传统的煤层开采设计思想，通过在淮南矿区的试验研究，首次提出利用沿空留巷代替煤柱的煤与瓦斯共采技术，这种技术要求工作面通风方式为 Y 型通风。建立了煤层群煤与瓦斯共采的"高位环形体"理论，为了定量研究"高位环形体"，借助数值模拟方法给出描述卸压程度的新概念——采动覆岩卸压系数。开采煤层群时将安全可靠的煤层作为首采层，为上下煤层提供了足够的变形空间，极大地提高了煤层透气性。

杨天鸿等[69-72]建立了含瓦斯煤岩的固气耦合模型，同时借助数值模拟研究了抽采过程中煤层渗透率在采动效应影响下的演化特征和钻孔四周瓦斯压力的演化规律，基本明确了卸压瓦斯瞬态渗流机制。研究结果显示，煤层顶板上方 67 m 处透气系数增大到原来的 2000 倍，卸压范围为 70 m 左右。

袁亮、刘泽功、涂敏等[73-79]进一步研究了"O"形圈内的瓦斯运移规律，提出根据"O"形圈的分布特征布置矿井瓦斯抽采巷道和钻孔，并讨论了邻近层瓦斯抽采巷道和钻孔的布置原则。理论分析了抽采上邻近层卸压瓦斯对瓦斯流场在采空区的分布状态的影响。

涂敏等[80-84]研究了开采高瓦斯、低渗透性松软煤层时覆岩透气性、裂隙的孕育规律、应力的演化特征、瓦斯涌出与煤体变形的机理以及煤层瓦斯渗流规律等，研究得到的卸压瓦斯抽采的基本原理和方法为煤与瓦斯共采提供了理论基础。

周宏伟等[85-87]引用分形几何原理研究了工作面回采过程中上覆煤岩

裂隙的分形特性。

吴仁伦[49, 88]建立了采动影响下上覆煤岩层瓦斯运移分带理论体系，即基于开采扰动后上覆煤岩层瓦斯卸压运移特征及其裂隙场和应力场的分布特征，根据瓦斯运移的难易程度，对上覆煤岩层的裂隙发育程度进行了划分，提出了利用新"三带"理论指导抽采卸压瓦斯。针对覆岩关键层对煤层群开采瓦斯卸压运移"三带"范围的影响进行了研究，研究结果表明，影响卸压瓦斯抽采范围的关键因素是覆岩导气裂隙带内是否存在关键层。同样的开采条件下，关键层存在时，该关键层破断使得导气裂隙带高度明显高于经验公式的计算结果，但不超过该关键层上方另一关键层；卸压解吸带高度不超过未破断且下方具有离层空间的关键层，其最大高度不超过主关键层。

薛东杰等[89-91]基于采动影响下的煤岩体破断规律及演化规律，建立了一套评价卸压增透效果的模型，讨论了回采期间上覆煤岩层裂隙演化规律。

马念杰等[92-93]基于钻孔围岩的"蝶形塑性区"模型，研究了深部煤与瓦斯共采中钻孔瓦斯导向通道，结果表明，深部开采引起的"加卸载"效应，使得钻孔围岩中形成了"蝶形塑性区"，蝶叶长度是钻孔直径的几十倍，"蝶形塑性区"的出现为瓦斯流动提供了有利通道。基于钻孔围岩"蝶形塑性区"理论，推导得到瓦斯增透圈半径的解析表达式，全面分析了影响钻孔增透半径的主要因素。"蝶形塑性区"理论为实现煤与瓦斯协调共采提供了依据，为瓦斯抽采设计提供了理论支持。

俞启香、程远平、蒋承林等[94]论述了高瓦斯低透气性突出特厚煤层煤与瓦斯共采、上覆采动断裂带有高瓦斯涌出的特厚煤层煤与瓦斯共采两种模式的基本原理及其在实际应用中取得的成果，并且在实际现场发现了采动造成的远程上覆煤层卸压瓦斯抽采规律及卸压变形规律。

李宏艳、王维华、齐庆新等[95]采用煤与瓦斯共采相似模拟实验研究了采动过程中上覆岩体应力及其渗透性的互耦合特性。利用柔性加载方式以及平面应变模型，模拟了回采过程中上覆围岩应力及渗透性的演化规律。

薛俊华[96]采用理论分析的方式，研究了西部矿区近距离高瓦斯厚煤层大采高条件下采动响应强烈、沿空留巷难度高以及卸压范围大等共采难题。基于 4.2 m 大采高顶板裂隙发育及演化规律的研究成果，确定了采空区瓦斯富集区，得到了大采高工作面裂隙发育区的分布特征，并针对卸压瓦斯的高效抽采提出了采用大直径钻孔群代替倾向高抽巷的抽采方法。

王伟、程远平、袁亮等[97]以平顶山天安五矿为研究对象，针对深部近距离上保护层开采时，下方被保护层卸压瓦斯大量涌入首采工作面容易造成瓦斯超限的技术难题，研究了开采深部近距离上保护层时，随工作面推进煤层底板裂隙的变化特征以及下被保护层卸压瓦斯抽采时的效性。

胡国忠、王宏图、李晓红等[98]通过现场研究及数值模拟的方式，分析了开采上保护层后，俯伪斜被保护层的卸压效果，提出了东林煤矿俯伪斜上保护层回采全程卸压瓦斯抽采方法，解决了急倾斜俯伪斜上保护层卸压瓦斯抽采率低的技术难题。根据东林煤矿的实际情况，利用保护层开采以后产生的"卸压增透效应"，优化了东林煤矿卸压瓦斯抽采参数。

卢平、袁亮、程桦等[47]针对低透气性高瓦斯煤层群首采层瓦斯涌出量大、治理困难的技术难题，研究发现"竖向裂隙发育区"存在于采空区一侧，煤体膨胀变形现象主要出现在弯曲下沉区域和底板膨胀变形区域，以上两个区域内透气性较好。

刘三钧、林柏泉、高杰等[99]研究了首先开采间隔距离较大的下保护层时上方煤岩体的裂隙发育规律，将上覆煤岩裂隙发育的大致过程划分为卸压、失稳、起裂、张裂、裂隙萎缩、变小、吻合、封闭等几个阶段，揭示了上覆煤岩层裂隙的动态演化规律。上覆煤岩层裂隙随着工作面向前推进，水平方向上呈"波浪"形周期性地向前发展，竖直方向上的分布形态大致呈上方小下方大的"A"字形。这一研究成果为瓦斯综合治理提供了"三位一体"的新模式，从多个方面系统地评价了保护层开采效果。将理论研究成果与现场实际相结合，研究发现煤层透气性系数大幅度提高，采掘工作面推进速度显著加快，提高了煤炭开采和瓦斯抽采作业的协调性。

涂敏等[100]用数值模拟方法研究了开采远距离下保护层对上覆煤岩体应力分布形态的影响以及被保护层卸压变形规律，揭示了被保护层应力演化特征、煤体的裂隙发育程度和形变特征。首先开采下保护层，被保护层可以充分卸压，卸压保护层角为 50°，被保护层最大膨胀变形率为 1.5%。研究成果应用于工程实践，取得了显著的技术和经济效益。

赵兵文[101]在保护层覆岩破坏特征和分布形态、开采保护层覆岩破坏力学分析、覆岩破断瓦斯通道的形成、关键层断裂对被保护层的影响、上覆岩层破坏高度及状态的影响因素等方面进行了保护层开采机理的研究分析，获得了保护层开采机制，进而将煤层残余瓦斯压力、残余瓦斯含量作为重要研究指标，煤层透气性系数、瓦斯抽放率作为辅助指标对保护层开采效果进行了现场实际勘查，该成果对于煤与瓦斯共采的评价具有重要意义。

涂敏等[102]以相似模拟及数值计算为基础，研究和分析了开采远程下保护层时，被保护层卸压变形特征和上覆煤岩体应力演化规律，并根据被保护层变形发育规律，将被保护层变形发育大致划分为压缩区、卸压膨胀区、卸压膨胀稳定区、卸压膨胀区、压缩区5个区域，研究得到了现场实际条件下被保护层的卸压范围、应力演化规律和变形特征。涂敏于2009年，针对高瓦斯、低渗透性松软煤层的赋存条件，设计了煤层变形与瓦斯运移耦合的动力学模型；分析了煤层变形情况下，瓦斯气体在孔隙内非渗流的具体情况，同时引入非流因子和加速度系数等参量，发现了煤层瓦斯运移规律的客观实质。

杨大明[103]采用有限元方法对缓倾斜煤层下保护层开采的保护作用进行了细致的研究，研究得到开采下保护层后上覆煤岩层中应力集中区域的分布范围；随着层间距的增大，岩层卸压峰值和边界点向采空区深部移动，而且卸压峰值移动长度大于边界点移动长度，卸压效应逐渐出现衰减现象；卸压区不同层位中岩层变形特点也不同。

石必明[23]采用现场勘测、实验室相似模拟实验和数值模拟方法，针对低透气性高瓦斯软厚煤层远距离下保护层开采问题进行了分析，研究得到了覆岩在开采保护层过程中的破坏和移动规律、被保护煤层抽采钻孔周围瓦斯运移和渗透率变化特征。

王露等[104]基于断裂损伤力学理论对高瓦斯低透气性煤层群瓦斯卸压抽采充分卸压区域边界范围的确定问题进行了研究，研究了煤岩层卸压效应和全程应力应变曲线的对应关系，以应力卸压比（卸压后应力值/原岩应力值）作为煤层充分卸压与否的判别尺度；考虑到阳泉矿区高瓦斯煤层赋存条件，对以应力卸压比作为判别指标的可行性以及煤层充分卸压时应力卸压比的影响因素进行了系统化研究。研究得出：充分卸压的应力卸压比与被保护煤层埋深有着密切关系，埋深越大，卸压比越小；且埋深在500 m

以内变化较快，埋深超过500 m变化较慢。

董春游等[105]针对我国尚未形成系统性的煤与瓦斯共采基础理论和技术体系的实际情况，设计出了以云的定性不确定性度量模型和D-S理论的冲突证据合成规则为标准的煤与瓦斯共采评价方式。在定性分析向定量研究转化过程中，云模型可以很好地兼顾评价存在的模糊性和随机性，在确定指标权重过程中，要有效地消除数据之间的冲突关系就要用到D-S理论，因此综合考虑地质条件、经济效益、技术条件和安全管理因素，设计了煤与瓦斯共采评价的指标系统，并对沙曲矿煤与瓦斯共采效果进行了评价。研究得出，以云模型和D-S理论的煤与瓦斯共采为基础的综合评价方法是可行的，具有实际的可行性、科学性及合理性。

王文等[106]参照平顶山矿区某矿丁、戊组煤层（间距90 m）的地质条件，对远距离下保护层开采煤层渗透特征以及瓦斯抽采技术进行研究。使用自制的煤–气耦合实验系统，对大尺寸煤样进行了加载试验，研究结果表明加载过程中裂隙发育过程可划分为原生微孔隙压密阶段、煤样的弹性变形阶段、膨胀破坏阶段和峰后破坏阶段；先加载后卸载煤样孔隙不会闭合，渗透系数会保持在较高的数值；再对现场丁组煤的卸压区域进行测试，卸压效果十分显著，煤层透气性系数扩大720～1550倍，在卸压范围之内，煤与瓦斯突出危险性得以消除；通过分析被保护层裂隙场的形成机理，得出煤与瓦斯共采中卸压瓦斯抽采钻孔抽采最佳时间，使得戊组煤开采与丁组煤瓦斯抽采在时间、空间上得以有序配合。

国内外目前针对煤与瓦斯共采理论已经进行了一系列研究，采动引起的瓦斯运移规律、卸压瓦斯的富集区域以及相应的瓦斯抽采方法的确定有了科学依据。但是随着开采逐步向深部转移，瓦斯治理难的问题日益突出，煤与瓦斯共采技术仍需要进一步优化，必须先从理论上解决煤炭开采和瓦斯抽采工艺的相互协调关系，提高煤与瓦斯共采效率。

1.2.2 煤与瓦斯共采技术研究现状

要展开煤与瓦斯共采技术的应用，突破传统理论的关键点是研究增加煤层的透气性、煤层采前如何把瓦斯预先抽出来的理论模型。煤体属于双重介质，具有原生裂隙，在初始地应力条件下煤体内的原生裂隙始终处于压实的状态，要想安全开采煤炭释放瓦斯压力就必须寻找煤体卸压、应力释放和提高透气性的方法。因此提出了先抽采煤层内瓦斯保证开采安全再采煤的煤与瓦斯共采的方法，变传统的瓦斯治理以"风排"为主的抽放理念为以"抽采"为主的高效"抽采"瓦斯的新理念，关键技术是让煤体发生卸压作用，提高主采煤层的透气性，实现卸压煤层瓦斯高效抽采后煤炭安全回采的共采目标[39, 107-116]。

在20世纪30年代，最早使用保护层开采技术的是法国，随后各主要采煤国（德国、苏联、波兰等）逐渐在煤层群的防突工作中采用保护层开采技术，从而使该技术得到大力推广使用。从20世纪50年代开始，我国也将保护层开采技术应用于现场，形成了我国独具特色的保护层开采与被保护层卸压瓦斯抽采相结合的煤与瓦斯共采措施。在北票、天府矿区，自20世纪中期也纷纷开始展开相关研究。

至20世纪70年代，在天府矿区进行了系统的远距离保护层保护效果的考察工作，对远距离上保护层开采中卸压煤层的透气性系数、钻孔流量等一系列重要相关参数展开了全面详细的测定工作。分析数据发现，通过对远距离上保护层的开采，产生了距上保护层约80 m的被保护煤层显著的卸压增透效应的较好效果，降低了煤层中的瓦斯压力，使煤层发生膨胀变形作用，膨胀相对变形量达到了0.6%，大大增加了被保护煤层的透气性系数（是初始状态的300多倍），使钻孔内的瓦斯流量提高了80多倍[117-118]。现场试验的效果验证了保护层开采技术的理论研究成果，说明了其应用推广的可行性，实验获得的数据也具有较好的借鉴作用。

自从20世纪末21世纪初以来，淮南矿业集团先后与中国矿业大学、中国煤科总院重庆分院等煤炭类高校和煤炭科研单位合作，选取不同地质条件，对上保护层、下保护层、不同距离下的保护层开采技术展开了大量的试验和工程实践，获得了丰硕的成果。保护层开采技术的有效使用以及取得的较好成果使得长期以来饱受煤与瓦斯突出等瓦斯灾害"伤痛"折磨的淮南矿区较大地提高了安全回采效率。

卸压瓦斯抽采是伴随着保护层开采技术的发展而孕育产生的技术，在保护层开采的早期阶段，被保护层内卸压的瓦斯只是简单地由采动引起的层间贯通裂隙形成的瓦斯流动有效通道而涌出回采工作面或由其他巷道排出，但在远距离煤层群条件下，保护层与被保护层层间距较大，贯通裂隙的发育往往不够充分，难以形成释放卸压瓦斯压力的有效运移空间，导致瓦斯仍聚积在卸压层中难以释放。针对这一问题的研究，使卸压瓦斯抽采技术体系开始逐渐发展成熟。卸压瓦斯抽采技术的应用发展离不开岩体采动破坏变形理论研究的深入，早在1996年，钱鸣高院士就依据采动后煤岩层的破坏情况的量化和煤层内应力分布特征的分析提出"三带"的划分标准。

俞启香等[94]基于首采煤层采动干扰引起的邻近煤层煤体卸压产生增透效应和增流效应的原理，建立了两种煤与瓦斯共采模式：一种是高瓦斯低透气性有煤与瓦斯突出危险特厚煤层的煤与瓦斯共采模式，另一种是上覆采动断裂带有高瓦斯涌出的特厚煤层煤与瓦斯高产高效卸压模式，并在淮南和阳泉矿区进行现场应用，取得很好的成果。

通过多年来对煤矿瓦斯治理技术与经验进行总结，创造性地在淮南矿区提出了以"可保尽保，应抽尽抽"为主要指导思想的瓦斯治理技术战略方针，并在2005年由国家发改委、安监局、煤监局正式写入《煤矿瓦斯治理经验五十条》[119]当中，从此保护层开采技术作为针对突出煤层煤炭开采的一种强制措施，在我国煤矿瓦斯治理工程中得到广泛应用，在全国范围内得到逐步推广。

程远平等[120]提出利用保护层开采技术开采保护层，使被保护层产生卸压作用，增大煤层透气性，进行卸压瓦斯抽采，是实现煤与瓦斯共采高产高效的有力措施，具有重要的现实意义，并对保护层开采下的卸压瓦斯强化抽采方法进行了汇总。袁亮[121]从理论研究、数值模拟和现场应用成果中总结提出煤与瓦斯共采技术两种瓦斯抽采技术体系。一种是采动卸压煤岩的瓦斯抽采技术体系：保护层开采后卸压增透的涌出瓦斯抽采、煤层顶板瓦斯抽采、地面直接打井向采动影响区域的瓦斯抽采。另一种是针对原始煤层进行强化抽采瓦斯的技术：掘进巷道采掘中抽采、在采动区域煤层内钻孔抽采瓦斯、控制深孔内预裂爆破对煤层增透的瓦斯抽采。

由中国矿业大学程远平教授等撰写的《保护层开采技术规范》[122]于2009年初颁布执行，其统一了保护层开采在采前规划、施工设计、验证检验、管理等一系列流程当中需要遵守的标准，使保护层开采技术在实践中更标准化、规范化，再一次推动了保护层开采技术在工程中的广泛应用。

卸压瓦斯抽采相关理论逐步发展，与此同时，瓦斯抽采的技术也得到了进一步发展。中国矿业大学先后与淮南矿业、淮北矿业、阳泉煤业、沈阳煤业等集团展开合作，结合各个矿区的不同煤层地质条件和赋存条件，进行了保护层开采和被保护层卸压瓦斯强化抽采的现场试验。根据被保护层所处的层位以及保护层开采形式，在现有技术的基础上，改进总结并提出多种卸压瓦斯抽采、地面直接打井抽采等一系列新方法新工艺，并得到了较好的工程应用效果[123-126]。如表1.1所示。

表1.1 被保护层卸压瓦斯主要抽采方法

保护层开采方式	被保护层位置	抽采方法	应用典型矿区	卸压抽采效果
下保护层开采	断裂带	顶板走向高抽巷法地面钻井法	阳泉、盘江等	好
		地面钻井法	阳泉、淮北、淮南、铁法等	部分较好
	弯曲带	底板巷道网格式上向穿层钻孔法	淮南	好
		地面钻井法	阳泉、淮北、淮南、铁法等	部分较好
上保护层开采	底板	底板巷道网格式上向穿层钻孔法	淮南、沈阳、天府	好

卸压瓦斯抽采技术配合保护层开采，大幅度地降低了被保护煤层中的瓦斯含量，使煤体的透气性成百上千倍地增长，提高了煤层瓦斯抽采率，抽采率超过60%，通过卸压抽采使具有突出危险的高瓦斯被保护煤层降为非突出的低瓦斯煤层，达到煤层的消突目的，实现煤炭的高效安全生产。

针对不同矿井工作面的不同赋存情况、地质条件，也相应提出更为具体的煤层卸压瓦斯抽采技术方案，为类似地质条件和赋存条件工作面的煤层卸压瓦斯抽采技术方案方法设计和煤与瓦斯高效共采的实现提供理论支持与技术指导。针对沙曲矿近距离煤层群回风流和综采面上隅角瓦斯浓度超限的急切需要解决的安全难题，谢生荣、武华太、赵耀江等[127]采用顶板裂隙钻孔组和高抽钻孔组联合抽采瓦斯的综合抽采技术，提出了沙曲矿高瓦斯近距离煤层群"煤与瓦斯共采"抽采方法技术体系。

柏发松等[128]提出采用单巷留巷 U 型通风与强化卸压抽采相结合技术,解决新庄孜煤矿 52208 工作面这类高瓦斯低透气性煤层群原始煤体抽采瓦斯效果差的难题,为类似条件采煤工作面的沿空留巷实现煤与瓦斯共采提供理论上的指导、技术上的支持。吴仁伦等[129]通过数值计算和现场试验相结合,确定了上被保护层实现有效卸压的下部煤层层位及开采长度,通过工程实证,达到较好卸压效果,使卸压层抽采率达 88.43%。李进朋[130]针对沙曲矿 22201 工作面提出开采上部 2#煤作为保护层,对下被保护层 3#+4#煤、5#煤进行卸压抽采,制定 2#煤煤炭开采工作面布置和开采设备选取,3#+4#煤、5#煤的卸压瓦斯抽采管网布置及抽采方案设计,实现沙曲矿煤与瓦斯共采。方新秋等[131]结合从德国引进的千米定向钻机 DDR-1200,通过理论计算和数值模拟分析沙曲矿 14301 工作面顶板裂隙带分布,确定瓦斯富集区域,向裂隙带内打千米钻孔,建立沙曲矿煤层群千米钻孔煤与瓦斯共采技术体系。薛俊华[96]研究了沙曲矿 24207 工作面大采高顶板裂隙发育及演化特征,分析了采空区瓦斯富集区,提出利用大直径钻孔群来替代倾向高抽巷进行卸压瓦斯的抽采技术,实现了高效连续安全生产原煤 67.7 万 t。

以袁亮院士为首的各位专家学者,提出无煤柱 Y 型通风沿空留巷煤与瓦斯共采技术体系。无煤柱开采就是在回采过程中不设护巷煤柱而改用其他的方式来维护巷道的开采方法,与护巷煤柱方式对比,能够高效开发煤炭资源,实现较高采出率,降低冲击地压危险,改善煤矿安全生产条件和生产的经济效益。沿空留巷的两进一回的 Y 型通风方式,可以解决工作面上隅角的瓦斯超限难题[132]。袁亮指出深部低透气性、高瓦斯具有煤与瓦斯突出危险性的煤层群开采,应该采用无煤柱沿空留巷 Y 型通风连续抽采瓦斯的煤与瓦斯共采技术,该技术已在我国安徽、重庆、山西等地迅速推广[83]。郑西贵等[133]在淮南矿区千米深井无煤柱煤与瓦斯工程技术基础上,提出了改进 Y 型通风模式——分阶段沿空留巷方法,实现了高浓度长时稳定抽采瓦斯,单孔平均瓦斯抽采体积分数达到 40%。赵兵文[101]以羊东矿 8463 工作面为研究背景,在坚硬顶板地质条件下,进行无煤柱保护层开采的沿空留巷 Y 型通风模式应用研究,利用 FLAC 计算上覆煤岩层采动后的裂隙发育、演化规律,与 FLUENT 数值计算的均压调节方案相结合,分析卸压瓦斯在上覆煤岩层中的流动规律,提出羊东矿 8463 工作面煤与瓦斯共采的方案，应用效果明显。范立国[134]在沙曲矿14202工作面4.5 m厚煤层中全国首次试验研究应用沿空留巷 Y 型通风与多种抽采钻孔布置方法相结合进行卸压瓦斯抽采，实现煤与瓦斯共采。

英国煤矿瓦斯抽采率超过45%，瓦斯利用技术比较成熟，高低浓度瓦斯都能被利用。英国停采矿井瓦斯抽采工作也取得了不错的效果，从停采矿井中抽采出来的瓦斯主要用于发电，避免了停采矿井瓦斯大量直接排放到大气中，减少了矿井瓦斯污染环境[135-136]。

澳大利亚瓦斯抽采方式主要是井下抽采，瓦斯储量较大的鲍恩和悉尼两个盆地煤层渗透性差、水力压裂成本高、效率低、经济可行性较差。澳大利亚科学界为了消除瓦斯灾害事故，将煤层瓦斯含量控制在 3 ~ 5 m³/t 以下，采用井下斜交钻孔和水平钻孔抽采瓦斯[137-139]。

前苏联的煤层气资源储量非常丰富，同时也是世界上最早采用保护层开采方式抽采卸压瓦斯的国家之一，主要从保护层开采、保护范围测定以及卸压瓦斯抽放等多个角度进行了系统的研究。1993年以来，法国科学界针对保护层开采展开了有益的研究，为了更好地防治煤与瓦斯突出，德国和波兰也推广使用保护层开采[140-142]。

石必明等[143]研究了保护层开采后被保护层的裂隙发育特征，研究表明在垂直方向上被保护层变形呈"M"形分布，并讨论了层间距对膨胀变形的影响。研究了基于有限元计算方法和岩石破裂损伤理论的下保护层开采远距离覆岩的移动过程，得到了覆岩破裂移动规律，认识了开采保护层条件下被保护层的应力演化和煤层变形规律；研究结果为卸压抽采钻孔合理布置和被保护层突出危险性的消除提供了理论支撑。田世祥、蒋承林、张才广等[144]为了解决贵州西部地区高瓦斯低透气性近距离煤层群瓦斯超限的技术难题，基于煤与瓦斯共采基础理论和方法，提出了采用高抽巷和穿层钻孔与保护层开采相结合的卸压瓦斯抽采方案。李维光[145]利用采空区瓦斯流动和岩层移动理论，研究了低瓦斯低透气性薄煤层采场中卸压瓦斯的运移规律和富集区范围，建立了低瓦斯低透气性薄煤层煤炭和瓦斯协调开采技术体系。袁亮以淮南矿区为背景，利用岩层移动理论、岩石力学和"O"形圈理论，针对低透气性高瓦斯煤层群安全高效开采问题，研究了顶底板瓦斯抽放方法，建立了煤炭和瓦斯协调开采技术体系。冀超辉[146]针对单一低透气性突出煤层回采效率低、瓦斯治理困难等问题，基于工作面应力和煤层渗透率分布规律，提出了底抽巷低透单一突出煤层煤炭和瓦斯协调开采技术体系。张吉雄、缪协兴、张强等[147]基于对机械化固体充填煤炭开采技术研究现状的分析，指出了"采选抽充采"一体化煤与瓦斯绿色共采的实际意义，对井下煤矸分选技术、高瓦斯低渗透煤层开采技术以及混采工作面开采技术展开了深刻的论述，分析了"采选抽充采"一体化煤炭和瓦斯有序开采原理。薛俊华[148]提出了三巷布置沿空留巷法解决高瓦斯工作面瓦斯超限问题，研究了三巷布置Y型通风工作面卸压瓦斯抽采方法和采空区瓦斯浓度运移规律。结果表明，横贯后方充填墙侧采空区瓦斯浓度随留巷长度增大呈现先增大后减小的特征，瓦斯浓度最高点出现在留巷长度75 m的位置，横贯的最大间隔距离为50～75 m。李树刚、李生彩、林海飞等[149]发现了采动影响下煤层瓦斯产生"卸压增流效应"，为煤与瓦斯共采理论体系增加了新的内容，并基于此给出了卸压瓦斯的抽采新方法，对共采的社会和经济效益进行了分析。

在保护层卸压开采抽采瓦斯技术的基础上，袁亮[150]基于保护层开采卸压瓦斯抽采技术，提出了无煤柱煤与瓦斯共采技术，综合考虑了采煤、瓦斯治理、巷道支护等安全技术难题，将传统的瓦斯抽采岩巷改为首采层无煤柱沿空留巷，通风方式由原来的U型通风改为Y型或H型通风，利用留巷连续抽采采空区卸压瓦斯，研究了解决低透气性煤层群开采的无煤柱煤与瓦斯共采问题的理论、方法和技术。首先开采关键卸压层是保证低透性松软高瓦斯煤层群安全高效开采的关键技术，通过研究顶底板岩层卸压后的瓦斯运移规律和裂隙演化规律，发现竖向发育裂隙区的存在。

胡国忠、许家林、黄军碗等[151]运用"均衡开采"理念解决综采放顶煤工作面回采期间的瓦斯超限问题。通过分析工作面瓦斯涌出特征，构建了基于分源预测法的综放工作面瓦斯涌出量预测模型，建立了工作面产量计算方程以及回风巷和尾巷的瓦斯浓度方程，给出了均衡开采的目标函数及相应的约束条件，最终建立了基于均衡开采理论的模型。张新建、王硕、张双全等[152]利用本煤层顺层钻孔抽采、地面钻孔抽采、千米定向钻机与普通钻机掩护抽采相结合的全方位立体化抽采模式，解决了寺河煤矿大采高、高瓦斯长工作面瓦斯治理的技术难题。袁亮针对深部煤层群地应力高、瓦斯含量高、渗透率低的特点导致的严重影响回采效率和严重影响工作面安全开采的技术问题，研究了工作面推进过程中顶板岩层裂隙发育规律，"竖向裂隙发育区"在采空区侧形成的原理，采空区瓦斯在 Y 型通风方式下的运移规律和压力场分布规律，提出了留巷钻孔法抽采卸压瓦斯的共采新理念。涂敏、刘泽功利用相似模拟试验方法，研究得到了受采动影响工作面各个方向上裂隙的演化规律，并给出了工作面上方裂隙演化的大致范围，从而为瓦斯抽采钻孔布置提供了科学依据。许家林等[35]研究了覆岩移动对卸压瓦斯运移的影响，指出下保护层最大卸压高度受到覆岩主关键层位置的控制；影响邻近层瓦斯涌出的关键因素是覆岩关键层的破断。俞启香、程远平等[153-156]针对高瓦斯煤层群难以实现安全高效开采的难题，提出采用煤与瓦斯协调共采的理念探索解决问题的方法，开采高瓦斯煤层群时，首先选择低瓦斯无突出危险性的煤层作为首采层，利用采动影响下上覆煤岩层裂隙演化特征进行卸压瓦斯抽采，这种方法不仅解决了邻近层瓦斯涌入首采层造成瓦斯超限的问题，从而实现煤与瓦斯安全高效共采，还消除了邻近层的突出危险性。研究指出，下部卸压区瓦斯可以选择在底板巷道内向上方煤层中施工密集钻孔方法，上部卸压区瓦斯抽采方法主要分为近程抽采、中程抽采与远程抽采。近程抽采方法主要包括走向高抽巷、顶板走向穿层钻孔、走向顺层长钻孔与采空区埋管抽采等。中程抽采主要解决来源于弯曲下沉带和裂隙带的瓦斯，抽采方法有地面钻井法和顶板走向高抽巷法。远程抽采主要解决弯曲下沉带内煤层的瓦斯，抽采方法包括地面钻井法和底板巷道网格式上向穿层钻孔法。舒彦民、赵益、孙建华等[157]以七台河矿区薄煤层群开采为背景，提出沿空留巷邻近层瓦斯抽采技术，建立七台河矿区薄煤层群煤与瓦斯共采技术体系，现场应用表明该方法具有较高的可行性和实用性，从而解决了本煤层顺层钻孔施工困难、瓦斯抽采率低、一级工作面通风系统瓦斯容易超限等技术难题。刘珂铭、张勇、许力峰等[158]针对桐梓煤矿的实际情况，将瓦斯含量和突出危险性较低的煤层作为保护层，增大下方煤体的渗透率，改善瓦斯抽采效果。采用低位走向穿层钻孔、底板上向穿层钻孔、本煤层顺层钻孔、采空区埋管等措施对近距离煤层群实施综合立体化抽采，试验结果表明：保护层工作面瓦斯预抽率在 55% 以上，基本上消除了突出危险性，工作面回采过程中上隅角瓦斯体积分数基本保持在 1% 以下；卸压后被保护煤层透气性增大，6 号煤层透气性系数增加了 392 倍、7 号煤层透气性系数增加了 320 倍、9 号煤层透气性系数增加了 289 倍，实现了煤和瓦斯协调开采。赵玉岐等[159]对突出煤层的高效解突技术进行分析研究，通过对显微结构下工作面突出煤体的照片以及 FLAC 3D 软件进行力学分析，认为煤与瓦斯突出的必要条件是软煤低透以及高能瓦斯，提出了突出煤层的循环加压瓦斯透析解突技术。结果显示：突出煤层的特征以及瓦斯抽放的主要阻碍是低透气性，要提高煤体瓦斯渗透率可以采用瓦斯加压预裂透析煤体技术，该技术可以解决高瓦斯突出煤层工作面煤与瓦斯共采存在的基本问题。屈立伟[160]认为开采保护层引起顶底板煤岩层变形破坏和应力场重新分布，使被保护层以一定的时空关系发生卸压、膨胀、透气性增大以及瓦斯的吸附解吸等现象，基于此合理布置钻孔或巷道抽采卸压瓦斯，确保回采前煤层瓦斯可解吸量符合相关规定，从而将高瓦斯区域转化为低瓦斯区域。开采下保护层时，若被保护层包含在煤岩层断裂带内，建议瓦斯抽采选择高抽巷和地面钻井两种方式；若被保护层包含在煤岩层弯曲下沉带内，建议瓦斯抽采选择在底板巷道内向上方煤层中施工密集钻孔方法。开采上保护层时，建议瓦斯抽采选择底板巷道网格式上向穿层钻孔抽采法；对于倾角较大的急倾斜煤层，建议采用保护层巷道施工顶板穿层钻孔抽采法。保护层所处的层位是选择被保护层卸压瓦斯抽采方法的关键因素。

矿井瓦斯具有双面性属性，它既是煤炭安全生产的最大危险源之一，又是一种清洁能源。张正林、李树刚[161]基于瓦斯"卸压增流效应"，研究了采动影响下煤炭和瓦斯协调开采理论，提出了集中效果良好、可行性较好的卸压瓦斯抽采方法，并分析了煤炭和瓦斯协调开采的社会和经济效益。

张学民、张晓波、张仲信等[162]以阳泉矿区为例，通过对瓦斯涌出进行线性回归分析，发现瓦斯涌出主要影响因素为地质构造、回采工艺、开采深度和水文地质等；以此为主要依据在瓦斯治理方面提出了卸压增透抽采、地面抽采、高抽巷等瓦斯抽采技术；瓦斯是煤炭开采中的一种宝贵的能源，在此过程中应该增强环保意识，最大限度地实现煤与瓦斯共采。

1.2.3 采动煤岩裂隙演化特征研究现状

煤炭开采引起采场覆岩应力重新分布，使围岩产生变形、破坏，围岩在变形、破坏过程中引起裂隙发育、扩展。我国含瓦斯煤岩地层多存在透气性差的特点，严重制约矿井瓦斯抽采效果和地面煤层气开发，而煤岩裂隙的发育程度对煤层渗透特性有重要影响，新发育的裂隙体可有效改善煤层透气性，促进瓦斯（煤层气）资源利用。国内外大量学者从不同方面采用多种技术手段对煤岩裂隙发育演化规律进行了研究。

（1）采动煤岩裂隙演化机理及发生过程的研究

20世纪80年代，谢和平院士引进分形几何描述岩石微结构的不规则性，系统地研究了岩石微观断裂机制、裂纹分形扩展、岩石分形节理力学、岩石分形统计强度理论、分形损伤与分形破碎等一系列岩石力学关键问题[163-164]。

张玉军、张华兴等[165-166]采用钻孔彩色电视系统对开采煤层覆岩裂隙带钻孔裂隙的分布特征进行了探测，对裂隙倾角、裂隙宽度和裂隙数量进行了统计分析。探测发现煤层采动后，覆岩软弱岩层裂隙发育较多，以交叉裂隙为主，坚硬岩层裂隙张开宽度较大，以高角度纵裂隙为主，裂隙沿岩体原生弱面发育，自煤层顶板至上部覆岩，由破碎型裂隙逐渐向纵向裂隙发展，逐步转变为斜向和横向裂隙。距离煤层较近的顶板垮落带岩层，高角度纵向裂隙宽度明显增大，裂隙角度十分紊乱，岩块呈杂乱状，裂隙纵横连接，交错贯通，岩层层理和倾角混乱，岩层张开错动明显。采动裂隙场主要特点为裂隙发育以高角度甚至垂直岩层层面的裂隙为主，采动裂隙发育条数与埋深呈2次幂的形式增加，裂隙宽度和裂隙数量的分布特点呈正态分布。

王志国、周宏伟、谢和平[167]认为岩体采动裂隙的形成和扩展具有分形特征，并通过相似材料实验研究了深部煤炭开采覆岩裂隙分布特征，运用分形理论研究了采动裂隙分形维数随工作面开采宽度、矿压和岩层沉降的变化特征，表明随工作面推进，裂隙分形维数逐渐增大，随开采宽度增加增幅降低，随矿压增大裂隙网络分形维数呈增大趋势。

彭永伟等[168-169]采用钻孔窥视法、测点法和测窗法等技术手段对煤岩采动裂隙进行了现场测试，通过对FLAC 3D二次开发，模拟研究了采动裂隙的发育演化过程，并对裂隙场瓦斯压力与采动应力等进行了模拟研究。

张炜、张东升、马立强等[170]根据氡气的放射特性，研制了氡气地表探测覆岩采动裂隙的综合实验系统，对神东大柳塔矿11203工作面进行相似模拟开采时，应用该方法对覆岩裂隙发育特征进行了研究。

为分析顶板裂隙通道演化过程和分布特征，刘洪涛、马念杰、李季等[171]采用深部位移自动监测仪和裂隙通道巡回摄录仪对赵固一矿顶板裂隙通道进行了现场测试，随着回采工作面推进，顶板裂隙通道经历原生裂隙、裂隙通道产生、扩展、成熟和闭合等阶段。研究认为裂隙通道的演化具有周期性，周期长度为重新压实区至原岩应力区的距离与工作面日推进度的商值。

张勇、许力峰、刘珂铭等[172]研究了采动岩体裂隙发育规律，沿工作面走向将煤岩裂隙通道划分为4个区域，将覆岩裂隙发育区域划分为3个部分，结合顶板覆岩裂隙演化特征，对阳煤新景煤矿7315工作面瓦斯抽采效果进行了分析。

随工作面回采，围岩应力场逐渐发生变化，煤岩原生裂隙在不同的应力条件下也发生着闭合、张开和扩展的过程，高明忠等[173]采用钻孔裂隙窥视仪研究了工作面前方钻孔在煤层推采过程中钻孔裂隙的分形特征和连通率变化规律，随着工作面距离钻孔位置缩短，钻孔裂隙网络分形维数和连通率呈上升趋势。

付金伟、朱维申、曹冠华等[174]采用一种类岩石的非饱和树脂材料，制作了一组含有不同倾角椭圆形三维内置单裂隙试样，单轴压缩试验时该试样破坏过程经历4个阶段，分别为初始压密阶段、弹性变形阶段、次生裂纹萌生和扩展阶段、次生裂纹加速扩展至整体失稳破坏阶段，不同倾角单裂隙试件，次生裂纹起裂和扩展规律基本相同，次生裂纹的起裂和扩展对应于体积应变曲线的拐点处，产生部位在预制裂隙上下端点附近，次生裂纹的形状呈包裹式翼状、花瓣状等。

赵小平、裴建良、戴峰等[175]对煤岩试件进行预加载致裂，采用CT扫描重构了煤岩内部裂隙形态，采用立方体覆盖法获取了裂隙体的分形维数，并进行了相应的抗压强度实验，研究了分形维数与裂隙岩体强度间的关系，表明单轴抗压强度随着分形维数提高出现降低趋势。

许江等[176]采用自主研发的煤岩细观剪切加载试验装置，研究了含瓦斯煤岩体在压剪应力作用下细观裂隙的动态演化特征，认为产生的裂隙为瓦斯在煤体中的入渗和运移提供了通道空间，在瓦斯压力和压剪应力作用下，煤岩体更易于破碎产生新的裂隙，原生裂隙处易于发育新的裂隙，组成煤岩的坚硬颗粒致使裂隙分叉并绕过自身演化，随着垂向应力增大，受初始损伤和坚硬颗粒影响，裂隙分布率增大，煤体破碎程度较高。

（2）相似材料试验对覆岩裂隙演化特征的研究

相似材料试验作为覆岩裂隙演化特征的重要研究方法，国内外大量学者针对不同矿区煤层赋存条件，从不同角度开展了相关研究工作，取得了大量研究成果。

杨科、谢广祥[177]采用相似材料试验研究了不同煤厚开采时覆岩裂隙演化特征，分析了随工作面推进卸压岩层动态移动特征，依次表现为上凸的高帽状、前低后高驼峰状、前后持平驼峰状、前高后低驼峰状四个发展阶段。

林海飞、李树刚等[178, 59]采用相似试验模拟研究了采动裂隙带"O"形圈的动态演化过程，分析了模拟煤层裂隙带的演化高度、沿走向和倾向方向的宽度及垮落角。

李振华等[179]采用试验研究了赵固一矿11011工作面开采时覆岩裂隙演化特征，并采用分形理论对裂隙网络随工作面推进的变化规律进行了研究，表明裂隙网络分形维数随推采长度增大而增大，增加幅度逐渐降低，分形维数与矿压、覆岩移动呈非线性关系。

高保彬等[180]采用试验研究了厚煤层复合顶板覆岩"两带"的动态发育特征，认为煤层采动时裂隙主要聚集在煤壁前后，覆岩裂隙密度分布曲线呈两端和中间高。

华明国等[181-182]采用相似材料试验研究了采动覆岩裂隙演化规律，对采动过程中走向和倾向方向上覆岩层裂隙演化特征和碎胀特性进行了研究，采用Fluent软件对裂隙带卸压瓦斯运移规律进行了模拟研究，认为瓦斯抽采钻孔应布置在回风侧裂隙圈位置。肖鹏、李树刚、林海飞等[183]采用相似材料试验研究了覆岩采动裂隙场的演化规律。

（3）覆岩裂隙演化高度的研究

覆岩卸压瓦斯抽采时，钻孔布置层位对瓦斯抽采效果影响较大，根据理论分析和实践经验，将瓦斯抽采钻孔布置在裂隙带对提高抽采效果较为有利，而地质条件、煤层采高、工作面采长、开采方法等均对覆岩裂隙带发育、扩展有重要影响，因此从某种程度上讲，覆岩裂隙带发育高度是煤与瓦斯共采协同研究的重要参数，国内大量学者也对此进行了研究。

地震波在介质中传播时，波速、频率和振幅等参数可以反映介质的地质信息，特别是地震波的波速与岩体结构特征和应力状态有一定的相关性，张平松等[184]根据这一原理，利用孔-巷、巷-巷间探测的地震波传播速度的差异，研究了顶板覆岩导水裂隙带的发育高度。

尹增德[185]分析了覆岩垮落带垮落形态的主要影响因素，分析了覆岩垮落高度的发育规律，建立了考虑覆岩岩性、工作面几何参数的裂隙带发育高度预测公式。

张平松等[186]在煤层顶板钻孔和巷道布置电极，组成电阻率测试系统，通过测定顶板覆岩电场变化特征，估算覆岩裂隙场垮落带和裂隙带的垂向扩展高度，针对特定矿井煤层采用该方法分别进行了相似材料试验和现场试验验证，结果表明该测试方法具有一定的可行性。

许家林、朱卫兵、王晓振[187]通过研究覆岩关键层对导水裂隙带发育的影响，提出可以通过关键层的位置来估算导水裂隙带的发育高度，认为当关键层位置距离开采煤层小于某一临界高度时，该关键层才会破断并与导水裂缝贯通，并指出该临界高度为7～10倍煤厚。

胡小娟等[188]分析了影响覆岩导水裂隙带发育高度的因素，提出采用硬岩岩性比例系数代替顶板岩层单轴抗压强度来划分顶板岩层的软硬程度。

根据地层电阻率可分辨地下构造特征的特点，杨逾、梁鹏飞[189]采用EH-4电磁成像系统对采空区覆岩破坏高度进行了探测，通过采集地层电阻率数据分析导水裂隙带发育高度，通过与现场钻孔冲洗液漏失量法确定的导水裂隙带高度对比，表明该方法测定的结果较为准确，实现了裂隙带发育高度的地面探测。

夏小刚、黄庆享[190]根据垮落岩体碎胀特性和空隙率变化，推导了垮落带高度的计算模型。

1.2.4　煤岩渗透特性研究现状

为研究煤岩体的渗透特性，国内外学者做了大量理论和实验研究，影响煤岩体渗流特性的主要因素有煤岩受力特征及煤岩裂隙发育特征，分别从受载煤岩体变形角度和煤岩裂隙演化角度对煤岩体渗透特性研究进展进行概括总结。

（1）煤岩变形对渗透特性的影响

周世宁院士等[191]较早研究了煤层瓦斯的渗流理论，认为煤层瓦斯的流动基本上符合达西定律，影响煤层瓦斯流动的基本参数为瓦斯压力、煤层透气系数和瓦斯含量系数。根据气体在多孔介质中的渗流理论将煤层瓦斯流动划分为单向、径向和球向三种类型，建立了均质和非均质煤层中瓦斯流动的微分方程，建立了系统的煤层瓦斯流动理论。

林柏泉等[192]较早就开展了煤岩瓦斯渗透率实验研究，研究了围压不变条件下，孔隙压力与渗透率及煤岩变形之间的关系，认为孔隙压力和渗透率、煤岩变形满足指数关系，孔隙压力不变时，煤岩渗透率与加载应力服从负指数关系，卸载时满足幂函数关系。

孙培德[193-194]研究了煤样渗透率实验公式，推导了瓦斯渗流场动力学模型，并推导了三种典型渗流场模型的解析解，通过围压和孔隙压力条件下煤的三轴压缩试验，研究了含瓦斯煤在变形过程中的渗透率变化规律，根据实验拟合得到了含瓦斯煤渗透率随围压和孔隙压力变化的经验公式。

李树刚等[195-196]采用试验研究了软煤煤样全应力应变过程的渗透特性，研究表明弹性阶段煤样渗透系数随应力增大呈负指数下降，弹塑性阶段渗透系数开始增加，接近峰值应力时渗透系数加速增大，峰后仍持续增大，但增幅放缓，最大渗透率发生在软化阶段或塑性阶段，渗透系数为体积应变的双值函数。侧压对煤样渗透系数影响较为明显，主应力差值较大时，煤样渗透系数变化范围较大，且煤样渗透系数与割理关系密切。

邓英尔、黄润秋等[197-198]根据煤层瓦斯渗流特征，建立了低透气性孔隙裂隙介质气体非线性渗流运动方程，该方程可反映拟启动压力对气体在低透气性孔隙裂隙介质中渗流的影响，曲线特征由凹形逐渐过渡到直线形。

曹广祝[199]对不同应力条件下砂岩的小裂纹起裂与扩张过程、破裂模型和破裂过程渗流与应力的关系进行了实验研究，结果表明砂岩渗透参数的变化与岩石损伤破裂过程密切相关。压密阶段，岩石空隙率和渗透率随应力增大而减小，岩石内部出现小裂纹后随应力增大而增大。当岩石发生宏观破坏时，空隙率和渗透参数达到最大值，在围压和渗透压力作用下，小裂纹起裂时应力为峰值强度的45%，无渗透压力作用时，小裂纹起裂应力达到岩石峰值强度的55%以上，表明渗透水压力作用促进了岩石内部裂纹的起裂与扩展。研究还发现渗透参数与渗透压力成对数关系，根据小裂纹扩展规律建立了岩石内部裂纹扩展破裂模型。

　　唐巨鹏、潘一山、李成全等[200]采用实验研究了加卸载围压和孔隙压力条件下突出煤的渗透特性和吸附解吸规律，表明加载条件下渗透率与孔隙压力、解吸量和解吸时间具有相似性，渗透率随孔隙压力增加呈非线性递减，而解吸量、解吸时间呈多项式规律增加。卸载时，随有效水平应力减小，渗透率呈先降低后升高的趋势，卸载初期有效水平应力起主导作用，随解吸瓦斯量增多，煤基质收缩，渗透率开始升高，其后滑脱效应占主导。

　　张金才、王建学[201]研究了多孔介质裂隙岩体应力对渗透率的影响，推导了应力与渗透系数的关系方程，模拟研究了不同采宽条件下工作面的采动效应，以及围岩渗透率的变化特征。

　　何翔[202]在立方定律的基础上，推导了考虑裂隙密度、方位和开度等参数的裂隙岩体等效渗透张量，为研究参数的空间变异性，将岩体渗流参数和力学参数作为随机场，根据随机场理论对参数的随机性进行了描述，采用随机有限元法对含随机参数的耦合模型进行了数值模拟研究，研究了水压力和位移的随机分布特征。

　　涂敏等[203]对煤层气卸压开采进行了研究，设计并实验了加卸围压对破裂煤样渗透特性的影响，基于非达西流建立了考虑非线性渗流的卸压煤层变形瓦斯运移耦合方程，通过相似模拟实验，分析了受关键层影响的采动裂隙动态演化及覆岩变形规律，关键层破断对上覆煤层的变形影响较大，采用RFPA^{2D}模拟分析了卸压开采后卸压煤层瓦斯渗流特征，如卸压开采后煤层渗透系数的变化特征。

　　尹光志等[204-207]采用三轴蠕变瓦斯渗流装置实验研究了型煤和原煤煤样的变形特性和渗透特性，表明围压和瓦斯压力对含瓦斯煤样的变形和抗压强度均有一定影响，型煤煤样与原煤煤样的变形有一定的共性特征，应变与瓦斯流动速度曲线和应力应变曲线变化趋势存在相似性，认为煤岩受载时，煤岩的损伤演化决定了瓦斯在其内部的流动特性，围压对瓦斯在煤岩内部的流动具有阻碍作用。

　　王登科[208]采用实验研究了围压和瓦斯压力对煤岩渗透特性的影响，分析了煤岩全应力应变过程的渗透特性以及滑脱效应的影响，渗透率随应变先减小后增大，根据多孔介质有效应力原理建立了考虑孔隙度和渗透率变化的固气耦合模型。孔海陵[209]应用Fortran语言编写了煤层变形和瓦斯运移的耦合关系计算程序，对煤层瓦斯压力和渗透率变化进行了研究。

汪有刚、李宏艳、齐庆新等[210]采用示踪气体研究了采动条件下煤层瓦斯渗透性的变化规律，测定了距工作面不同位置煤体渗透率及采动应力变化规律，由于采动应力的影响，煤层渗透率有较大提升，在超前支承应力区，煤层渗透率波动较大，煤体压密阶段渗透率降低，煤体压裂后渗透率有大幅提高。

李宏艳、齐庆新、梁冰等[211]采用实验室试验和现场试验开展了综放开采条件下煤岩渗透率演化规律的多尺度效应分析，分别进行了煤岩介质渗透率应力敏感性试验、全应力应变渗透率测定试验和采动煤体渗透率现场试验，认为应力大小及应力加卸载历史是影响煤岩渗透率变化的主要因素，实验室条件下测得的煤岩渗透率较现场测得的工程尺度渗透率低 2 ~ 4 个数量级。

曹树刚等[212]通过对型煤、原煤煤样的全应力应变过程渗透特性实验研究，认为 2 种煤样的应力应变曲线均可分为 5 个阶段，且与渗流速度–轴向应变曲线具有较好的对应关系，2 种煤样的渗流速度–轴向应变曲线差异较大，认为型煤的渗流速度对轴向应力及变形较为敏感，原煤煤样的渗流速度对体积变形和横向变形较为敏感，并认为原煤的全应力–应变–渗流变化曲线的 5 个阶段可以用以解释煤与瓦斯突出的全过程。

胡大伟、周辉、潘鹏志等[213]研究了红砂岩在三轴压缩条件下变形破坏时的渗透规律，在岩样不同变形阶段开展了轴向应力循环加卸载实验，并在实验全过程对岩样轴向渗透特性进行了测定，实验表明岩样在初始压密阶段和弹性变形阶段，试样渗透率随轴向变形增大而减小；随着岩样压缩变形增大，在塑性变形阶段，试样渗透率减小速率变小至趋于稳定。认为在塑性变形阶段，试件骨架颗粒被压缩孔隙减小，渗透率降低，同时微裂纹开始发育并扩展，渗透率增大，两者综合作用下渗透率逐渐趋于稳定。峰值应力后，围压有限时渗透率出现小幅增大，围压较大条件下渗透率仍减小。

马强[214]基于 MATCHSTICK 应变，建立了考虑有效应力和煤基质收缩变形的渗透率演化模型，并与已有渗透率模型进行了对比分析。高峰、许爱斌、周福宝[215]研究建立了煤岩体弹塑性本构方程，研究了乌兰矿保护层开采条件下围岩损伤变形、应力分布和被保护层透气性系数变化特征，表明保护层开采后被保护层煤岩体渗透性有较大增加。

张丹丹[216]研究了温度、有效应力和瓦斯压力对煤岩渗透特性的影响，表明有效应力和瓦斯压力恒定时，随温度升高，煤体骨架膨胀变形，煤体内部孔隙、裂隙空间减小，渗透率降低。研究同时表明随温度升高，温度对渗透率的影响程度逐渐减弱。

秦伟、许家林、彭小亚[217]对开元煤矿 3710 工作面本煤层顺层抽采钻孔瓦斯抽采量与钻孔位置的地层应力进行了现场监测，研究表明未受采动影响时，钻孔瓦斯抽采量维持较低的稳定量；钻孔位于支承应力影响区时，钻孔抽采量出现下降趋势；位于卸压区域时，钻孔抽采量突增，表明采动裂隙有效提高了煤层瓦斯透气性。通过对煤样进行加卸载条件下的渗透实验，表明卸载时，煤样渗透率出现增大和突跳现象，与现场测定结果相符。

宋常胜[218]研究了平煤戊组煤样应力应变过程渗透率变化特点，表明渗透率与煤样应力应变过程存在一定的相关性，渗透率变化滞后于煤岩破坏过程，最小渗透率值出现在煤岩屈服点和峰值强度之间，随围压增大，最小渗透率值将会出现在屈服点或屈服点之后，渗透率最大值通常发生在应力峰值点后的软化阶段。

俞缙、李宏、陈旭等[219]采用岩石三轴伺服试验系统研究了砂岩试件在不同围压和孔隙压力条件下的渗流特性，表明在一定围压作用下，初始渗透率随孔隙压力增大而增大，峰值破坏强度减小；在一定孔隙压力条件下，初始渗透率随围压增大而减小，峰值破坏强度出现增加趋势。砂岩试件在全应力应变过程中渗透率先随轴向应变增大而减小，发生弹塑性变形后，渗透率随围压呈增大—稳定—减小的变化趋势。

季文博[220]以沙曲矿为背景研究了煤炭回采扰动对近距离煤层群渗透性的影响，通过监测示踪气体扩散规律研究了采动过程中煤体渗透率的变化特征，对现场瓦斯抽采工作有一定的指导意义，将煤岩体渗透率变化特征与声发射过程进行了对比分析，发现渗透率变化特征相对声发射事件存在滞后现象。

李波[221]推导了考虑煤吸附变形、热膨胀作用的孔隙率方程和煤岩变形方程，采用自制的应力作用下煤体渗流实验装置研究了煤样在不同受力状态下对气体的渗流规律。孟磊[222]研究了含瓦斯煤损伤破坏和瓦斯渗流特征，将煤岩全应力应变过程中的渗流变化划分为稳定渗流和非稳定渗流阶段，实验表明渗透率-应变曲线与应力-应变曲线呈逆相关关系，监测了煤样受力破坏过程的声发射现象，推导了基于声发射的煤岩损伤破坏方程，数值模拟研究了地层应力和瓦斯压力对煤层瓦斯运移的影响。

薛东杰[223]采用实验研究了不同瓦斯压力下煤样全应力应变过程渗透性，实验表明煤样初始压密阶段渗透率较低，碎胀阶段渗透率随体积膨胀逐渐增大，根据渗透率随体应变变化趋势拟合得到了渗透率和体应变的关系方程，并以平面相似模型中相邻监测点构成的四边形面积变化量代表体应变，研究了工作面推进过程中采场的变形特征和渗透率变化特征。

潘荣琨[224]采用实验研究了平行层理、斜交层理和垂直层理煤样的渗透性差异。研究表明平行层理煤样的渗透率最大，为垂直层理方向煤样渗透率的7.5倍。煤试样加载时，渗透率随有效应力增大出现降低趋势；卸载时，渗透率随有效应力降低出现增大趋势。相同卸载应力条件，由于煤样初始损伤程度不同，渗透率演化不同，渗透率随有效应力变化呈指数函数关系；采用RFPA^{2D}-Flow研究了加卸载条件下不同方位预设裂隙煤样裂隙演化特征和渗透率变化特征。

李波波[225]采用实验研究了煤层瓦斯压力对煤岩变形和渗透特性的影响，表明随孔隙压力降低煤渗透率将发生先减小后增大的趋势，根据Jishan Liu模型和Shi-Durucan模型及有效应力原理，建立了考虑温度的煤岩渗透率模型，将渗透率实验结果与P&M模型和S&D模型进行了对比验证，表明建立的模型可以反映煤岩渗透率变化规律。

胡少斌[226]采用实验研究了不同粒径煤颗粒对瓦斯的吸附解吸特性和放散特性，认为不同尺度煤颗粒吸附瓦斯时，由于进入吸附空间的路径复杂程度不同影响了吸附过程，煤粒瓦斯放散时随粒径变化呈现尺度效应；考虑煤岩裂隙扩展和渗透率演化，建立了煤基质孔隙系统和裂隙系统瓦斯渗流和煤岩损伤耦合方程，并进行了急倾斜煤层条件下下保护层开采数值模拟研究。

孔胜利[227]运用理论分析，采用实验研究了采动覆岩不同裂隙发育区域的流动特征，分别对垮落带和裂隙带裂隙开度和渗透率进行了研究，建立了采空区覆岩应力恢复过程裂隙开度变化模型和渗透率模型，认为裂隙开度的变化主要受两个因素影响：上覆岩层自重应力和侧向水平应力；根据雷诺数,对瓦斯气体在覆岩裂隙网络中的流动形态进行了实验设计和分析,认为瓦斯在断裂带的流动形态为层流流动。

(2)煤岩裂隙对渗透特性的影响

杨延毅、周维垣[228]研究了渗流对裂隙岩体的力学作用以及不同岩体应力状态对裂隙渗透特性的影响,根据不同应力条件(裂隙受压闭合、受拉开裂、压剪滑动等)下裂隙损伤断裂扩展过程建立了渗透张量演化方程,根据自一致原理提出一种裂隙岩体渗流损伤耦合分析模型。

郑少河、朱维申[229]基于自洽理论推导了拉剪应力和压剪应力状态下裂隙岩体渗流和损伤的相互作用关系和耦合机制,从裂隙变形方面分析了裂隙岩体损伤对岩体渗透特性的影响,建立了裂隙岩体损伤和渗流的耦合关系模型。

程国明等[230]研究了综放工作面顶煤的微观裂隙特征,并运用多重分形理论对顶煤裂隙的不均匀性和各向异性进行了定量描述,将裂隙不均匀系数引入有效应力,研究综放工作面前方顶煤渗透性变化规律。

王恩志等[231-233]将岩体裂隙网络渗流简化为具有主次裂隙系统渗流的裂隙岩体渗流模型,即双重裂隙系统渗流模型,研究了水在岩体中的流动特征。在随后的研究中,进一步将复杂的裂隙系统划分为带状断层、面状裂缝和管状孔洞三种类型,建立了由这三种类型构成的三维裂隙网络渗流模型,进行了混凝土试块渗流试验。

刘晓丽等[234-235]对岩体裂隙的多样性和随机性及岩体的水力学性质进行了研究,采用 Monte Carlo 模拟生成了具有虚拟裂隙网络结构的岩体模型,并基于有限元理论编制了软件 GeoCAAS,研究了裂隙岩体渗流特性。研究表明岩体垂向方向的渗透系数与裂隙倾角、迹长、间距和裂隙宽度等参数有关,渗透系数与裂隙倾角、迹长正相关,与裂隙间距负相关,裂隙贯通时,裂隙宽度越大,渗透系数也越大。

齐庆新、彭永伟、汪有刚等[236]提出了工作面前方煤体采动裂隙分区的概念,根据煤层裂隙发育特征的差异,将采煤工作面前方煤体划分为 9 个不同的裂隙区,对分区和未分区条件下的煤层瓦斯渗流特征进行了数值模拟研究,表明分区条件下的裂隙瓦斯流动特征与实际较为相近。

陈红江[237]研究了渗透水压力对裂隙岩体损伤断裂的影响,对裂纹闭合、开裂、扩展及相邻裂纹间岩桥断裂破坏进行了理论和实验研究,推导了裂隙岩体弹塑性断裂损伤本构关系方程和损伤演化方程，采用多种数值软件对裂隙岩体渗流过程进行了模拟研究。

宋颜金等[238]根据薄板理论和关键层理论研究了采动覆岩下沉规律，根据顶板下沉量推导了离层裂隙空隙率近似公式，研究表明沿走向方向采空区顶板岩层空隙率呈马鞍状分布。

王会杰[239]应用三轴高压设备实验研究了围压、孔隙压力、裂隙、温度等因素对煤岩渗透特性的影响，表明渗透率随有效应力增大呈降低趋势，在一定的受力环境下围压和滑脱效应对渗透率的影响程度高于有效应力对渗透率的影响，贯通裂隙对煤岩渗流起主导作用，渗透率随温度升高呈现先减小后增大的变化规律。吕闰生[240]考虑煤的非均匀性特征，建立了基于分形理论的应力应变和渗透率力学模型。

1.2.5　煤与瓦斯流固耦合理论研究现状

赵阳升等[241-242]根据有效应力原理，建立了考虑煤岩体固体骨架变形和瓦斯渗流的耦合数学模型，并进行了数学求解，给出了非线性数学模型的数值解，结合阳泉一矿进行了巷道瓦斯涌出规律数值模拟，表明模拟结果与实际瓦斯涌出情况较为接近。

梁冰、章梦涛等[243-248]研究了煤岩变形和煤层瓦斯渗流的固流耦合问题，基于内蕴时间塑性理论建立了含瓦斯煤的内时本构模型。该模型方程包括体积响应和偏斜响应，体积响应包括孔隙压力引起的纯体积响应和偏应力引起的偏体积响应两部分。偏体积响应反映了含瓦斯煤的剪胀效应，可分为三个变形阶段。根据不同围压和孔隙压力条件下含瓦斯煤的三轴压缩实验确定的应变曲线，拟合确定了本构方程中的力学参数，经验表明理论分析和实测值吻合程度较高，试验表明含瓦斯煤的应力和强度特征受有效应力影响，偏斜响应受围压影响较大。根据建立的含瓦斯煤固流耦合失稳模型，编制了有限元求解程序，数值模拟研究了开采煤层地层应力分布特征和煤层瓦斯渗流特征。

胡耀青、赵阳升、魏锦平等[249]采用实验研究了阳泉3#煤层和永红煤矿3#煤层在三轴应力条件下的瓦斯渗透特性，表明煤岩渗透系数随体积应力增加呈指数形式降低，渗透系数随孔隙压力增大呈先减小后增大的抛物线形变化。

孙培德等[250-251]研究了两层煤条件下煤层开采时下邻近层瓦斯越流规律，建立了双煤层系统煤层气越流与煤岩弹性变形的固气耦合模型，采用有限差分法对模型进行离散处理，模拟研究了下邻近层越流导致的孔隙压力变化特征，与实测数据对比，表明建立的模型可反映工程实际。

杨天鸿等[252]研究了岩石破坏过程渗流与应力的耦合作用，基于 Biot 方程建立了反映渗透系数和孔隙变化率关系的耦合模型，结合 RFPA 弹性损伤本构方程，引入渗透率突跳系数，提出了岩石损伤演化过程的渗流应力耦合方程，开发出了 RFPA 渗流应力耦合模块，对岩石裂隙萌生、扩展过程中渗透率变化特征及渗流-应力耦合过程进行了模拟研究。研究表明裂隙扩展对渗流路径和流动过程有控制作用。采用该模型模拟研究了深部煤层卸压抽采时，煤层透气性和瓦斯压力变化，确定了煤层透气性增大倍数及卸压范围。

刘建军等[253-256]对煤炭工业中渗流-温度-应力耦合问题进行了较为详尽的阐述，总结了岩土渗流-温度-应力耦合的研究方法及宏观方程，对建立矿井瓦斯抽采渗流模型有较高的指导意义。研究并建立了裂缝性低渗透油藏的流固耦合数学模型，考虑渗流与变形的耦合关系，采用 IMPES 差分解法对模型进行了求解，编制了计算程序对工程问题进行了模拟求解，该模型对裂缝性渗透的煤层瓦斯抽采有借鉴意义。

肖晓春、潘一山[257]研究了滑脱效应对煤层气渗流特性的影响，通过对建立的煤层气渗流模型进行数值求解，表明煤渗透率越低，滑脱效应越明显，考虑滑脱效应时煤层气预测产量较达西流高，滑脱流中，渗透率越小，压力梯度值越高。

胡国忠等[258-259]研究了滑脱效应对低透气性煤层瓦斯渗流的影响，假定了渗透率与体应力的二次函数关系，考虑滑脱效应，建立了煤岩变形和瓦斯渗流的固气耦合模型，对渗透率和孔隙率变化进行了数值模拟研究。

郝富昌[260]在 Kozeny-Carman 方程的基础上建立了考虑煤体变形、变质程度和瓦斯压力影响的渗透率演化模型，认为瓦斯抽采过程中钻孔周围煤体渗透率逐渐增大，考虑煤体流变特性和扩容特性建立了相应的弹塑性模型，分别研究了软煤和硬煤环境抽采钻孔应力和变形特征，并对软煤层钻孔抽采浓度快速降低的原因进行了分析。

1.2.6 卸压瓦斯抽采方法研究现状

工作面卸压瓦斯抽采作为治理上隅角和回风流瓦斯涌出的重要措施，在我国大多数瓦斯矿井都有应用，卸压瓦斯抽采方法也多种多样，如高位裂隙孔抽采、高抽巷抽采、采空区埋管抽采等。近年来，随着工业技术水平的进步，大型钻机被引入煤矿生产，一些先进的钻进技术如千米钻孔逐渐得到推广应用，卸压瓦斯抽采水平也不断提高。下面就近些年高位裂隙孔和顶板定向长钻孔方法在我国部分矿区的应用情况进行简要论述。

神华宁煤乌兰煤矿Ⅱ020703工作面煤层瓦斯含量9.81 m^3/t，绝对瓦斯涌出量38.2 m^3/min，工作面瓦斯来源主要为采空区和邻近工作面卸压瓦斯，设计采用高位钻孔进行瓦斯抽采。马勇、胡依鲁[261]应用ABAQUS软件模拟研究了覆岩"三带"分布特征，认为裂隙带发育高度为18～23 m，研究了顶板岩层下沉量和膨胀特征及高位钻孔长度、钻孔角度、钻孔间距等参数，设计钻孔抽采负压9～10 kPa，瓦斯抽采时，平均钻孔抽采浓度均达到40%以上，上隅角瓦斯浓度最高0.6%，工作面瓦斯未出现超限问题。

霍州煤电李雅庄煤矿治理上隅角超限时，采用了高位钻场裂隙孔抽采卸压瓦斯，由于高位钻场距离工作面顶板较近，钻孔位于顶板冒落带和裂隙带下部区域，工作面采过后钻孔破坏严重，钻孔瓦斯抽采能力不能得到充分发挥，瓦斯抽采效果不够理想，但对上隅角瓦斯超限仍起到一定的治理效果[262]。

山西襄矿上良煤业3303工作面开采3-3煤层，瓦斯含量11.6 m^3/t，相对瓦斯涌出量达13 m^3/t，其中本煤层涌出比例占68%，邻近层涌出占32%，为治理回采过程瓦斯涌出超限问题，采用高位钻孔抽采邻近层和采空区卸压瓦斯，瓦斯抽采浓度保持10%，抽采纯量6 m^3/min左右，回风巷瓦斯浓度保持0.4%以下，上隅角未出现瓦斯超限现象，取得了较好的瓦斯治理效果[263]。

李凤龙、杨宏民、陈立伟[264]对阳煤一矿北丈八井工作面初采时瓦斯涌出特征进行了分析，分别研究了伪倾斜后高抽巷和大直径高位钻孔瓦斯抽采效果，认为高位钻孔较伪倾斜后高抽巷具有明显优势，采用高位钻孔抽采可避免工作面回采初期瓦斯涌出不均匀，有效治理工作面瓦斯频繁超限，同时能够节约成本、降低工程量、缓解采掘接替紧张的问题。

刘卫忠、逯万胜[265]研究了高位裂隙孔抽采结合顶板预裂爆破技术治理夏阔坦煤矿坚硬顶板大面积垮落造成的大量集聚瓦斯突然涌出现象，通过在顶板冒落带和裂隙带施工高位抽采钻孔，实现了预裂爆破增透后瓦斯有效抽采，工作面回采时上隅角和回风流瓦斯浓度未出现超限。

潞安余吾煤矿为高瓦斯矿井，N1102综放工作面在生产时为解决采空区覆岩裂隙带卸压瓦斯涌出问题，综合采用了顶板千米长钻孔和高位裂隙钻孔抽采瓦斯，现场抽采实践表明随工作面推进，顶板裂隙通道发育后，钻孔瓦斯抽采量较回采初期明显增加，抽采浓度较高，瓦斯抽采浓度波动较大，而顶板千米长钻孔抽采浓度较为稳定，但千米钻孔较高位裂隙孔施工难度大，且易发生塌孔现象，而高位裂隙孔布置较为灵活，布孔难度较低[266]。

沙曲矿南翼采区14301工作面在回采4#高瓦斯煤层时，根据顶板垮落特征，研究在采空区覆岩最大离层区布置顶板定向千米钻孔抽采卸压瓦斯，采用德国DDR-1200型钻机，在工作面顶板20~25 m层位布置了5个千米长钻孔，分两组布置，一组邻近回风巷抽采上隅角瓦斯，一组抽采采空区卸压瓦斯，正常回采时抽采浓度达40%以上，其中1#钻孔抽采纯量达到13.79~18.9 m³/min，抽采量随时间变化也较为稳定[267]。

同煤轩岗煤电焦家寨煤矿51109综放工作面，主采5#煤层为"三软、低透气性"煤层，顶板周期垮落时，造成回风流和上隅角瓦斯超限。为治理瓦斯涌出难题，根据采动覆岩裂隙带分布特征，采用澳大利亚VLD-1000型钻机，在顶板12~38 m范围布置顶板千米长钻孔抽采采空区瓦斯，并在回风巷布置高位裂隙孔进行抽采，同时进行上隅角埋管抽采，通过三个方位的立体式抽采，51109工作面瓦斯抽采率达到67.3%，风排瓦斯浓度降至0.3%，解决了工作面瓦斯频繁超限问题[268]。

为提高卸压瓦斯抽采效果，一些学者结合覆岩裂隙演化特征和煤层瓦斯渗流特征开展了相关瓦斯抽采研究，为工作面回采过程中瓦斯抽采治理提供了大量理论和实践意义。

刘泽功等[76]通过相似材料试验研究了淮南矿区C_{13-1}煤层采场覆岩裂隙演化特征，分析了采动过程中顶板岩层移动和裂隙演化机理，对裂隙带发育区域进行了研究，有效指导了卸压瓦斯抽采工作，基本解决了回采工作面上隅角瓦斯超限，还研究了覆岩顶板环形裂隙圈内走向长钻孔瓦斯抽采方法的抽采效果。

汪东升[269]采用UDEC软件研究了容光矿近距离上保护层开采时顶底板岩层变形破坏特征，分析了采动覆岩变形对卸压抽采钻孔和被保护层消突的影响，采用Fluent软件模拟研究了近距离煤层群瓦斯立体抽采时流场动态特征和瓦斯分布规律。

宋洪庆、朱维耀、王一兵等[270]研究了煤层气低速非线性渗流特征，推导了低速非达西渗流数学模型及径向流压力分布的解析解和产能方程，并进行了定量计算，表明拟启动压力对煤层气开发影响较为显著，拟启动压力梯度每增加1 kPa/m，储层有效半径将下降约30%。

许江、彭守建、刘东等[271]采用自主研制的煤层气抽采物理模拟试验系统，研究了瓦斯抽采过程中钻孔抽采量、瓦斯压力、流速及温度等储层参数的动态变化规律。

1.2.7　煤与瓦斯共采优化研究现状

煤炭开采与瓦斯抽采相互促进、相互制约，抽采煤层中瓦斯会减少因瓦斯含量高引起的煤与瓦斯突出等瓦斯灾害，保证煤炭安全生产，同时煤炭开采产生的卸压作用解决了储层渗透率低、瓦斯不易流动的难题。但因我国煤层渗透率低、含气饱和度低、瓦斯压力低、非均质强的"三低一强"典型特点，煤层瓦斯抽采难度大，瓦斯抽采率偏低、抽采时间长，在获得相同经济收益下会造成成本大幅度提高，而且也会严重地限制煤炭的回采速度，不利于煤炭企业的长远发展。因此研究煤炭开采与瓦斯抽采之间推进度与瓦斯涌出量、抽采量的相互作用，才能保证煤炭开采与瓦斯抽采协调有序地进行。

煤与瓦斯共采分为煤炭开采和瓦斯抽采两部分，在煤炭开采与瓦斯抽采理论与技术方面已取得丰硕的研究成果，而分析煤炭开采与瓦斯抽采的影响指标，利用影响指标进行煤炭开采或瓦斯抽采效果量化分析，也是指导现场煤与瓦斯共采工作的一个重要方面，可以取长补短，针对性地改变效果差的方法或者延续效果好的技术。国内外学者在煤与瓦斯共采、煤炭开采以及瓦斯（煤层气）开采方面分别建立评价体系，一方面，从不同角度（安全、效益、产量、资源回收率等），采用理论分析、数值计算或者现代数学方法，对三个体系进行评价分析，对煤与瓦斯共采、煤炭开采、瓦斯抽采体系进行效果量化；另一方面，分析各个体系的影响因素，通过数学手段优化参数，或者建立优化目标函数，优化三个系统，使其更协调、更有序。

（1）将煤炭开采与瓦斯抽采耦合，进行共采优化

胡国忠针对采用边采边抽的综放工作面，提出均衡开采的概念及其理论模型，即在保证正常割煤速度下，瓦斯能够均衡涌出而又不会导致采区内瓦斯超限影响回采进度，使得工作面的煤炭开采与本煤层瓦斯抽采以及邻近层瓦斯抽采能够均衡协调地展开。张少帅等[272]建立了以工作面瓦斯涌出量预测为基础的近距离煤层群开采优化模型，通过对比分析多种回采顺序方案，优选出整个回采期间瓦斯涌出量最均衡方案。

（2）煤炭开采评价指标体系与优化

① 以经济效益为评价目标函数的煤炭开采优化。

王峰[273]提出以社会经济发展为模型的目标函数，约束条件是社会经济运行的环境，建立多目标动态投入产出优化模型。高清东[274]以数据挖掘技术为手段，考虑时间因素，构建动态的矿山技术指标优化体系，研究了矿山经营的整个过程（其中包括地质、选矿、采矿）中矿山技术指标动态优化配置方法，最终实现了合理的经济、社会效益。黄庭[275]将智能计算遗传算法与多目标优化结合，建立了矿产资源循环经济评价模型，得到矿山效益、服务年限、利润最优组合。李建伟等[276]研究了以矿井动态盈亏平衡点和多目标优化算法为基础的矿井可持续开采模式。

② 以井下安全开采作为目标函数的煤炭开采优化。

李园[277]用安全保证程度作为合理评价安全状态水平的科学指标，得出了煤炭企业安全成本和安全保证程度之间的函数关系，提出以实现最合理安全成本和安全保证程度为目标的"水平优化"与通过生产技术条件和安全方案改变来完成优化安全成本的"条件优化"。分析了煤炭企业安全成本的影响因素，提出以安全保证程度作为评价安全合理状态的指标，然后从经济学方面因素对煤炭企业安全成本的变化进行研究，并建立了煤炭企业安全成本的相关指标体系。吕文玉[278]建立薄煤层采煤方法影响指标体系，采用模糊数学方法进行薄煤层采煤方法优选，并建立工作面长度优化的多目标优化函数进行长度优化。

③综合统筹多个方面的煤炭开采优化。

张伟[279]考虑地质因素、开采技术经济因素和安全因素，确定了评价模型的影响因素集，建立了采煤方法选取的模糊综合评价模型。陈庆刚[280]综合考虑影响矿山产量分配的主要约束，运用模糊预测原理对历史数据进行模糊化归纳总结优化，建立模糊时间序列预测模型，利用模糊约束条件建立模糊目标规划模型，对矿山产能进行优化配置。郑明贵等[281]运用系统优化的思想，从"量、时、空"三方面对目标区姑山矿区多个矿床矿产的资源开发利用进行优化分析，得出了各矿床矿产资源开发利用的生产规模合理范围，并规划了开采时间。冯夕文等[282]基于物流瓶颈理论和预警理论，在WITNESS软件平台上进行了开发，并构建了煤矿井下生产动态优化决策系统，包含采掘、运输设备、提升设备、通风设备、排水设备等17个模块，实现了煤矿生产整个流程的动态优化。

（3）瓦斯抽采优化

在瓦斯抽采优化中，采用理论分析和数值模拟相结合的方法进行抽采参数优化的设计比较多，分析得到裂隙演化、煤层卸压规律，再根据具体的矿井工作面煤层赋存、地质条件、现有技术情况进行抽采位置以及抽采参数设计。

吕保民[283]通过预抽方案的设计及不同钻孔间距预抽率与时间关系的对比，建立了预抽期评价模型，进行了合理预抽期优化。秦伟等[284]利用FLUENT对穿层钻孔布置的6种优化方案进行了模拟计算，确定了邻近层穿层钻孔的最优布置参数。高宏等[285]应用RFPA软件建立模型，通过数值模拟对瓦斯抽采效果的影响因素进行了系统的分析，研究了边掘边抽的抽采工艺，优化了瓦斯抽采系统抽采钻孔的合理夹角。刘志强[286]针对大阳煤矿3401综放工作面上隅角瓦斯超限现象，利用COMSOL数值模拟优化了综放工作面瓦斯专排巷的位置。张明等[287]采取理论及数值模拟相结合的方式对采空区覆岩裂隙发育规律进行了分析，找到了裂隙充分发育区域，优化布置了高位钻孔参数。郁钟铭等[288]针对钻孔直径、抽放负压两个钻孔抽采参数，采用数值模拟软件进行了优化研究。王耀锋等[289]采用薄板理论分析，结合数值计算手段，研究了煤层顶板冒落后"裂隙带"的演化特征和分布规律，并优化设计了高位抽采钻孔布置参数。

1.2.8 协同学理论在相关领域的应用研究现状

20世纪70年代初联邦德国理论物理学家Haken教授在研究激光理论时首次提出协同学，无论是自然科学还是社会科学领域，只要有有序结构的形成，必有协同作用。因为任何系统都是由很多个子系统以自组织的既相互作用又协调一致的状态存在的，所以都能够转化为数学模型。该理论在岩体滑坡、对流传热、岩体损伤破坏等方面都有广泛的应用[290-303]。

谭云亮等[304]应用协同学理论研究了煤层顶板的声发射特征。黄润秋等[305]认为斜坡岩体的滑坡现象是由组成斜坡的各个子系统协同作用的结果。基于协同学理论，构建了预测斜坡稳定性的评价模型，建立了预测斜坡失稳时间的协同模型，实际应用表明协同学理论可以为斜坡失稳预测提供理论支持。宋修海[306]为了论证岩体损伤演化的自组织特征，将岩体受载破坏现象视为在外界作用下岩体各部分的自组织行为；基于热力学参量建立岩体损伤演化的系统动力学方程；基于协同学理论及其研究方法，将岩体破坏演化过程看作非平衡相变现象，进一步探索计算了岩体弹性极限的方法。陈群等[307]提出了在流动区域内流动速度和速度梯度的协同作用关系，分析认为影响流体流动阻力的因素除了流体本身的流动速度和速度梯度外还有二者之间的协同程度。基于此，得出了流体流动过程中的最小机能耗散原理，在整个流动区域内，二者之间的协同程度越低，黏性耗散越小，流动阻力越小。同时，在一定条件下推导得到流体流动场协同方程，进而解出最佳流场，使流体在流动过程中损失的能量最小。于广明等[308]从热力学和协同学理论的角度出发，研究了受载条件下岩体损伤变化特征及规律，在岩石本构模型当中考虑了初始损伤，得到了岩石的非线性力学模型；对岩体损伤过程中的相变问题进行了深入研究，得到了加载过程中岩体破裂的规律。对加载过程中岩体的声发射和体征特征进行了信息捕捉与研究，建立了岩体协同破坏的理论模型。张扬等[309]对原有的斜坡失稳时间预测模型进行了改进，利用改变灰色预测模型边界条件的方式分阶处理残差，从而提高原有模型的预测准确度，将改进后的预测协同模型应用于实际中发现，改进后的模型具有较高的有效性和可行性。龙景奎等[310]利用巷道围岩协同锚固的研究方法，探索巷道围岩锚固过程中控制变量的多尺度、多层次的竞争与合作关系，以及由此产生的巷道围岩锚固系统变化规律。基于协同学的理论及方法，建立巷道围岩协同锚固系统，进一步研究锚杆和锚索自身的协同作用机制及其与围岩系统自建的协同作用关系。研究表明，巷道围岩协同锚固系统注重各子系统之间既相互促进又相互制约的协同关系，从而达到一加一大于二的效果，更加符合巷道支护的本质特征。贺小黑等[311]改进了原始的协同滑坡预测模型，推导得出新的滑坡时间预测及位移预测公式。研究认为原始模型中将速度最大值作为滑坡时间的预测判据不合理，根据滑坡力学机制，应该以加速度最大值为预测判据，同时推导出加速度最大值的计算公式。基于改进的协同预测模型，分析了一些滑坡实例，结果表明改进协同模型比原始模型预测精度更高，以加速度最大值为预测判据，滑坡预报时间更早，预报效果更好。周琪等[312]利用协同学理论和方法，研究岩体从变性破坏到失稳滑坡的过程中斜坡的各个子系统之间的协同作用关系，进而提出了预测斜坡失稳的协同模型。影响其预测精度的关键因素是背景值公式，通过修正模型中的背景值，提高了原有模型的预测精度。刘伟等[313-314]针对管内层流和紊流的热交换问题，从协同学的角度分析流体质点矢量物理量，研究了强化传热机理和对流热交换多场协同规律，指出效能评价系数EEC是衡量强化传热性能的最佳指标，建立了层流及湍流下的传热性能指标体系，将该模型应用于内插三角杆强化传热管问题并与数值方法进行验证。从流体与壁面的传质、传热出发，基于传热强化场协同原理，获得对流热换层流流场质点物理量的协同原理，提出反映质点物理量协同程度的数学式。用数值模拟方法验证了质点物理量协同原理的一般规律。

协同学理论主要研究事物内部各子系统之间的矛盾关系，而矿井生产中同样存在协同问题，煤与瓦斯共采体系中就包括煤炭开采和瓦斯抽采两个系统，二者既相互促进又相互制约，借助协同学思想可以很好地认识煤与瓦斯共采体系内部各因素之间的矛盾关系。

1.2.9 多目标优化方法在相关领域的应用研究现状

法国经济学家Pareto于1986年首次提出了多目标优化问题。从博弈论角度出发，VON Neumann和Morgenstem于1944年辩证地看待了在多目标决策问题中的多个决策者彼此间的相互矛盾问题[315]。Koopmans[316]在分析生产与分配活动的过程中将多目标优化问题凝练，提出了Pareto最优解。

1953 年，Arron 定义了凸集的有效点概念，多目标优化问题受到了极大的关注。1968 年，Johnsen 的多目标决策模型的研究成果成为多目标优化学科跨越发展的重大转折点。

20 世纪 60 年代以来，多目标优化问题得到了社会各界的普遍关注，但是如何实现对多目标优化问题的求解成为一大难题。多目标优化问题各个目标之间的相互矛盾以及多目标相比单目标问题的复杂性，导致在求最优解时可能一个目标的优化是以其余目标的损失为代价得到的，这就导致目标优化问题不会有整体的最优解，而是一个最优解集合。

目前普遍采用传统多目标优化方法和智能优化算法实现对多目标优化问题的求解。传统方法的关键点在于将多个目标优化问题向单目标优化问题的科学转化，以约束法、顺序单目标法和评价函数法为主要方法。单点搜索是传统串行算法的主要特征，此时，Pareto 最优概念无法用来评估解。而演化算法的最大优点就是群体搜索，从而为解决上述问题提供了可行的办法。常用的智能演化算法主要有粒子群优化算法（PSO）、遗传算法（GA）以及蚁群算法（ACA）等[317-320]。

郑贱成等[321] 在对临澧县的矿产资源储量、区域经济社会效益以及开采利用环境进行综合分析后，确定了一套矿产资源开发利用的指标体系，对临澧县 13 种矿产资源采用灰色关联法进行了经济评价，为临澧县矿产资源的合理开发提供了依据。宋光兴等[322] 采用多目标优化中的理想点法和熵技术对矿产资源综合利用评价中的多指标决策问题进行求解，表明该方法有很强的实用性。李建伟等[276] 基于煤矿企业动态盈亏平衡点以及多目标优化算法，对于资源枯竭型煤矿的剩余煤矿资源如何合理开采以及矿井的可持续发展问题进行了研究，建立了矿井可持续开采模式。实际表明，该模式能够在保证矿井安全、经济性等的前提下针对不同地质条件进行产能结构的合理协调。闫军印等[323] 针对矿产资源不可再生的特点，提出资源优化配置问题可以用多目标优化方法解决，充分考虑了国家经济发展需求、资源赋存条件、资源开发潜力和水平、生态环境承载能力、资源开发时的外部交通条件以及区域外部资源是否可供利用等对资源优化配置的影响，建立了资源开发规模及速度的评价指标体系及相应的评价模型。将该体系与模型应用于河北省矿产资源合理开发，其研究成果对于进行河北省矿产资源开发具有重大的意义。张聪等[324] 通过分析安太堡露天矿的详细生产过程，利用多目标优化方法，建立了露天煤矿生产计划模型，并以安太堡煤矿为例进行计算，优化得到了原煤从生产到外销各个环节的最优解，确定了矿山的生产和洗选能力，模型的实用性和合理性得到了验证。

第2章　煤与瓦斯共采协同机制研究

煤层群煤与瓦斯共采技术体系，就是将传统的单一煤炭资源开采改变为在煤炭资源开采的同时，利用采煤过程中产生的采动作用使原渗透率较低的煤层产生卸压释放，从而将瓦斯作为另一种资源从煤层中开采出来的技术体系。瓦斯抽采系统贯穿于煤炭开采的整个过程，既因煤炭开采引起煤岩体采动应力场、裂隙场和瓦斯流动场周期性变化决定着瓦斯抽采方法和抽采效果，也因瓦斯抽采的时效性决定着回采速度和采煤的安全性。

2.1　采动对覆岩移动、瓦斯流动影响规律的研究

为研究煤炭开采与瓦斯抽采之间的相互作用，开展实验室实验、现场数据分析，研究采动对煤岩体卸压、透气性的影响规律。

2.1.1　采动对覆岩卸压、瓦斯流动影响规律实验研究

2.1.1.1　煤与瓦斯共采相似模拟实验设备

为了研究采动覆岩裂隙演化规律和煤体渗透规律，自行研发了煤与瓦斯共采实验装置，该装置主体尺寸长宽高为：$1410\,mm \times 372\,mm \times 1120\,mm$。实验装置主要由前、后主密封舱体，上覆岩层加载装置，岩层应力测试装置及数据采集系统，流量测试装置，图像采集设备和前面板强度加固装置等六部分组成。实验装置结构简图如图2.1所示。

密封舱由上、下两个舱室以及前、后面板组成。上部舱室是柔性加载舱，用于覆岩应力的加载；下部舱室是实验装置的主体部分，用于应力盒的安装、相似材料的填装以及在密封条件下进行保护层开采等；前面板是

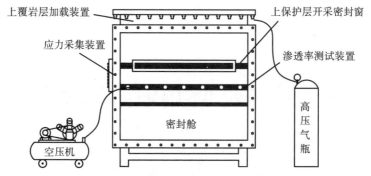

图2.1 煤与瓦斯共采相似模拟实验装置

实验装置的观测面板以及用于气体在相似材料中流量测试，同时在前面板留有保护层开采密封窗，每次开采时打开密封窗盖，开采结束后盖好密封窗盖进行渗透率测试，保护层采动过程中，可通过前面板的观测窗，观测覆岩的位移变化，以及裂隙演化情况；后面板是相似模型渗透率测试的进气面板。

为检测共采实验装置的气密性，向该实验台密封舱内充入气体0.3 MPa，进气阀门关闭后压力为0.301 MPa；一小时后读取压力表读数为0.297 MPa。说明在密封舱充气后的一小时时间内，密封舱内压力减少了0.004 MPa，比初始值只减小了1.3%，因此认为该实验装置的密封舱能够保证气密性。

2.1.1.2 流固耦合相似理论

胡耀青等[325]基于均匀流连续介质的流固耦合数学模型推导出如下关系式：

$$C_G \frac{C_u}{C_l^{\,2}} = C_\lambda \frac{C_e}{C_l} = C_G \frac{C_e}{C_l} = C_\gamma = C_\rho \frac{C_u}{C_t^{\,2}} \tag{2.1}$$

式中：C_G——剪切弹性模量相似比；

$\quad\quad C_u$——位移相似比；

$\quad\quad C_l$——几何模型相似比；

$\quad\quad C_\lambda$——拉梅常数相似比；

$\quad\quad C_\gamma$——容重相似比；

$\quad\quad C_\rho$——密度相似比；

C_t——时间相似比；

C_e——体应变相似比，取 1。

由式（2.1）可得下述关系式：

$$\left.\begin{array}{l} C_G = C_\lambda = C_l C_\gamma \\ C_u = C_l \end{array}\right\} \qquad (2.2)$$

由重力相似可知，$C_G C_e = C_\gamma C_l$，由于 $G = E \big/ \big[2(1+\mu) \big]$，其中 μ 为泊松比，故 $C_E = C_\gamma C_l$，由应力相似可知，$C_\sigma = C_E C_e$，则

$$\left.\begin{array}{l} C_\sigma = C_\gamma C_l \\ C_t = \sqrt{C_l} \end{array}\right\} \qquad (2.3)$$

由均质连续介质渗流方程可得如下关系式[227]

$$\frac{C_K C_P}{C_x{}^2} = \frac{C_K C_P}{C_y{}^2} = \frac{C_K C_P}{C_z{}^2} = \frac{C_S C_P}{C_t} = \frac{C_e}{C_t} = C_w \qquad (2.4)$$

式中：C_x，C_y，C_z——模型 x、y、z 方向尺寸相似比，$C_x = C_y = C_z = C_l$；

C_S——贮水系数相似比；

C_w——源汇项相似比；

C_K——渗透系数相似比；

C_P——水压相似比，$C_P = C_\lambda C_l$。

化简得到相似比关系式如下：

$$\left.\begin{array}{l} C_w = 1 \big/ \sqrt{C_l} \\ C_S = 1 \big/ \left(C_\gamma C_l \right) \\ C_K = \sqrt{C_l} \big/ C_\gamma \end{array}\right\} \qquad (2.5)$$

式（2.1）、式（2.3）、式（2.5）给出了某一状态下各相似常数之间的数量关系，在相似模拟实验设计时，依据给定的已知几何相似常数 C_l，可计算得到其余需满足的相似常数值。

2.1.1.3 煤与瓦斯共采相似材料模拟实验

以华晋焦煤有限责任公司沙曲矿 22201 工作面为工程背景进行上保护

层开采相似模拟实验，分析保护层采动对覆岩移动和瓦斯流动的影响，研究煤与瓦斯共采的采动应力、裂隙演化、瓦斯运移三者之间的影响规律。

（1）实验工程地质背景

沙曲矿 22201 工作面为北二采区 2# 煤层的首个上保护层开采实验工作面，其走向可最大推进长度约为 1538 m，工作面倾斜方向 150 m，工作面标高范围为 +396 ~ +486。地质条件比较简单，煤层倾角平均为 4° 向西倾斜，工作面采高为 1.6 m，采煤方法为倾斜长壁后退式综合机械化开采，采空区顶板管理方式为全部垮落法。该保护层工作面采用了沿空留巷无煤柱开采法，利用巷旁充填的方式保留 22201 机轨合一巷将其作为 22202 工作面的回风巷道，当 22202 工作面轨道巷掘进完成后，工作面通风系统最终形成。22201 工作面通风方式为两进一回的 Y 型通风，新鲜风流首先经 22201 辅助运输巷和机轨合一巷进入工作面，然后经 22201 沿空留巷、回采工作面和轨道巷排出。22201 工作面布置以及工作面瓦斯抽采管路布置如图 2.2 所示。

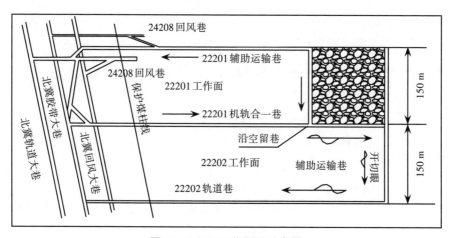

图2.2　22201工作面回采布置

① 煤层赋存情况。

实验以沙曲矿 22201 工作面所在 2# 煤层及下伏 3#，4#，5# 煤层为研究对象。2# 煤层赋存于山西组中部，煤层平均可采厚度 1.07 m。3# 煤层赋存于山西组中下部，平均可采厚度 1.07 m，不含夹矸或偶含夹矸 1 层，结构简单。3# 煤层顶板上距 2# 煤底板平均 17.7 m。4# 煤层赋存于山西组下部，平均煤厚 2.98 m，全井田范围内为稳定可采煤层。5# 煤层赋存于山西组下部，上距4#煤层平均2.98 m，下距K₃砂岩底平均1.79 m，平均可采厚度2.89 m。平均倾角2°。实验所在的22201工作面，3#，4#煤层间距较小可视为同一合层，平均倾角2°，该合层在实验研究区域煤层厚度平均为4 m左右。

工作面综合柱状图简述如表2.1所示。

表2.1 综合柱状图简述

编号	岩性	厚度/m
1	黄土层	49.69
2	无岩心段	419.48
3	粗砂岩	2.00
4	中砂岩	1.43
5	砂质泥岩	6.49
6	细砂岩	1.00
7	砂质泥岩	6.34
8	薄煤层	0.30
9	砂质泥岩	7.46
10	**2#煤**	1.06
11	粉砂岩	6.33
12	砂质泥岩	4.89
13	粗砂岩	2.53
14	砂质泥岩	3.87
15	**3#+4#合层煤**	3.89
16	中砂岩	3.14
17	砂质泥岩	2.02
18	**5#煤**	2.83
19	砂质泥岩	2.20
20	粗砂岩	3.10
21	砂质泥岩	3.67

② 煤层瓦斯赋存情况。

现场实测表明，3#煤、4#煤、5#煤作为主采煤层，瓦斯压力及含量均超出突出危险指标，需要消除突出危险性，而上部的2#煤瓦斯压力平均值为0.42 MPa，不具有突出危险性，应该利用无突出危险性的2#煤作为上保护层开采对3#，4#合层及5#煤层进行区域消突。

（2）煤与瓦斯共采相似模拟实验模型

① 实验模型铺装。

实验采用平面应变模型，沿工作面走向进行模拟，模型设计尺寸为长87 cm，宽30 cm，高79.8 cm。煤岩层水平布置，实验模型走向长度为87 cm，2#煤底板距离3#，4#合层顶板17.5 cm，3#，4#合层煤底板距离5#煤顶板5 cm，开切眼距离模型左边缘15 cm。由相似理论计算得到相似常数如表2.2所示，实验配比依据辽宁工程技术大学实验室流固耦合相似材料配比表进行选取，见表2.3。

表2.2　相似常数

几何 C_l	时间 C_t	容重 C_γ	应力 C_σ	渗透系数 C_K
100	10	1.8	180	5.6

表2.3　相似材料配比表

岩性	抗压强度/MPa	视密度/(g·cm⁻³)	强度常数	模型试件抗压强度/MPa	配比号
粉砂岩	43.38	2.63	182.0	0.238	337.00
中砂岩	28.11	2.54	169.3	0.156	437.00
砂质泥岩	32.3	2.74	182.7	0.190	455.00
薄煤层	12.25	1.71	114.0	0.107	655.00
泥岩	26.35	2.53	169.3	0.156	537.00

② 边界条件。

a. 模型上表面载荷确定。

依据表2.1，实验模型上覆岩层高度为454.2 m，上覆岩层质量采取等效应力载荷进行加载。换算公式如下：

$$\sigma_z = \gamma H = \rho g H = 0.0068\,\text{MPa} \qquad (2.6)$$

式中：σ_z——模型上表面加载应力值，MPa；

　　　γ——相似材料容重，取 $1.5 \times 10^4\,\text{N/m}^3$；

　　　H——模型上覆岩层高度，取 4.54 m。

b. 模型侧面载荷确定。

实际地层中，构造应力往往表现为水平方向作用力呈梯形分布，模拟实验简化为采用均布载荷近似代替构造应力场：

$$\sigma_x = \lambda \sigma_z = 0.17\,\text{MPa} \qquad (2.7)$$

式中：σ_x——模型侧面加载应力值，MPa；

　　　λ——侧压力系数，查阅相关资料 22201 工作面所在水平的侧压力系
　　　　　数 λ 为 2.25 ~ 2.85，取 $\lambda = 2.5$。

应力边界如图 2.3 所示。

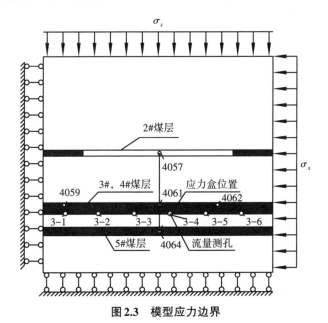

图 2.3　模型应力边界

③ 数据监测及记录。

a. 流量数据记录。

模型初始状态见图 2.4。每次开挖一步结束一小时后，下一步开挖前，依次对各渗透率测点进行通气，对各流量测点进行流量测试，气体流量采

用排水法进行测定。渗透率测试装置如图2.5所示。每次渗透率测试前通过减压阀将气体压力调整为统一值。

图2.4　模型初始状态

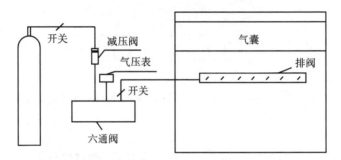

图2.5　渗透率测试装置

b.应力数据记录。

模型铺装过程中将应力传感器（见图2.6）埋入指定位置，并通过实验台接线柱与应变采集仪（见图2.7）连接，应变采集仪数据自动保存在电脑中。

图2.6　应力传感器

图2.7　应变采集仪

2.1.1.4 采动过程中底板煤岩层3#+4#煤、5#煤变形破坏规律研究

在煤与瓦斯共采中，应力变化决定底板裂隙及渗透率变化，底板渗透率及裂隙变化又对被保护层瓦斯流动产生影响，因此研究应力演化、渗透率演化、裂隙演化三者之间的相关性，是进一步研究煤与瓦斯共采协调性的理论前提。为得到应力与变形破坏、渗流的相关性，对上保护层2#煤采动过程中的底板应力演化进行分析，同时测定被保护层3#+4#煤的渗透率变化并观察2#煤底板破坏规律，最终建立底板应力演化与被保护层渗透率演化、保护层底板破坏裂隙演化的相互关系。

在保证密封的前提下，实验台仅能连接5个应力传感器。将应力变化规律分为水平、垂直两个方向进行研究，共进行两组实验，除测点布置方案不同以外，其余条件都相同。两组实验测点布置如图2.8所示。

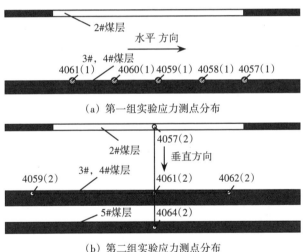

（a）第一组实验应力测点分布

（b）第二组实验应力测点分布

图2.8 模型应力测点布置

水平方向为平面模型中煤层的走向，如图2.8（a）所示；垂直方向为底板垂深方向，如图2.8（b）所示。

第一组实验主要布置了5个水平测点，测定了回采中3#+4#煤覆岩水平方向应力变化，第二组实验中布置了3个水平方向测点、3个垂直方向测点，其中测点4061（2）既有水平应力传感器也布置了垂直应力传感器，第二组实验测点4061（2）与第一组测点4059（1）位置相同，可以通过该点的测定结果对比验证数据的可靠性。

被保护煤层受保护层采动后的卸压作用使煤层应力降低，为更直观体现卸压程度，采用煤层"卸压系数"来表示，定义为采动过程中测点测得的煤岩层卸压后应力与初始应力的比值。

（1）水平方向测点应力变化规律分析

① 第一组实验。

第一组实验，沿3#+4#合层煤走向布置5个测点，实验通过对各测点应力变化曲线升降区间及应力峰值点分析，给出随工作面推进不同位置测点应力升降区间范围及应力峰值变化规律，最终得到随工作面推进被保护层3#+4#合层煤应力演化规律。5个测点在工作面由开切眼推进至8 m的过程中，应力变化不稳定，在后续应力变化规律的分析过程中，不考虑工作面由开切眼位置开始推进至8 m范围内的应力变化。测点在工作面原点，当工作面推过测点时，测点与工作面距离为正值，当工作面未推过测点时，测点与工作面距离为负值，测点位置表示测点距离开切眼的水平距离。各测点应力曲线变化规律具体分析如下：

由图2.9可知，测点4061（1）位于距开切眼6.0 m处，测点4061（1）在整个工作面推进过程中表现为压应力释放，最小卸压系数为0.9654，见表2.4。当工作面推进至停采线，应力仍未增加，对应的采空区上覆跨落岩

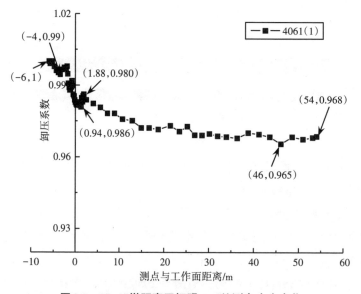

图2.9 3#+4#煤距离开切眼6 m处测点应力变化

层未对该测点产生压实作用，测点4061（1）处于顶板下沉铰接梁与底板形成的三角空区内，因此，位于开切眼附近的底板岩层，在工作面推进整个过程持续卸压，此处底板较易产生裂隙。

表2.4 测点4061（1）卸压系数变化描述

位置	变化趋势	应力变化曲线卸压区间	
		区间范围/m	最小值
6.0 m	卸载	1.9 ~ 46	0.965

由图2.10可知，测点4060（1）位于开切眼水平距离19.5 m处，开挖初期发生同测点4061相同的应力波动，当工作面推进至距离测点12 m时，卸压系数减小为0.987，应力变化趋于稳定并开始缓慢上升。当工作面推过测点1.35 m时，应力达到峰值，卸压系数为0.99。应力增加区间为测点距离工作面小于12 m范围内，随后工作面推过测点，应力持续下降，当推过测点18.45 m时，应力下降至最低点，卸压系数为0.972。压实阶段发生在工作面推过测点18.45 m到35 m范围内。如表2.5所示。

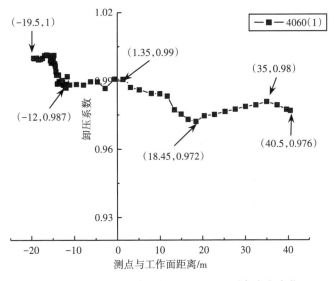

图2.10 3#+4#煤距离开切眼19.5 m处测点应力变化

在图2.11中，测点4059（1）位于开切眼水平距离33 m处，在工作面推进至距离测点16 m的过程中，应力持续下降，当推进至距测点16 m至1.79 m范围时，应力增加，卸压系数峰值为1.02。随后应力下降，从工作

表2.5 测点4060（1）卸压系数变化描述

位置	变化趋势	应力变化曲线增压区间		应力变化曲线卸压区间		应力变化曲线增压区间	
		区间范围/m	最大值	区间范围/m	最小值	区间范围/m	最大值
19.5 m	增—减—增	−12 ~ 1.4	0.99	1.35 ~ 18.5	0.972	18.5 ~ 35	0.98

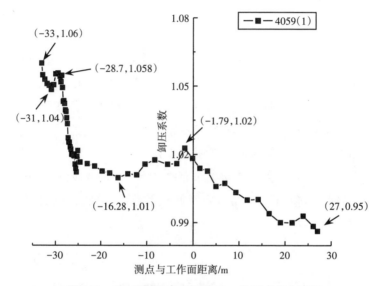

图2.11 3#+4#煤距离开切眼33 m处测点应力变化

面推进至测点前方1.79 m到工作面推过测点27 m后的范围内，应力持续下降。测点4059（1）卸压系数最小值为0.95。如表2.6所示。

表2.6 测点4059（1）卸压系数变化描述

位置	变化趋势	应力变化曲线卸压区间		应力变化曲线增压区间		应力变化曲线卸压区间	
		区间范围/m	最小值	区间范围/m	最大值	区间范围/m	最小值
33 m	减—增—减	−28.7 ~ −16.3	1.01	−16.3 ~ −1.8	1.02	−1.8 ~ −27	0.95

在图2.12中，测点4058（1）位于开切眼水平距离46.5 m处，在工作面推进至距离测点21.5 m的过程中，应力持续下降，在工作面距离测点21.5 m到4.2 m的范围内，应力上升至峰值，峰值出现在距离工作面4.2 m处，峰值卸压系数为1.05，随后开始下降。测点4058（1）卸压系数最小值为1.03。如表2.7所示。

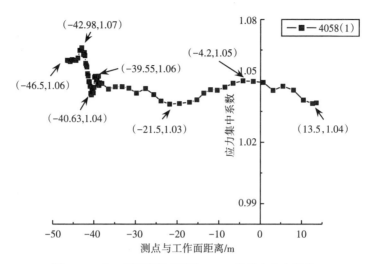

图2.12 3#+4#煤距离开切眼46.5 m处测点应力变化

表2.7 测点4058（1）卸压系数变化描述

位置	变化趋势	应力变化曲线卸压区间		应力变化曲线增压区间		应力变化曲线卸压区间	
		区间范围/m	最小值	区间范围/m	最大值	区间范围/m	最小值
46.5 m	减—增—减	−39.6～−21.5	1.03	−21.5～−4.2	1.05	−4.2～−13.5	1.04

在图2.13中，测点4057（1）位于开切眼水平距离60 m处（停采线位置），在工作面推进至距离测点27 m的过程中，应力持续下降，应力上升段为工作面距离测点27 m至7.6 m的范围内。如表2.8所示。

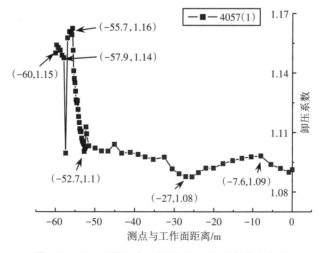

图2.13 3#+4#煤距离开切眼60 m处测点应力变化

分析图2.9~图2.13和表2.5~表2.8，随工作面推进，下部3#+4#合层煤整体上经历卸压—增加—卸压三个阶段，工作面前方应力集中，同时，增压区间范围增加，应力最大值增加，应力达到最大值时测点与工作面距离增加。

② 第二组实验。

第二组实验中测点4059（2）、4061（2）、4062（2）沿水平方向布置，分析各测点应力变化规律如下（见图2.14~图2.16）。

表2.8　测点4057（1）卸压系数变化描述

位置	变化趋势	应力变化曲线 卸压区间		应力变化曲线 增压区间		应力变化曲线 卸压区间	
		区间范围/m	最小值	区间范围/m	最大值	区间范围/m	最小值
60 m	减—增—减	−55 ~ −27	1.08	−27 ~ −7.6	1.09	−7.6 ~ 0	1.08

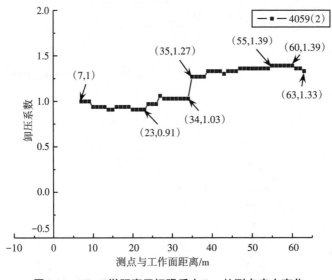

图2.14　3#+4#煤距离开切眼后方7 m处测点应力变化

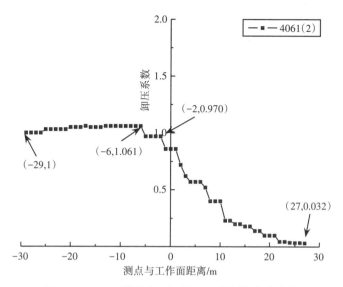

图 2.15　3#+4#煤距离开切眼 29 m 处测点应力变化

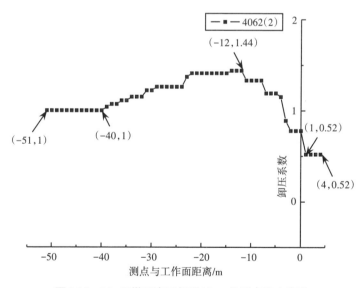

图 2.16　3#+4#煤距离开切眼 51 m 处测点应力变化

第二组实验测点 4059（2）位于 3#+4#合层煤距离开切眼 7 m 处煤柱内，随采动应力增加。剩余两测点 4061（2）、4062（2）卸压区间及应力峰值随采动的变化规律同第一组。

（2）垂直方向测点随开采应力变化规律分析

第二组实验沿垂直方向布置三个测点，各测点均布置于工作面走向中部，其中测点4057（2）位于2#煤中，测点4061（2）位于3#+4#合煤层中，测点4064（2）位于5#煤中。各测点随开采变化规律分析如下：

2#煤层为开采层，测点4057（2）位于开切眼水平距离29 m处的2#煤中，由图2.17可知，当工作面推进至测点前方19.1 m时，应力开始上升；推进至测点处，应力达到峰值，卸压系数为2.31；随后工作面推过测点，卸压系数下降至0.62；当工作面推过测点10 m时，测点位置煤岩层开始被压实，应力缓慢上升；当推过测点17 m时，应力恢复到原始值。如表2.9所示。

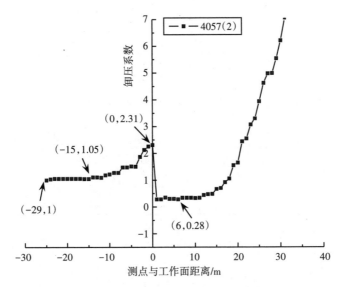

图2.17　随工作面推进2#煤应力变化

表2.9　测点4057（2）卸压系数变化描述

位置	变化趋势	应力变化曲线增压区间		应力变化曲线卸压区间	
		区间范围/m	最大值	区间范围/m	最小值
2#煤	增—减	−15.1～0	2.31	0～10	0.28

图2.17应力曲线显示测点距离工作面大于10 m后，应力持续上升，上升是由于应力传感器埋入2#煤中，2#煤开采过程中将应力传感器采出，放回过程中应力传感器表面与顶板表面不平行接触造成。

测点4061（2）位于开切眼水平距离29 m处的3#，4#合层中，由图2.18可知，工作面开挖初期，测点应力开始上升，当工作面推进至测点前

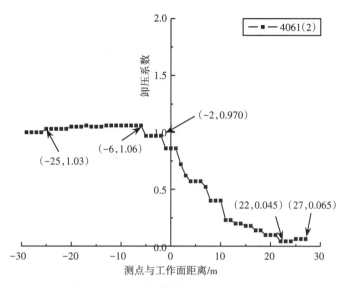

图2.18　随工作面推进3#+4#煤应力变化

方6.1 m处，应力达到峰值，卸压系数为1.06；随后应力开始下降，此时，工作面未推过测点，距离测点6.1 m。当工作面推进至测点前方2 m时，应力下降至原始应力。随后推过测点，应力继续下降，当推过测点22 m时，应力下降至最低点，卸压系数为0.045，之后应力回升，最终在推过测点27 m后卸压系数稳定在0.065。如表2.10所示。

表2.10　测点4061（2）卸压系数变化描述

位置	变化趋势	应力变化曲线增压区间		应力变化曲线卸压区间	
		区间范围/m	最大值	区间范围/m	最小值
3#+4#煤	增—减	−25 ~ −6.1	1.06	−6.1 ~ 22	0.045

测点4064（2）位于开切眼水平距离29 m处的5#煤层中，由图2.19可知，工作面开挖初期，测点应力开始上升，当工作面推进至测点前19.1 m处达到峰值，卸压系数为1.03；随后，工作面距离测点19.1 m时应力开始下降；当推进至测点前方13 m时，应力由峰值下降至原岩应力。随后工作面推过测点，应力下降，当工作面推过测点19.1 m时，应力下降至最低点，卸压系数为0.48，之后应力回升，最终在推过测点27 m后卸压系数稳定在0.46。如表2.11所示。

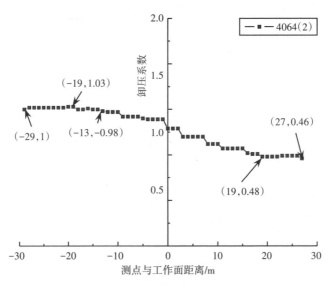

图2.19　随工作面推进5#煤应力变化

表2.11　测点4064（2）卸压系数变化描述

位置	变化趋势	应力变化曲线增压区间		应力变化曲线卸压区间	
		区间范围/m	最大值	区间范围/m	最小值
5#煤	增—减	−29.1 ~ −19.1	1.03	−19.1 ~ −27	0.46

　　图2.18 ~ 图2.19位于同一水平坐标的纵向测线上，5#煤应力达到峰值点时测点与工作面距离大于3#+4#合层煤，3#+4#合层煤由应力峰值下降至原始应力值的速率大于5#煤，由原始应力值下降至最小应力值的速率小于5#煤。同时测点卸压系数最小值3#+4#合层煤低于5#煤，可知距离保护层越远，被保护煤层卸压效果越差。如表2.12所示。

表2.12　被保护层应力曲线特征点

关键节点	3#+4#合层（测点与工作面距离）	5#煤（测点与工作面距离）
达到应力峰值	−6.1	−19
下降至原始应力	−2	−14
下降至最低点	22	19

2.1.1.5　3#+4#煤采动条件下渗透率变化规律分析

（1）渗透率测点位置

流量测点分布于3#+4#煤中，主要测试3#+4#煤、5#煤渗透率变化，测点间距为135 mm，见图2.20。渗透率测点与应力测点对应位置见表2.13。

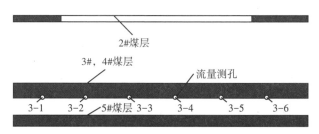

图 2.20　流量测点布置

表2.13　渗透率测点与应力测点对应位置表

渗透测点变化	应力测点编号	初始位置
3-1	4059（2）	$x = -6.5$
3-2	4061（1）	$x = 6$
3-3	4060（1）	$x = 19.5$
3-4	4059（1）	$x = 33$
3-5	4058（1）	$x = 46$
3-6	4057（1）	$x = 60$

（2）渗透率相对变化系数计算原理

MT223-90煤和岩石渗透率测定方法给出了煤岩渗透率计算公式：

$$k = \frac{2PQH\mu}{(2P\Delta P + \Delta P^2)A} \tag{2.8}$$

式中：k——渗透率，cm^2；

　　　P——出口端气体压力（大气压力），Pa；

　　　Q——渗流量，mL/s；

　　　H——试件高度，mm；

　　　μ——空气动力黏度，Pa·s；

ΔP——渗透压力，Pa；

A——试件横截面积，mm^2。

实验测得的数据是不同开采步时的流量值，假设同一测孔不同开采步有效渗流面积 A 相等，采用渗透率相对变化系数表示测点渗透率变化，如下式所示：

$$\frac{k_x}{k_0} = \frac{Q_x}{Q_0} \cdot \frac{2P \cdot P_0 + P_0^2}{2P \cdot P_x + P_x^2} \tag{2.9}$$

式中：k_X——测点测试渗透率，cm^2；

k_0——测点初始渗透率，cm^2；

P_0——初始通气压力，Pa；

P_X——测气时通气压力，Pa；

Q_X——测气流量，mL/s；

Q_0——初始流量，mL/s。

（3）随工作面推进测点渗透率变化规律分析

① 矿压显现规律。

图2.21所示黑线为开采步距，第一步间隔为8 m，之后每一步间隔为4 m。由图片分析可知，开采至24 m时，直接顶产生离层；工作面推进至36 m处，直接顶初次来压；随后推进至44 m处，直接顶周期来压，周期来压步距为8 m。

（a）工作面推进至24 m　　　　　　　　（b）工作面推进至36 m

（c）工作面推进至44 m

图2.21　工作面推进不同距离时的顶板冒落形态

② 3#+4#合层煤渗透率演化规律。

当测点位于开切眼推进方向时,推进方向即为工作面前方,测点距离开切眼的水平距离为正值,当测点位于开切眼推进方向的反方向(开切眼后方)时,测点距离开切眼的水平距离为负值。

图2.22(a)为渗透率测点位置对应应力测点曲线,工作面推进0~19 m

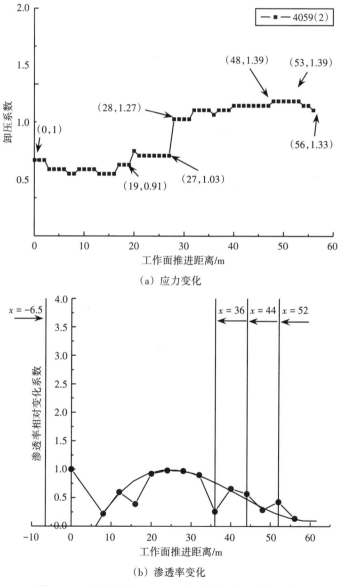

(a) 应力变化

(b) 渗透率变化

图2.22 开切眼后方6.5 m处渗透率与应力变化对照

范围内应力变化稳定，20～56 m 范围内应力增加。图 2.22（b）为渗透率变化曲线，工作面推进 0～8 m 范围渗透率下降，由初始渗透率测试过程中气流不稳定造成。8～20 m 范围，渗透率增加，20～56 m 渗透率下降。其中在 $x = 36$ m 处，顶板初次来压，对渗透率变化趋势造成影响。

图 2.23（a）所示为渗透率测点位置对应应力测点曲线，工作面推进

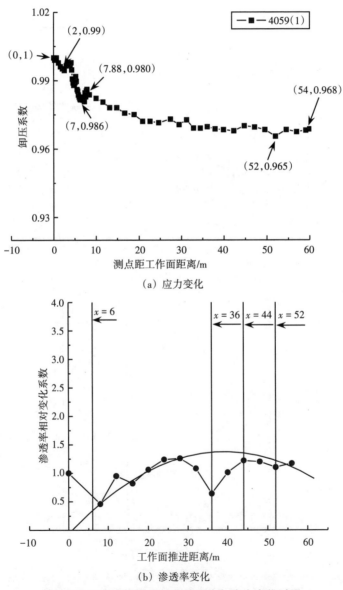

（a）应力变化

（b）渗透率变化

图 2.23　开切眼前方 6 m 处渗透率与应力变化对照

0～54 m 范围，应力减小。图 2.23（b）所示为渗透率变化曲线，工作面推进 8～28 m，渗透率增加，32～44 m 范围渗透率变化先减小后增加，变化速率较大，该变化与初次来压矿压显现有关。44～56 m 渗透率减小。对比图（a）、（b），应力与渗透率相关规律为应力减小渗透率增加，应力增加渗透率减小，但由于顶板矿压显现的影响，局部变化不符合这一规律。

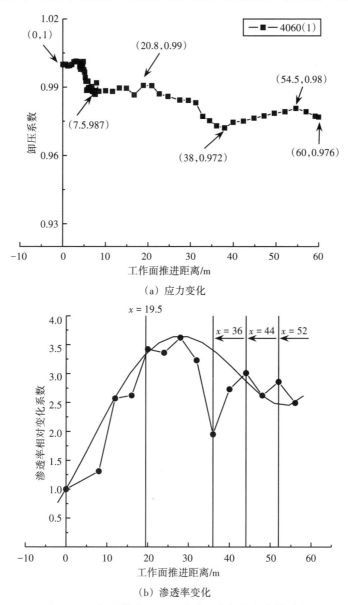

（a）应力变化

（b）渗透率变化

图 2.24 开切眼前方 19.5 m 处渗透率与应力变化对照

图2.24（a）为渗透率测点位置对应应力测点曲线，工作面推进0～38 m
范围，应力减小，38～54 m应力增加。图2.24（b）为渗透率变化曲线，
工作面推进0～28 m渗透率增加，28～56 m渗透率减小。同样在 $x = 36$ m
处由于矿压显现，导致了渗透率变化的局部突变情况。

图2.25（a）为渗透率测点位置对应应力测点曲线，工作面推进0～

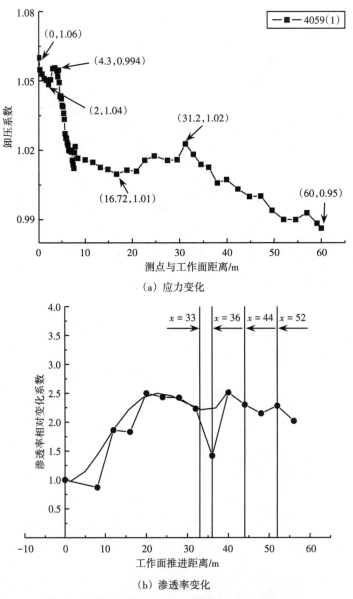

（a）应力变化

（b）渗透率变化

图2.25 开切眼前方33 m处渗透率与应力变化对照

16.7 m范围，应力减小；16.7~31.2 m，应力增加；31.2~60 m应力减小。
图2.25（b）为渗透率变化曲线，工作面推进0~20 m渗透率增加，20~36 m
渗透率减小，36~40 m渗透率增加。40~54 m由于两次周期来压的影响，
渗透率降低。

图2.26（a）为渗透率测点位置对应应力测点曲线，工作面推进0~25 m

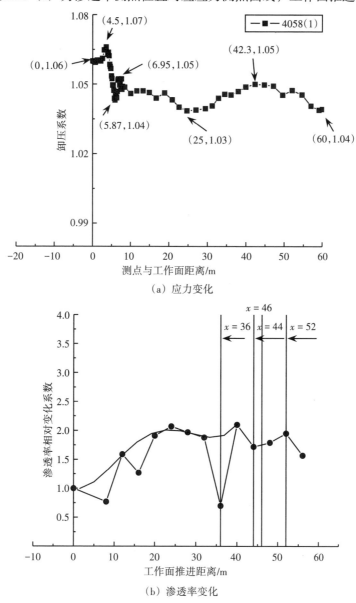

（a）应力变化

（b）渗透率变化

图2.26　开切眼前方46 m处渗透率与应力变化对照

范围，应力减小；25～42.3 m，应力增加；42.3～60 m应力减小。图2.26（b）
为渗透率变化曲线，工作面推进0～25 m渗透率增加，25～36 m渗透率减小，
36～40 m渗透率增加。40～54 m由于两次周期来压的影响，渗透率降低。

图2.27（a）为渗透率测点位置对应应力测点曲线，工作面推进0～

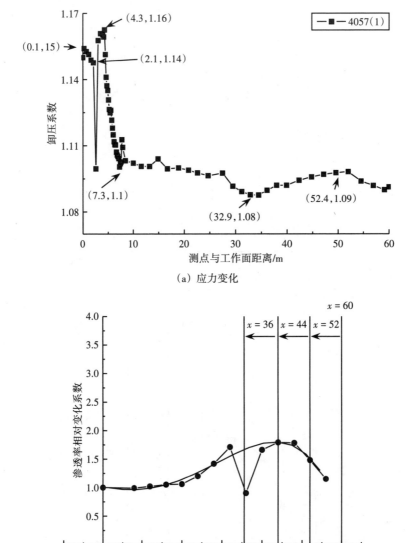

（a）应力变化

（b）渗透率变化

图2.27　开切眼前方60 m处渗透率与应力变化对照

32.9 m范围，应力减小；32.9~52.4 m，应力增加；52.4~60 m应力减小。图2.27（b）为渗透率变化曲线，工作面推进0~32 m渗透率增加，32~54 m渗透率减小。

工作面初次来压之前0~36 m范围内，渗透率系数峰值大小分别为：3-3（3.5）、3-4（2.5）、3-5（2.0）、3-6（1.7）、3-2（1.2）、3-1（1）。初次来压之后36~56 m范围内，渗透率系数峰值大小分别为3-3（3.0）、3-4（2.5）、3-5（2.1）、3-6（1.8）、3-2（1.2）、3-1（0.6）。顶板初次垮落位置为工作面推进至36 m处，测点3-3位于垮落位置中部，被压实，渗透率减小。垮落顶板限制了底板膨胀变形，测点3-4，3-2渗透率相对变化系数峰值保持不变。同时测点3-5，3-6位于顶板初次垮落范围外，因此随采出空间增加渗透率相对变化系数峰值进一步增加。

综合上述分析可知，渗透率变化受到垂直方向应力变化与顶板矿压显现共同影响。应力增加，渗透率减小，反之应力减小渗透率增加。同时顶板矿压显现会造成渗透率波动，矿压显现影响范围较大，矿压显现时各测点渗透率均发生变化。

2.1.1.6 3#+4#煤采动条件下底板变形破坏变化规律分析

（1）裂隙演化描述

实验采用平面应变模型，实验台前置面板采用有机玻璃板制成，能够实现开挖过程中底板破坏的观测，对开挖过程中底板岩层破坏情况进行拍照记录，能够实时给出破坏裂隙发育分布特征。由于面板反光，拍摄照片不能清晰反映裂隙的分布及演化，而工作面推进过程要对渗透率进行测试，必须保证密封性，因此在不拆除前面板的情况下采用了下述方法对裂隙进行描述。

如图2.28所示，在模型开挖前对开挖框内开挖步距进行标注，图中数字代表不同开挖步，步长为4 m。工作面推进过程中对底板裂隙发育进行观测，同时在前置面板做相应的标记记录裂隙演化。裂隙演化记录方法如图2.28图右侧例所示，对工作面推进的不同阶段发育裂隙采用图例所示的标志进行标注。如，开挖至20 m，底板第一次产生裂隙，裂隙条数为5条，将图2.28中图例"第一次发育裂隙"的两条横线标记分别标注于5条新裂隙末端。每次裂隙发育均按图2.28扩展顺序的符号做好标记，再将拍摄图片导入到CAD中进行裂隙分布描图，如图2.29所示。为清晰反映裂隙演化过程，将图片底图删除得到图2.30～图2.38。

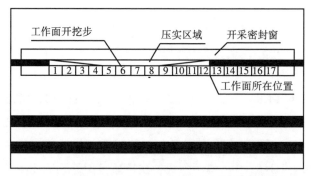

初始裂隙
第一次发育裂隙
第二次发育裂隙
第三次发育裂隙
第四次发育裂隙
第五次发育裂隙
第六次发育裂隙
第七次发育裂隙

图2.28　前面板示意图

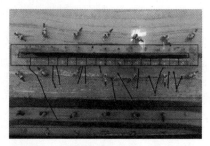

（a）开挖20 m　　　　　　　　　　（b）开挖70 m

图2.29　裂隙素描

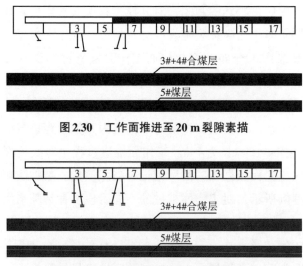

3#+4#合煤层

5#煤层

图2.30　工作面推进至20 m裂隙素描

3#+4#合煤层

5#煤层

图2.31　工作面推进至28 m裂隙素描

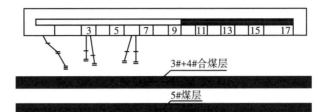

图 2.32　工作面推进至 36 m 裂隙素描

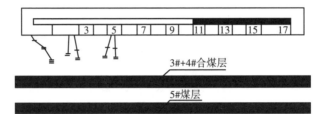

图 2.33　工作面推进至 40 m 裂隙素描

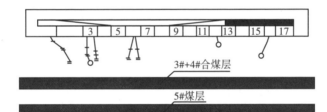

图 2.34　工作面推进至 48 m 裂隙素描

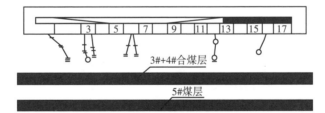

图 2.35　工作面推进至 52 m 裂隙素描

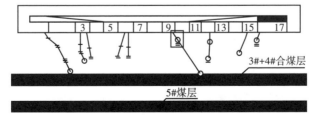

图 2.36　工作面推进至 60 m 裂隙素描

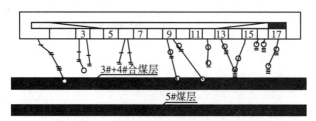

图 2.37　工作面推进至 64 m 裂隙素描

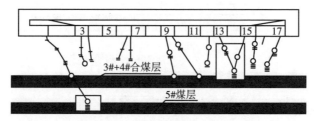

图 2.38　工作面推进至 70 m 裂隙素描

（2）随工作面推进底板变形破坏规律描述

通过裂隙素描得到了工作面不同推进距离时的裂隙分布素描图，统计各图中裂隙分布位置及裂隙数量，对底板破坏规律进行描述。

初始裂隙发育位置为开切眼位置及工作面前方位置，随着推进工作面前方底板不断有新裂隙产生，实验观测的裂隙产生间隔为 12 m。工作面推进过程中，开切眼位置的裂隙不断向下发展延伸。

当工作面推进至 40 m 时，采空区范围的裂隙未延伸，仅有开切眼侧裂隙延伸。

工作面继续推进，工作面位置底板下方不断有新裂隙产生，开切眼位置裂隙及采空区范围内裂隙变化不明显。

当工作面推进至 60 m 时，开切眼位置处裂隙延伸，同时顶板垮落触底接触点位置（见图 2.36 方框）产生新生裂隙，此时裂隙导通至 3#+4#煤被保护层。

工作面推进至 60 m 时，底板裂隙发育进入活跃期，裂隙位置分布于顶、底板接触点、工作面底板、开切眼附近。裂隙相互连通呈“V”字形，当工作面推进至 70 m 时，裂隙首次导通至被保护煤层 5#煤。

研究结果表明，底板裂隙初始发育位置为开切眼位置及工作面位置，在工作面由 0 m 推进至 28 m 的过程中，除开切眼位置裂隙有延伸，工作面推进至不同位置产生的裂隙延伸性较差。工作面推进至 60 ~ 70 m 范围过程中，裂隙延伸性较之前增加。由底板变形"横三区"理论可知，初始裂隙发育位置裂隙产生的主要因素为剪切应力作用。同时当顶板垮落触底后，垮落顶板限制底板膨胀变形，接触点位置新裂隙产生，这一现象也表明，剪应力在裂隙形成中起到主要作用。工作面推进至 60 m 时，裂隙延伸至 3#+4#煤，开挖至 70 m 时裂隙延伸至 5#煤，最长延伸裂隙为开切眼位置裂隙，如图 2.39 所示。

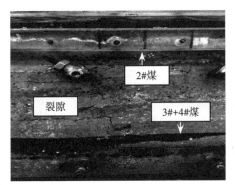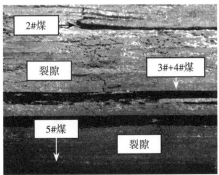

图 2.39　开切眼处底板裂隙

实验现象表明保护层开采对邻近的 3#+4#煤的被保护层卸压作用明显，采动过程中大量裂隙导通至 3#+4#煤，结合渗透率分析可知，2#煤的开采对 3#+4#煤起到有效保护作用；5#煤距离保护层距离较远，卸压作用不明显，但仍有少量裂隙导通至该层，扩展到 5#煤的裂隙对其瓦斯释放起到一定作用，但渗透率变化不大。

（3）随工作面推进底板变形破坏规律分析

① 工作面推进过程中裂隙发育数量分析。

采动过程中，裂隙的产生与扩展具有不均匀性，为得到工作面推进和裂隙产生与扩展之间的时空关系，对裂隙发育次数进行统计，如图 2.40 所示。裂隙发育次数表示工作面推进至某一位置时，各次裂隙发育条数的总和，即图中所示线段条数，图 2.40 中共有线段 28 条，此时工作面推进至 70 m，则 70 m 对应的裂隙发育次数为 28 条。

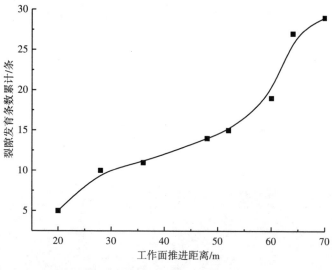

图2.40　随工作面推进裂隙发育

图2.40给出了随工作面推进裂隙总数量的变化，由图中曲线可知，整个开采过程中裂隙发育分为三个阶段，开挖初期为裂隙发育初始期，随后裂隙发育进入稳定增加阶段，当工作面推至约60 m时，裂隙发育速度增加，进入活跃期。当工作面推进至64 m时，裂隙发育减缓，直至70 m回采结束。初始发育期裂隙数量增加速率较快，稳定增加期裂隙数量增加速率较慢，到活跃期，裂隙数量增加速率明显提高。

② 3#+4#煤走向不同位置测点随工作面推进应力变化。

前面分析讨论了裂隙发育与工作面推进距离的相关性，由于应力的重分布是裂隙形成的前提条件，因此需要对工作面推进范围内走向应力分布状态进行进一步研究。测点4061（1）、4060（1）、4059（1）、4058（1）、4057（1）分布位于3#+4#合层煤走向距离开切眼6，19.5，33，46.5，60 m处，取工作面推进不同距离时各测点应力值，以各测点位置为横坐标，不同工作面推进距离对应的应力值为纵坐标得到图2.41～图2.46。其中工作面推进距离选取裂隙发育时工作面所在位置，分别为20，28，36，40，52，60 m。

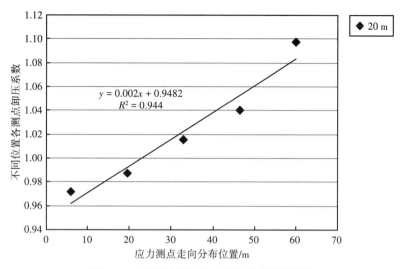

图2.41 工作面推进20 m时各测点卸压系数

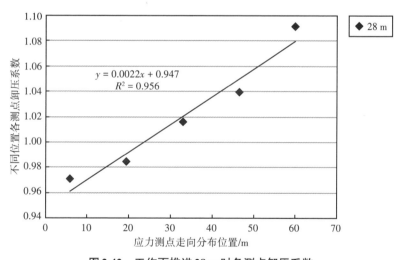

图2.42 工作面推进28 m时各测点卸压系数

图2.41、图2.42表明，工作面推进至20，28 m时，测点应力值随工作面推进距离的增加线性增加，且工作面推进距离28 m对应直线的斜率大于工作面推进20 m时。

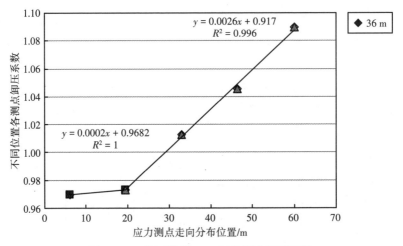

图2.43 工作面推进36 m时各测点卸压系数

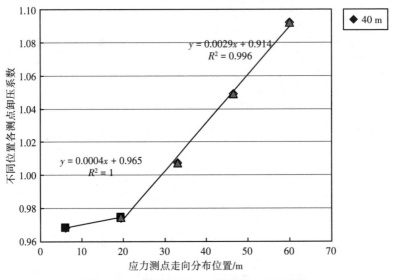

图2.44 工作面推进40 m时各测点卸压系数

图2.43中工作面推进36 m时，距离开切眼6，19.5 m测点的卸压系数以斜率0.0002增加，距离开切眼33，46.5，60 m测点的卸压系数以斜率0.0026增加，图2.44中推进到40 m时卸压系数斜率由0.0004变为0.0029，随着工作面推进距离的进一步增加，走向各测点卸压系数不均匀变化。对图2.43、图2.44中两段直线斜率做差，推进至40 m时的斜率差值0.0025大于推进至36 m时的斜率差值0.0024。

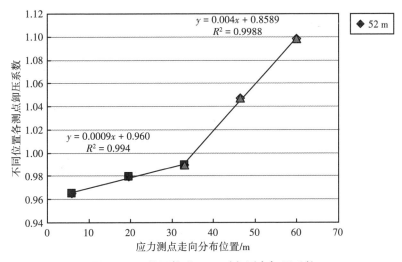

图 2.45　工作面推进 52 m 时各测点卸压系数

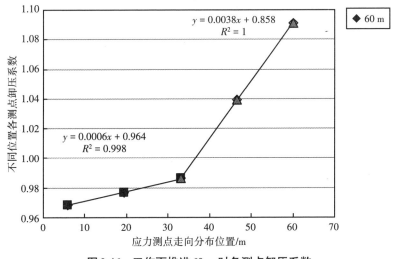

图 2.46　工作面推进 60 m 时各测点卸压系数

图 2.45、图 2.46 中，随工作面推进距离的进一步增加，两直线的交叉点横坐标值增加，同时斜率差值增加，由推进至 52 m 时的差值 0.0031 增加到推进 60 m 时的 0.0032。

图 2.41 ~ 图 2.46 的曲线变化反映了随开采走向分布各测点所在位置受载变化的均匀性，随着开挖范围的增加，斜率差值增加，两条直线交叉点后移，表明煤岩层走向分布各点受载应力变化的不均匀性增强，且增强位置与开切眼距离增加。两直线交叉点处为受载应力分界点，此处应力变化

较不均匀，岩层易发生破坏。

2.1.1.7　采动对邻近煤层瓦斯流动影响的现场观测实验

根据文献[156]，现场实验中采用将不同种类示踪气体注入不同煤层的方法，观察22201工作面采动后煤层群之间各煤岩层的裂隙贯穿以及保护层开采促进卸压瓦斯向邻近层运移情况。

如图 2.47、图 2.48 所示，利用多示踪气体监测数据得到，沙曲矿22201 工作面的2#煤开采条件下，在工作面采空区采集到的气体样本中存在 SF_6，这一事实说明2#煤与4#煤之间已经产生贯穿型裂隙，3#+4#煤顶板贯穿型裂隙产生于2#煤工作面后面40 m左右，并在主贯穿型裂隙附近存在着大量次生裂隙。随着工作面继续推进，又从22201采空区采集到 He，说明5#煤与3#+4#煤之间也产生了裂隙，发育时间滞后2#煤与3#+4#煤之间产生裂隙20～40 m不等，且裂隙尺度远小于后者。

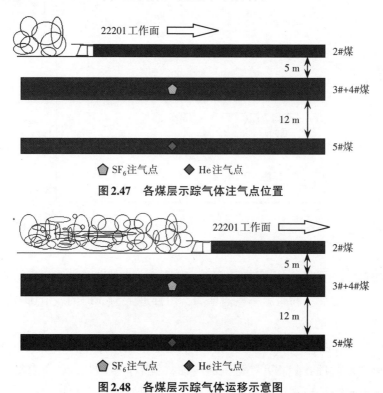

图 2.47　各煤层示踪气体注气点位置

图 2.48　各煤层示踪气体运移示意图

实验研究发现，上保护层2#煤的开采后下伏煤层也就是被保护层向上卸压，煤层内产牛剪切破坏引起层与层之间贯穿裂隙的生成，促进了被保护层瓦斯涌入回采工作面，从煤层群开采角度就是本煤层的采动作用使邻近层瓦斯向工作面采动空间涌出。现场观测结果验证了煤与瓦斯共采相似模拟实验结果。

2.1.2　瓦斯抽采随工作面推进距离变化研究

沙曲井田煤系地层主要包括二叠系下统山西组和石炭系上统太原组，地层总厚度为 157.02 m，共包含 17 个煤层，煤层的总厚度为 19.42 m，地层含煤系数为 12.4%；其中有 8 层煤达到可采或局部可采的条件，分别是太原组的 6#、9#、8#、10#煤层以及山西组的 2#、3#、4#、5#煤层，可采煤炭资源以焦煤为主，总厚度约为 15.4 m。通过分析工作面邻近钻孔资料，可知北翼 2#煤层不是突出煤层，2#煤层厚度 0.25～2.20 m，平均厚度为 0.89 m，可以作为下方 3#+4#煤层的保护层进行开采。24207 工作面为沙曲矿北翼第二采区沿煤层倾向布置的第七个长壁式采煤工作面，布置有配风巷、轨道巷、胶带巷以及回风巷四条巷道，工作面布置实际情况见图 2.49。24207 工作面地质条件相对比较复杂，在胶带巷 365 m 和轨道巷 391 m 处均发现了陷落柱[239]，工作面整体上属于单斜构造，煤层走向约为 330°，倾向 SW，煤层倾角 4°～7°，平均为 5°，属于近水平煤层。

24207 工作面主要应用了本煤层顺层钻孔抽采、裂隙带高位钻孔抽采、大孔径钻孔抽采、工作面采空区压管抽采以及高抽巷等多种瓦斯方法，如图 2.50 所示。

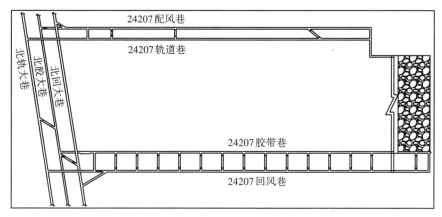

图 2.49　24207 工作面回采布置

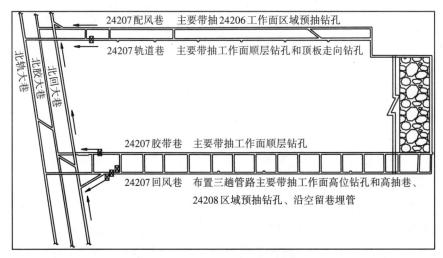

图2.50　24207工作面抽采管路布置

统计分析沙曲矿24207工作面推进距离与风排瓦斯、邻近层穿层抽采、本煤层顺层抽采、采空区埋管抽采的关系，如图2.51所示。

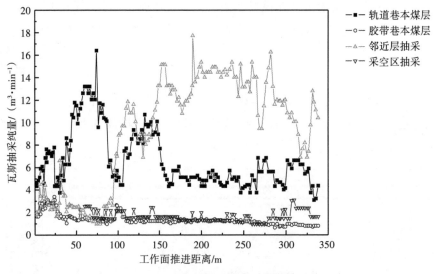

图2.51　24207工作面推进距离对瓦斯抽采的影响

本煤层瓦斯抽采量与推进距离：包括本煤层轨道巷和胶带巷瓦斯抽采，随工作面推进本煤层瓦斯抽采量整体呈下降趋势，且在初次来压之前出现一次较大波动，在轨道巷较为明显，受采动影响，工作面前方扰动产生裂隙，煤层透气性提高、抽采量增大，随进一步推进抽采量趋于稳定后又开始缓慢降低。

邻近层瓦斯抽采量与推进距离：工作面回采初期，邻近层瓦斯抽采量较低，回采逐渐向前推进，随着邻近层卸压范围逐渐增加，瓦斯抽采量也在逐渐升高，而后随着回采稳定推进，抽采逐渐稳定并在周期来压期间出现短时的波动。

采空区瓦斯抽采量与推进距离：工作面推进 60 m 之后，留巷采空区埋管开始抽采，抽采量基本稳定在 1 ~ 1.5 m³/min，受采动影响较弱。

2.2　采动覆岩裂隙演化规律试验研究

井工煤矿煤层通常埋深较大，工作面煤层开挖后，煤层原岩应力场发生较大变化，开挖空间煤层覆岩发生垮落沉降，煤层采高较大或累计开挖煤层高度较大条件下，开挖煤层上部原始地层结构将发生较大变形破坏。前人根据煤层顶板岩层破坏程度和沉降特征，将垮落岩层自煤层顶板至地表划分为 3 个变形带，即垮落带、裂隙带和弯曲下沉带。直接顶岩层随工作面开挖卸载发生垮落，垮落岩层较为破碎，排列不规则。垮落带上部卸压岩层，岩体排列相对较为规则，岩层之间产生较多破断裂隙，为裂隙带。自顶板垮落岩体至地表，岩体破碎程度逐渐减弱，在裂隙带上部岩层，岩层发生整体下沉，岩体完整性较好，岩层裂隙发育不丰富。

覆岩垮落带和裂隙带均有大量的空隙空间。其中，垮落带岩体排列不规则，岩块之间有较大空隙，裂隙带垮断岩层排列较为规整，空隙面积相对较小。含瓦斯煤层，煤层开采后一部分卸压煤层瓦斯通过煤岩层裂隙运移集聚在卸压区空隙网络。为研究煤炭开采对覆岩裂隙发育的影响，开展了采动覆岩裂隙演化特征相似材料试验。

2.2.1　试验方案

试验以沙曲矿 24208 工作面为背景，研究 3#+4# 煤开采后，煤层顶底板岩层卸压效果及裂隙发展演化特征。研究内容包括采动覆岩应力变化规律、采动覆岩移动变形特征和采动覆岩垮落特征与裂隙演化特征三个部分。

为保障相似材料试验能够较为准确地反映实际地层岩性特征，试验对模型养护强度进行了研究。

（1）试验工作面概况

24208工作面为北二采区第八个沿煤层倾向布置的长壁式回采工作面。工作面东面为北回、北胶、北轨大巷，南面为24207采空区，西面为未开掘区，北面为22201回采工作面。工作面底板标高+373～+456 m，地面标高+870～+1007 m，预计盖山厚度445～609 m。工作面3#煤、4#煤合采，煤层厚度在3.8～4.7 m之间，平均厚度为4.3 m，3#煤与4#煤夹矸为0.13 m。24208工作面整体呈单斜构造，倾向西，倾角4°～7°，平均倾角5°。工作面地质条件相对简单，局部地段为宽缓斜构造及小向斜构造。

24208工作面3#+4#煤直接顶为6.51 m厚的深灰色半坚硬砂质泥岩，含植物根茎化石，老顶岩层为0.73 m厚的深灰色坚硬粉砂岩，直接底为2.19 m的深黑色粉砂岩，富含植物茎秆化石，老底为2.2 m厚的灰黑色泥岩，中厚层状。5#煤直接顶为3#+4#煤老底，即2.2 m厚灰黑色泥岩，老顶为3#+4#煤直接底，2.19 m厚的深黑色坚硬粉砂岩，5#煤直接底为1 m厚的灰黑色半坚硬泥岩，富含植物根茎化石，老底为灰色K3细砂岩，坚硬，均匀层理。

工作面采用倾斜长壁后退式一次采全高综合机械化采煤。机轨合一巷顺槽采用混合料充填沿空留巷，工作面采空区其他地段均采用全部自然垮落法管理顶板。工作面可采走向长1563 m，倾斜长260 m，面积为414457.1 m²。工作面日推进度3 m。

M16探煤钻孔位于24208工作面进风巷294 m附近，钻孔综合柱状图如图2.52所示。

（2）试验设计

①模型相似比。

采用相似材料试验时，多采用小比例尺寸建立相似模型对研究对象进行分析，为实现与实际研究对象工程状态尽可能相近，模型几何尺寸、相似材料物理属性和模拟时间效应都应与实际工况条件尽可能相似，因此相似试验模拟需要满足几何相似条件、动力相似条件和运动相似条件。

相似材料试验台尺寸为3 m×0.3 m×2.2 m（长×宽×高），模拟工作面回采长度300 m，几何相似比为1∶100，即模型长度1 cm代表实际工作面1 m。根据试验工作面条件和试验台尺寸，确定了模型相似常数，如表2.14所示。

界	系	组	层厚/m	柱状 1:200	岩石名称	岩性描述
古生界	二叠系	山西组	10.05		砂质泥岩	灰黑色砂质泥岩，含植物碎片化石，上部夹有细砂岩
			1.04		2#煤层	2#煤层，半亮型煤，粉末状
			1.75		碳质泥岩	黑色含碳泥岩，含植物化石碎片
			4.5		中砂岩	灰白色粗砂岩，泥质胶结，脉状层理
			1.3		砂质泥岩	灰黑色泥岩，含植物碎片化石，上部有菱铁矿，局部含砂
			1.4		细砂岩	灰白色细砂岩，泥质胶结，脉状层理
			5.6		泥岩	灰黑色泥岩，含植物碎片化石，上部有菱铁矿，局部含砂
			(3.8～4.7) 4.3		3#+4#煤	半光亮型，玻璃光泽，内生裂隙发育，夹石为碳质泥岩，结构：1.22 (0.13) 2.95
			1.0		中砂岩	灰色中砂岩，可见大量的白云母碎片，顶部渐粗
			2.5		粉砂岩	黑色粉砂岩，有植物碎片化石
			2		泥岩	黑色泥岩
			3.3		5#煤	半光亮型煤，玻璃光泽
			2.6		砂质泥岩	黑灰色砂质泥岩，可见大量植物根茎化石
			1.7		K3砂岩	褐灰色粗砂岩，泥质胶结

图2.52 钻孔综合柱状图

81

表 2.14　试验模型相似比

相似类型	相似模拟常数	代表含义	应用公式	选用数值
几何相似	α_L	模型长度	$\alpha_L = \dfrac{L_H}{L_M}$	100
运动相似	α_t	开采时间	$\alpha_t = \dfrac{t_H}{t_M} = \sqrt{\alpha_L}$	10
动力相似	α_r	煤岩视密度	$\alpha_\gamma = \dfrac{\gamma_H}{\gamma_M}$	1.8
	α_σ	岩石强度	$\alpha_\sigma = \dfrac{\sigma_H}{\sigma_M} = \alpha_\gamma \alpha_L$	180

②模型相似材料配比。

相似试验材料主要有沙子、水、石膏、石灰、云母。根据模拟材料力学强度，将沙子、石膏、石灰与水按一定比例配合。云母模拟软弱夹层。材料富余系数为1.15。表2.15为模拟岩层相似材料配比。

（3）试验养护

相似材料模型堆砌完成以后需要经过一段时间养护材料强度才能达到设计要求。模型养护强度过低，材料湿软，模拟煤层开挖后，上部岩层发生柔性破坏。养护强度过高，模拟煤层开挖后，上部岩层不发生破坏。因此材料养护强度高低对模拟效果至关重要，为此进行了相似材料养护强度测试。

因模型尺寸较大，堆砌的相似模型采用室内自然风干的方法，室内温度12 ℃左右。

①相似材料标准试件制作。

为研究材料养护强度是否达到设计要求，在模型堆砌的过程中，采用相似材料制作了10个15 cm×15 cm的标准试件，为保持与试验模型养护条件一致，同样采用室内自然风干。

室内养护10 d后，进行了抗压强度测试。在相似材料试件制作的过程中，因物料与磨具之间未进行防摩擦处理，物料中的石膏和石灰均为胶凝物质，试件硬化过程中与磨具胶结在一起，造成半数以上的试件在拆卸时发生破坏，相对可用的试件仅剩5个。图2.53为制作的相似材料试件。

表 2.15　模拟岩层相似材料配比（部分）

岩性	层厚/cm	总体积/m³	总质量/kg	水质量 /kg	沙子质量 /kg	石灰质量 /kg	石膏质量 /kg
K4 中砂岩	19.62	0.1158	173.755	17.375	139.004	10.425	24.326
粉砂岩	1.91	0.0113	16.915	1.691	12.686	1.269	2.960
泥岩	4.29	0.0253	37.992	3.799	31.660	1.900	4.432
细砂岩	5.48	0.0324	48.531	4.853	36.398	3.640	8.493
中砂岩	2.42	0.0143	21.432	2.143	17.145	1.286	3.000
砂质泥岩	6.00	0.0354	53.136	5.314	42.509	5.314	5.314
中砂岩	7.30	0.0431	64.649	6.465	51.719	3.879	9.051
泥岩	0.83	0.0049	7.350	0.735	6.125	0.368	0.858
2#煤	1.07	0.0063	9.476	0.948	7.897	1.106	0.474
泥岩	2.70	0.0159	23.911	2.391	19.926	1.196	2.790
粉砂岩	0.60	0.0035	5.314	0.531	3.985	0.399	0.930
砂质泥岩	1.32	0.0078	11.690	1.169	9.352	1.169	1.169
粉砂岩	0.73	0.0043	6.465	0.646	4.849	0.485	1.131
砂质泥岩	6.51	0.0384	57.653	5.765	46.122	5.765	5.765
3#+4#煤	4.30	0.0254	38.081	3.808	31.734	3.173	3.173
粉砂岩	2.19	0.0129	19.395	1.939	14.546	1.455	3.394
泥岩	2.20	0.0130	19.483	1.948	16.236	0.974	2.273
5#煤	3.66	0.0216	32.413	3.241	27.011	2.701	2.701
泥岩	1.00	0.0059	8.856	0.886	7.380	0.443	1.033
K3 细砂岩	1.50	0.0089	13.284	1.328	9.963	0.996	2.325
合计	159.09	0.9393	1408.901	140.890	1119.819	100.455	188.627

图 2.53　相似材料试件

② 相似材料养护强度测定。

在辽宁工程技术大学力学与工程学院实验中心采用 YAW-2000 全自动压力试验机对相似材料试件进行了单轴抗压强度测试。图 2.54 为 YAW-2000 全自动压力试验机。图 2.55 为砂岩、石灰岩相似试件破坏特征。图 2.56 为试件抗压强度测试曲线。表 2.16 为各试件单轴抗压强度测定值。

（a）加载系统　　　　　　　　（b）自动控制系统

图 2.54　YAW-2000 全自动压力试验机

（a）砂岩相似试件　　　　　　（b）石灰岩相似试件

图 2.55　试件破坏特征

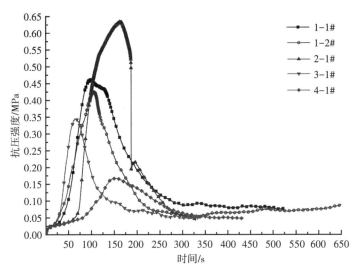

图 2.56　试件抗压强度测试曲线

表 2.16　相似材料试件抗压强度

编号	模拟岩性	配比号	材料尺寸/(cm×cm×cm)	设计强度/MPa	实际强度/MPa	误差
1-1#	砂岩	337	14.5×13.4×12	0.42167	0.461	9.37%
1-2#	砂岩	337	14.9×14.9×14.2	0.42167	0.425	0.76%
2-1#	石灰石	337	15×15×14	0.52778	0.633	20.01%
3-1#	细砂岩	337	14.7×13.5×14	0.33778	0.345	2.17%
4-1#	泥岩	537	14×14×13.5	0.14889	0.167	12.42%

　　由图 2.56、表 2.16 可知，试件材料抗压强度均比模拟岩性强度大，误差波动 0.76% ~ 20.01%，说明材料养护强度达到了设计要求，可以进行开采试验。相似材料试件相对于堆砌的试验模型尺寸较小，相同养护时间试件与模型内部物料的干湿情况有一定的差异，小试件相对较大模型干的快，材料强度也较大模型偏高，因此相似模型的强度应稍低于试件抗压强度。图 2.57 为养护完成后的相似材料模型。

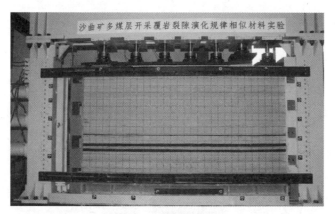

图 2.57　相似材料模型

2.2.2　覆岩采动应力变化特征研究

工作面煤炭开采导致了煤层上覆岩层裂隙系统的发展演化，归根结底其源于开采导致的围岩应力变化，开挖后煤层上覆顶板岩层失去下部原始煤层的支承作用，开采煤层上部应力转移到工作面前方煤壁顶板或切眼后煤层顶板岩层，随着工作面推进，工作面前方顶板岩层承受的支承应力逐渐增大，顶板岩梁承受的应力增大，当高于顶板岩层极限强度时，发生断裂破坏，产生垂向断裂裂隙。

（1）采动应力监测设置

为研究煤层采动过程中覆岩应力与裂隙演化之间的动态关系，在相似模型堆砌时分别在模拟煤（岩）层水平走向和垂向方向特定位置埋设了应力监测装置，研究模拟煤层开采时煤（岩）层应力变化特征。模型中共埋设了 20 个应力盒，其中水平方向埋设了 2 排共计 10 个应力盒，模型下部第 1 排埋设在 7#煤顶板 10 cm 层位（泥岩层），测点编号自右至左依次为 1#至 5#，各测点间距为 20 cm，第 2 排埋设在 2#煤顶板 10 cm 层位（砂质泥岩层），编号自右至左依次为 10#至 14#，间距 20 cm，3#和 12#测点在模型中心线上。沿模型中心线位置共计埋设 16 个应力测点，最下部测点编号为 3#，3#上部 10 cm 层位为 6#，5#煤、3#+4#煤和 2#煤直接顶分别为 7#、8#和 9#应力测点，12#应力测点上部共设置了 6 个应力测点，间距均为 10 cm，编号自下而上依次为 15#至 20#。

应力盒布置位置及编号见图 2.58 ~ 图 2.59。

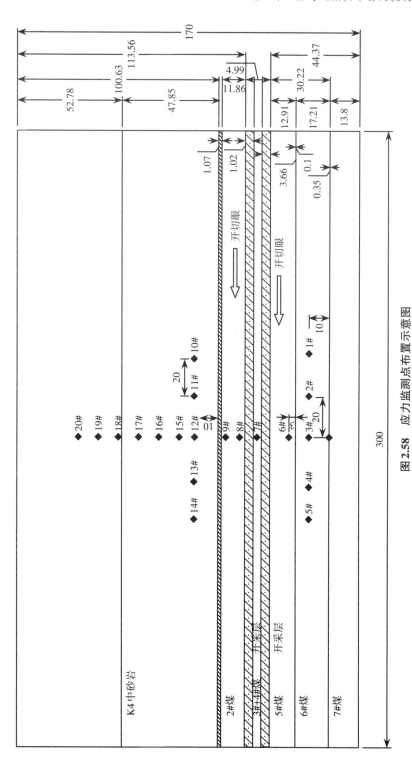

图 2.58　应力监测点布置示意图

图 2.59 应力监测点布置实物图

（2）采动应力变化特征

开始采集应力之前，对各监测点应力进行了平衡，即各测点初始应力值为零，因此监测应力值为相对于各测点初始应力值的变化波动，为方便说明应力变化特征采用采集仪实际监测应力值进行分析。

图 2.60 ~ 图 2.64 为 3#+4#煤开挖时各测点应力变化规律曲线，其中，图 2.60 为 1# ~ 5#测点应力变化特征，图 2.61 为 10# ~ 14#测点应力变化特

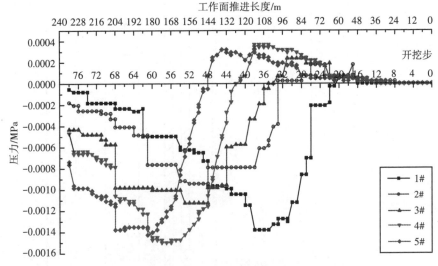

图 2.60 1# ~ 5#测点应力变化

征，图2.62为3#、6#、7#和8#测点应力变化特征，图2.63为9#、12#、15#和16#测点应力变化特征，图2.64为17#～20#测点应力变化特征。

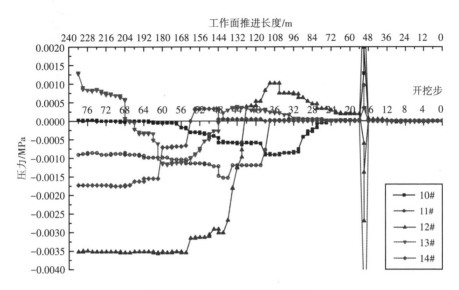

图2.61 10#～14#测点应力变化

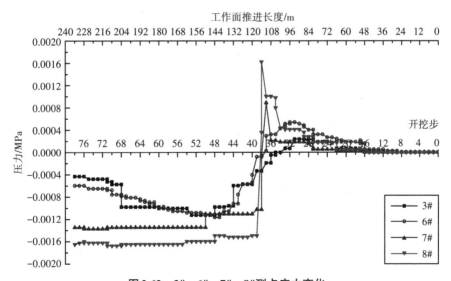

图2.62 3#、6#、7#、8#测点应力变化

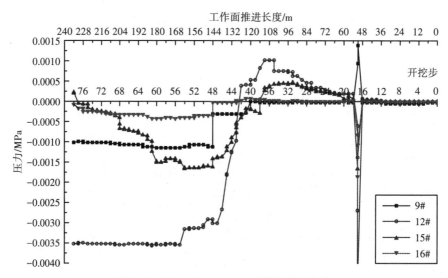

图2.63　9#、12#、15#、16#测点应力变化

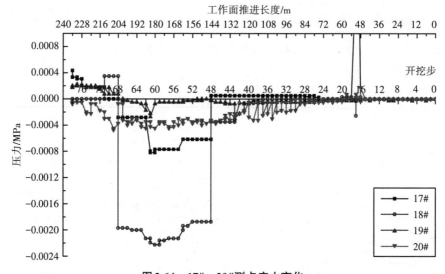

图2.64　17#～20#测点应力变化

① 1#～5#测点应力变化规律。

1#～5#测点距4#煤底板28 cm，第23步开挖完后，1#测点位于工作面煤壁正下方，第30步开挖时，工作面推进至2#测点上方，第37步开挖时，工作面推进至3#测点上方，第43步开挖完后，工作面推进至4#测点上方，第50步开挖时，工作面推进至5#测点下方。模型中其他测点垂向方向与第1排测点相对应。

由图2.60可知，相似模型工作面开挖过程中，1#～5#测点对应位置煤体回采前后，测点应力先增大后减小再增大，应力曲线出现两个峰值点，支承应力峰值点低于卸压应力峰值点。3#+4#煤刚开挖时，测点距离工作面较远，原岩应力未发生变化，3#+4#煤开挖12步后，直接顶发生垮落，各测点应力开始缓慢增大，第17步开挖后，发生老顶初次来压，顶板岩层大面积垮落，除2#测点应力突然增大外，其他4个测点变化不大，与其他几幅图中该开挖步测点应力变化特征相比有较大差异，说明垮断产生的附加应力未传递到其他4个测点。工作面推进至监测点之前，各测点应力较原始应力大，与发生直接顶垮落位置之间为应力增大区，峰值点发生在老顶来压或老顶垮落时；工作面将推进至测点位置时，应力开始下降，推过测点位置之后，上部岩层卸压，测点应力开始低于原岩应力，处于卸压区；当工作面推过测点位置1个周期垮落步距后，再次发生老顶大面积垮落时，测点应力降低到最大，其后应力开始增大，再次发生老顶来压或大面积垮落时，测点应力也不会发生降低；随着工作面继续推进，测点应力与初始应力差距逐渐减小，但仍低于初始的原岩应力。

② 10#～14#测点应力变化规律。

10#～14#测点在开采层上部23 cm位置，由图2.61测点应力变化特征可以看出，该层位测点应力值与煤层底板1#～5#测点应力值差别较大，且在3#+4#煤开挖过程中该组不同测点应力值差异也较大，主要表现在老顶初次来压时和对应测点位置煤层充分采动之后各测点的应力变化差异较大。与第1排测点相比，工作面推采至测点位置煤层时，各测点应力值增大到最大而不是降低到原岩应力。

老顶初次来压时，顶板岩层首次大面积垮落，对开挖空间周围岩层产生了较强的动力扰动，测点应力值成数倍地增加或减小，10#、11#和14#测点应力陡增，12#和13#测点应力值陡降，原因可能是老顶突然垮断时形成的强大冲击应力波在传递过程中对测点产生的扰动。10#测点在开挖卸载后应力又恢复到原岩应力，11#、12#和14#测点经开挖卸载后应力稳定在某一卸载低值，13#测点在开挖卸载后应力开始升高，超过原岩应力值后仍持续升高。与第1排测点相比，回采煤层开挖后，工作面顶板形成悬臂梁或砌体梁结构，回采工作面煤壁顶板产生应力集中区域，因此工作面推采至测点位置煤层时，各测点应力达到最大值。

③ 3#、6#、7#和8#测点应力变化规律。

模型垂直方向，3#、6#和7#测点应力盒位于4#煤下部，其中7#测点应力盒埋设在5#煤顶板紧邻4#煤底板，8#测点应力盒埋设在4#煤顶板第1分层。由图2.62各测点应力监测曲线可知，3#、6#测点应力变化特征较为接近，与图2.60中3#+4#煤底板下的1#～5#测点应力变化规律相同，7#与8#测点应力变化特征较为相似。3#、6#测点在3#+4#煤层第8次开挖完成后应力开始增大，此时水平方向测点距离开挖位置84 cm，随着老顶初次大面积垮落和第2次垮落，测点应力逐渐增大，开挖至第31步，测点距工作面水平距离15 cm左右时，应力增大到峰值点，随着3#+4#煤老顶岩层断裂（产生第5条纵向裂隙），测点应力开始降低，开挖至测点上部煤层时（第37步开挖前后），老顶岩层发生大面积垮落，应力值开始低于原岩应力并持续卸载，至第48步，老顶发生第4次大面积垮落，测点应力值降低到最小值，其后，随着工作面开挖推进测点应力开始缓慢回弹，但仍低于原岩应力。与3#、6#测点应力变化特征相比，7#、8#测点应力变化差异较大。工作面推进至测点附近时，测点应力陡增，即在开挖工作面煤壁附近产生应力集中，工作面直接顶和直接底测点位置应力达到最大值，而在第40步开挖完成后，老顶岩层再次发生断裂时，由应力曲线可以明显看出，自第36步至40步7#、8#测点应力发生急速下降，不同于3#、6#测点缓慢下降。第40步至48步开挖步回采距离内，测点应力几乎没有变化，至第48步开挖完后，3#+4#煤老顶岩层再次发生大面积垮落，测点应力进一步降低，其后7#测点应力几乎保持不变，应力未增大，8#测点除在第55步和68步时有微小波动外也基本保持不变。由该组各测点应力变化情况可以看出，垂向方向不同层位对应测点，距煤层距离越近，开挖过程中原岩应力受扰动越大，测点对应位置煤体开挖前应力增大时或开挖后卸载时，应力峰值均较远点位置大。

④ 9#、12#、15#和16#测点应力变化规律。

图2.63为9#、12#、15#和16#测点应力变化曲线。由图可知，当第17步开挖完初次来压发生时测点原岩应力受到强烈扰动，9#测点应力同图2.61中10#、11#、14#测点应力变化相同，应力数倍增加，而12#、13#、15#和16#测点应力却数倍降低，向两种极端方向发展，由图2.58各测点空间布局位置可知，两组不同应力发展趋势的测点与老顶垮落后产生的岩层

断裂裂隙线相平行，老顶岩体垮落之前，已开挖煤体上覆老顶岩层形成梁板结构，覆岩自重应力传递给开挖空间两端煤岩体，当老顶梁板结构发生垮断时，两端支承岩体不同区域发生应力突变，出现图中类似变化特征。9#和16#测点应力变化特征较为接近，结合岩体垮落特征可知，9#、16#测点间隔一次老顶垮断周期，开挖过程应力变化趋势相近。9#测点在第40步开挖完后，发生老顶岩层断裂，测点应力开始下降，此前除老顶初次垮断外，应力接近原岩应力不变。16#测点在第48步开挖完后，老顶岩层断裂后测点应力开始卸压，与此同时9#测点应力再次降低，两个测点应力开始下降时开挖步距差24 cm，为一个周期垮断步距，第48步后两个测点应力均保持稳定。15#测点和图2.61中13#测点应力变化特征较为接近，两测点处于同一应力传递路径上，因此变化曲线接近一致，测点应力出现了两个峰值，且应力降至最小值后，又增大到原岩应力值以上。

⑤ 17#～20#测点应力变化规律。

图2.64为17#～20#测点应力变化曲线，由图可知，老顶初次垮落时，距离煤层较远的17#测点也受到较大影响，18#测点原岩应力受扰动相对较弱，说明老顶发生初次来压时顶板受影响范围较广，18#测点距离4#煤层顶板63 cm，对比图2.60底板测点应力变化曲线可知，底板受老顶初次来压影响程度要弱于顶板岩层。与其他几组应力测点应力变化曲线相比，19#、20#测点应力变化幅度较低，随老顶岩层垮落应力变化特征不明显，不难理解因其离回采煤层距离较远，但其基本规律同其他测点一样，开采层煤炭开挖后，测点应力值降低，在模拟煤层开挖进入尾声时，第68步开挖后，发生老顶垮落，两个测点的应力出现增高。17#测点在初次来压后，第26步至第48步开挖期间，测点应力保持不变，第48步开挖完后应力发生突降，其后应力稳定下降，至第61步开挖后应力降低至最小值，随后开始稳定上升，第68步发生老顶垮落时，又陡增至原岩应力以上。18#测点整个开挖过程，除开挖第48步、第68步时应力发生2次突变外，与该纵列上其他测点应力变化趋势大体相同。

2.2.3　采动覆岩移动变形特征研究

为观测模拟煤层开挖过程中顶板岩体垮落变形特征，试验过程中对模型位移变化进行了实时观测。采用光学测量分析系统（XJTUDP三维光学摄影测量分析系统）对模型表面测点标识进行跟踪观测，应用测量软件自动计算标识点的坐标位置变化，确定测点位移变形。模型养护至试验强度后，进行模拟开采前，在模型表面画设了 10 cm×10 cm 的网格线，第 1 条水平网格线距 7#煤顶板 6 cm，右侧第一列网格线距模型边界 10 cm，共画设了 14 排×29 列网格线，网格线交叉点设置标识点，共计 406 个，如图 2.65 所示。每步开挖前后对模型摄影拍照分析测点坐标位置，通过与未开挖前模型测点初始位置进行坐标比对计算测点位移量。

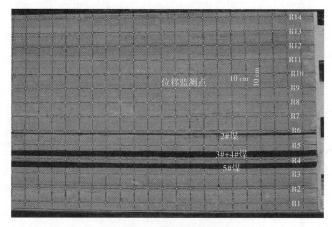

图 2.65　位移标识点布置

（1）采动过程位移动态变形特征

① 水平方向测点随工作面开采位移变化规律。

图 2.66 为第 6 排测线各测点随 3#+4#煤开挖位移变形特征。图 2.67 为第 22 步开挖后第 6 排测点位移变形特征。

切眼位置距离模型端部 40 cm，因此 1#至 4#测点在回采过程中位移几乎未发生变化，同样停采线至模型端部 27#至 29#测点位移也几乎未发生变化，图中均未列出。从图中可以看出开挖完第 17 步，老顶发生初次垮落时，位于 2#煤附近的第 6 排岩层未发生位移变化，说明初次垮落变形尚未扩展至该层位岩层。第 22 步开挖完后，老顶岩层发生第二次垮断时，水平方向距工作面最近的 5#测点首次发生沉降变形。第 25 步后该测点沉降变形到最大值，因其在切眼附近未充分垮落区域，因此最大沉降量较其他充分采动垮落区域测点小。随着 3#+4#煤开挖，顶板岩层发生周期性垮断，各测点位移也发生近似周期性的沉降变形，因直接顶垮落岩体在底板排列不规则，各测点最大位移变形量有一定差异。第 78 步开挖完后，26#测点才开始发生较大位移变形，该位置岩层发生垮断回转变形。

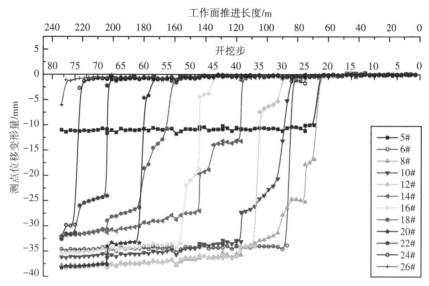

图 2.66　第 6 排测点位移变形规律

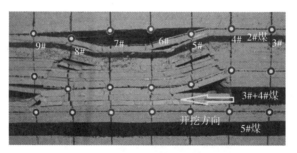

图 2.67　第 22 步开挖后第 6 排测点变形特征

② 垂向测点随工作面开采位移变形规律。

图 2.68 为第 15 列测线各测点随 3#+4#煤开挖位移变形曲线。图 2.69 为第 40 步开挖后第 15 列测点位移变形特征。

模型测点自下而上根据所在排依次编号，如图 2.69 所示。1#～4#测点所在岩层在 3#+4#煤底板，几乎未发生位移变化，为简化图形，图中仅列出 4#测点。由图中可以看出工作面开挖至第 40 步（工作面超前测线 10 cm）时，5#、6#测点位移发生变化，发生了顶板岩层断裂现象，6#测点在新产生的第 7 条纵裂隙迹线上，6#测点上部岩层尚未发生岩层断裂，

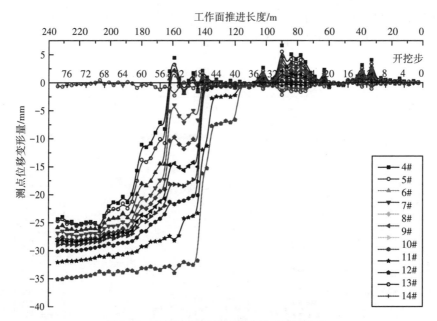

图 2.68　各开挖步第 15 列测点位移变形规律

因此位移未发生变化。开挖至第 48 步后，顶板岩层发生大面积垮落，影响到第 15 列各测点。其后随着工作面推采，各测点岩层逐渐发生下沉，每次老顶垮断，测点位移均发生一次跳跃式下沉。煤层底板以上测点，离煤层越近测点下沉量相对越大，同第 6 排测点现象一致。

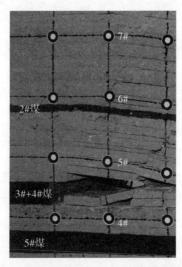

图 2.69　第 40 步开挖后第 15 列测点位移变化

（2）采空区覆岩最终沉降特征

通过对试验过程位移监测点的监测，确定了采空区覆岩最终沉降变化，图2.70为3#+4#煤开挖完成沉降4 d后各测点位移变形量。

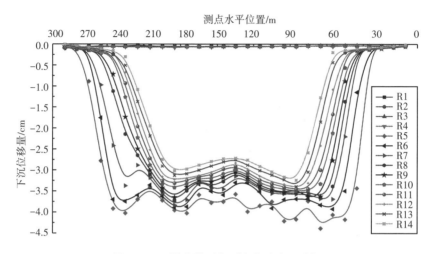

图2.70 开挖完毕后各测点位移变形特征

由图可以看出，3#+4#煤底板的第1~4排测点几乎未发生位移变化。实际矿井地质条件复杂，裂隙水多发育，煤层开挖后底板岩层卸载，底板泥岩层在地层应力和裂隙水作用下可能发生底鼓现象。模拟条件为干燥环境，无地质构造发育，地层应力条件简单，同时材料性质也难以精确模拟实际岩层，且模拟煤层开挖后，较短时间顶板岩层即垮落平铺于底板上，等等，诸多不利因素在模拟时未能充分考虑，因此出现底板变形不明显的结果。

模型开挖后，整个采场开挖空间顶板岩层产生了2个未充分垮落带，分别在切眼附近和停采位置顶板岩层。自开切眼至停采线整个采面长度该层位测点均发生了不同程度沉降变形，切眼至工作面60 cm开挖段，顶板岩层向采面垮断回转与切眼煤柱上部覆岩之间产生第1条断裂裂隙，至工作面回采完毕，该段顶板岩层仍保持一定垮落角度。同样，工作面停采位置顶板岩层发生与切眼附近顶板岩层类似的倾斜垮断裂隙，随着采空区垮落岩层日渐沉降，该裂隙宽度逐渐增大，顶板岩层与模型保护煤柱之间产生较大垮落角度，停采线位置至开挖空间充分采动垮落段的距离约为80 cm。

模型两端未充分垮落带，顶板测点下沉量连线与断裂裂隙迹线相平行；采场中部充分垮落带，覆岩下沉平铺于底板岩层，由于岩层垮落碎胀特性，不同层位岩体位移变形特征有一定梯度变化。由监测曲线可知，自开挖煤层顶板至模型顶部测点位移变形量越来越小。第5条测线为距离3#+4#煤最近的监测曲线，测点距3#+4#煤顶板3.7 cm，在岩层充分卸压段最大位移变形量为4 cm左右，接近模拟煤层采高，模型最上部测线最大下沉量为3.2 cm。

2.2.4　采动覆岩裂隙演化特征研究

现场工作面煤层开采后顶板覆岩裂隙演化特征观测较为困难，尽管可以通过钻孔窥镜等技术手段窥视顶板裂隙发育，但是观测点较为局部，难以从整体上了解裂隙发育特征。相似材料试验在研究煤层开采时，进行了一定的简化和相似处理，尽管难以完全模拟地层沉积特征，但可以从整体上系统地反映覆岩裂隙演化规律。

（1）覆岩垮落特征

3#+4#煤模拟工作面长度300 m，除模型两侧切眼和停采线附近保护煤柱长度，实际开挖（回采）长度234 m，共计开挖78步。在开挖的过程中共计发生1次直接顶初次垮落，垮落步距36 m；1次老顶初次垮落/来压，老顶初次垮落与初次来压步距均为51 m；6次较大规模老顶周期性垮落，周期垮落步距18～39 m，平均为28.5 m；11次周期来压，周期来压步距12～24 m，平均17.1 m；共计产生13条宽度较大的纵向贯通至模型上表面的垂向裂隙；垮落岩层水平离层裂隙发育，与纵向裂隙相互交织。

表2.17为模拟开采3#+4#煤时，老顶垮落、来压及纵向垂直裂隙发育扩展概况。

（2）覆岩裂隙演化特征

① 纵向垂直裂隙随工作面回采发育演化特征。

图2.71为覆岩纵向断裂裂隙分布特征。

纵向垂直裂隙随着工作面顶板周期性垮落，以"纵向微裂纹产生—裂隙发育延伸—发育休止—裂隙微闭合—新的纵向微裂纹产生"模式发生周期性发育演化。随着工作面开挖推进，顶板岩层失去煤层支撑，成简支梁或悬臂梁结构，岩梁承受上部覆岩应力作用，当覆岩应力达到岩梁极限强度时顶板将发生断裂、垮落，此后，工作面垂直方向各断裂岩层裂隙沟通，成为较明显的纵向裂隙，裂隙张开度较大。

表 2.17　顶板垮落来压现象及裂隙发育演化

开挖步	17	22	26	31	36	40	48	55	61	68	74	78
回采距离/m	51	66	78	93	108	120	144	165	183	204	222	234
老顶来压次数	1	2	3	4	5	6	7	8	9	10	11	12
来压步距/m	51	15	12	15	15	12	24	21	18	21	18	12
老顶垮落步距/m	51		27		30		36			39	21	18
纵贯裂隙发育条数	2	3	4	5	6	7	8	9	10	11	12	13

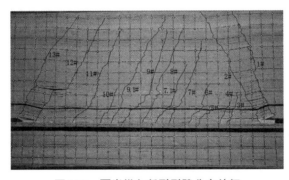

图 2.71　覆岩纵向断裂裂隙分布特征

　　工作面煤层开挖后，改变了地层原始应力分布，在工作面上方形成了支承应力区，老顶岩层达到极限强度时，发生顶板垮断，产生纵向贯通裂隙，老顶岩层断裂后，支承应力得到释放。随着工作面继续开挖，顶板岩层应力再次升高，老顶岩层再次发生断裂，支承应力再次释放，因此就出现了表 2.17 中发育的纵向贯通裂隙总条数与老顶来压次数相对应。第一次覆岩大面积垮落时在切眼方向和工作面方向均产生较大纵向断裂裂隙，因此纵向裂隙条数比老顶来压次数多 1 次。

　　老顶岩层发生断裂时，新断裂的岩层沿纵向裂隙向工作面方向发生回转变形，最下部的岩层在采空区垮落带破碎岩块支承作用下，有些断裂岩层仍保持一定的完整性，不会发生突然垮落。随着新的纵向断裂裂隙产生，这部分老顶断裂岩层才发生大面积垮落，如第 22 步开挖，也有老顶岩层在老顶来压时发生顶板大面积垮落并产生新的纵向贯通的断裂裂隙，如第 36 步开挖。老顶岩层发生垮断形式与直接顶岩层垮落破碎后的排列形式有紧密联系，岩层破断后相互错落则垮落高度高于原破断岩层厚度，岩层垮落叠置位置产生支撑点，对顶板岩层有一定支承作用，影响顶板垮落，发生顶板垮落滞后现象，即形如第22步垮落。图2.72为第22步开挖前后顶板裂隙演化特征。图2.73为第36步开挖前后顶板裂隙演化特征。

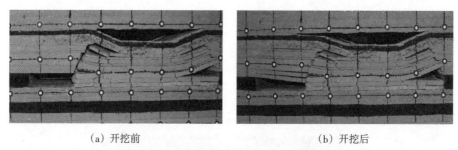

（a）开挖前　　　　　　　　　　　　　　　（b）开挖后

图2.72　第22步开挖前后覆岩裂隙演化

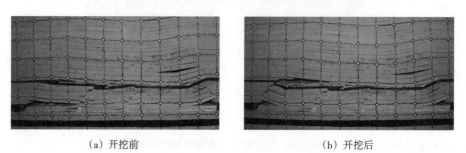

（a）开挖前　　　　　　　　　　　　　　　（b）开挖后

图2.73　第36步开挖前后覆岩裂隙演化

② 水平离层裂隙随工作面回采发育演化特征。

分别从模型垂直方向和水平方向对水平离层裂隙发展演化规律进行说明。垂直方向：覆岩离层裂隙自模型下部至模型上部逐渐发生"细微离层裂隙发育—扩展—闭合"变化；工作面走向方向：覆岩离层裂隙随老顶周期性垮落不断向工作面方向扩展，采空区垮落岩体沉降过程中宽度较大的离层裂隙逐渐闭合。

第12步~第17步开挖过程，发生了直接顶初次垮落和老顶初次垮落，这期间顶板岩层逐渐发生"离层—产生细微离层裂隙—岩层垮断—产生破碎岩块和垂向裂隙"变化。

③ 顶板覆岩裂隙演化特征——以第33步至第48步开挖过程为例。

以第33步~第48步为例，对3#+4#煤开挖过程中，顶板上覆岩层破断特征和水平离层裂隙及纵向垂直裂隙发育动态演化特征进行说明。

该开挖范围工作面推进长度从 99 cm 到 144 cm，共计开挖 45 cm，开挖范围内，工作面顶板共发生了 3 次老顶来压，为第 5 次到第 7 次来压，发生了 2 次老顶上部岩层大面积垮断，分别发生在第 36 步和第 48 步，产生了第 6 到第 8 条纵向贯通裂隙。水平离层裂隙和纵向贯通裂隙的发展演化随着老顶来压呈现出一定的周期性张开闭合现象。

第 33 步：2#煤上 22、23 分层垮断，垮断岩层为 K4 中砂岩。

第 35 步：① 直接顶砂质泥岩垮落 2 个分层，垮落长度为 11.2 cm 和 14 cm，垮落后断裂成两段。顶板第 3 分层至 2#煤岩层，发生垮断回转成铰接梁结构，岩梁跨度 29 cm。② 工作面顶板至 2#煤产生第 6 条纵裂隙，与第 5 条纵裂隙间距 10 cm，第 6 条纵裂隙在 2#煤底板由 2#煤顶板泥岩产生的离层裂隙与第 5 条纵裂隙沟通。第 5 条纵裂隙在 2#煤以下岩层部分被新垮断岩层回转闭合，2#煤及以上的岩层裂隙宽度增大，裂隙较为明显，且一直延伸至最上部断裂岩层。在第 3、第 4 条纵裂隙与 2#煤交织位置，第 30 步开挖时产生的较宽拱形离层裂隙压缩变形为交叉裂隙。第 5 条纵裂隙与 2#煤交织位置产生一条较宽的交叉离层裂隙。

第 36 步：① 开挖后发生第 4 次周期来压，顶板第 3 至第 11 分层（2#煤顶板泥岩）整体垮落，发出沉闷的垮落响声。② 垮落岩层在第 5 条纵裂缝处断裂成两段，在第 4 条纵裂隙处垮落岩层发生层位错动，第 5 条纵裂隙自顶板岩层延伸至 K4 中砂岩断裂岩层，第 6 条纵裂隙张开，发育至 2#煤顶板泥岩层。

第 38 步：顶板第 34 至第 36 分层发生离层现象，为 K4 中砂岩岩层。

第 39 步：① 顶板第 34 至第 42 分层顶板发生离层，为 2#煤上部第 2 层砂质泥岩层。② 工作面直接顶、老顶岩层成悬臂梁结构，开挖后在覆岩支承应力作用下产生新的断裂裂纹，从顶板至第 42 分层产生第 7 条纵裂纹。第 6 条纵裂纹发育延伸至 2#煤上泥岩层终止。第 6 条纵裂隙与 2#煤离层裂隙和第 5 条纵裂隙形成的较大交叉裂隙，由于断裂岩层回转变形而被挤压，有一定程度的闭合。

第 40 步：开挖后，发生第 5 次老顶周期来压，老顶岩层断裂但未垮落，直接顶新垮落 20 cm。顶板断裂岩层离层明显。顶板 2#煤以上的断裂岩层，第 2 条、第 4 条纵裂隙裂纹发生微小闭合。

第 42 步：开挖后，第 7 条纵裂隙宽度增大，张开明显。

第43步：① 顶板第43~50分层模拟岩层垮落。工作面顶板1分层和2分层离层。② 第5条纵裂隙在K4中砂岩附近裂隙宽度扩展较大。开切眼附近顶板第1条和第2条纵裂隙、工作面附近第5条和第7条纵裂隙发育延伸至最上部发生断裂的K4中砂岩。

第46步：① 顶板第1分层和第2分层新垮落18 cm。② 第7条纵裂隙在2#煤以上第6分层位置路径发生改变，该层以下沿着新的裂隙发展，原断裂裂隙发生闭合，该层以上部分裂隙路径未变。2#煤上部第6至第8分层离层裂隙与第7条纵裂隙产生较大交叉裂隙。2#煤上部第6分层至顶板，新的纵裂纹与原第7条纵裂纹间距10~15 cm，标记为第7.1条纵裂隙。

第48步：① 发生第6次老顶周期来压，且老顶岩层垮落。顶板第3至第11分层垮断，第11分层至最顶岩层产生断裂裂纹。② 第49分层至第50分层离层裂隙闭合。2#煤上第1分层和第2分层间产生较大离层裂隙，宽1.8 cm，长32 cm。顶板断裂岩层在工作面顶板产生第8条纵裂隙，延伸至最顶部垮断岩层。工作面第7条、第8条纵裂隙宽度增大，张开明显，切眼附近顶板第2条纵裂纹张开明显，其他纵裂隙发生压缩闭合。

（3）离层空隙率测定

为定量描述煤层开采后覆岩裂隙发育演化程度，对顶板岩层不同位置离层空隙率进行了统计计算。由于煤层采动后上覆岩层沉降不均匀，相邻岩层之间产生离层裂隙，可根据相邻煤岩层在采动前后的位移差与层间距的比值，来近似反映采动作用对煤层的增透效果，该比值即为离层空隙率 F。

$$F = \frac{s_{下} - s_{上}}{h} \tag{2.10}$$

式中：F——离层空隙率，mm/m 或‰；

$\quad s_{上}$——上部岩层沉降量，mm；

$\quad s_{下}$——下部岩层沉降量，mm；

$\quad h$——上下两层岩层间距，m。

若 F 为正，则上下岩层离层；若 F 为负，则下部岩层受挤压。图2.74为3#+4#煤开采后（开挖234 cm，切眼煤柱40 cm），顶板覆岩各排岩层位移测点与下部邻近测点间岩的离层空隙率。紧邻5#煤下部为第3排测点，上部为第4排测点，模型最顶为第14排测点。

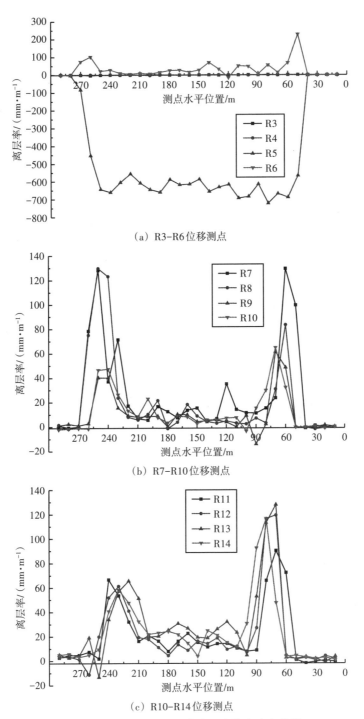

（a）R3-R6 位移测点

（b）R7-R10 位移测点

（c）R10-R14 位移测点

图 2.74 3#+4#煤采后覆岩离层空隙率分布曲线

由图可知：① 回采煤层底板以下岩层几乎未发生离层变化，如图中第3排（R3）、第4排（R4）测点变化曲线。② 煤层开挖后，直接顶垮落，距顶板最近的一排测点相对邻近的底板测点发生较大沉降，因此数值上表现为负值，即垮落岩层对底板产生较大挤压，如图中R5测点变化。③ 在回采工作面切眼保护煤柱和停采线保护煤柱附近顶板岩层，即"O"形圈控制范围岩层，裂隙异常发育，分别为裂隙起始发育区和裂隙终止发育区，离层空隙率曲线表现为采场起始位置和终止位置出现陡增，而采场中部充分采动卸压区，采空区覆岩充分垮落卸压并逐渐被重新压实，离层空隙率相对较低，整个采场长度离层空隙率曲线呈"M"形。④ 由R6～R14测点变化可知，距离开采煤层越近，岩层离层间隙越大，越远离层间隙越小，即离层空隙率数值越小，不难理解距离回采煤层越近，岩层受采动扰动越强烈，破坏也越严重。⑤ 模型上部为开放边界，未施加荷载作用，因此可将模型上部理解为地表，由R11～R14测点变化曲线可知，当回采扰动至地表岩层时，距离地表越近，岩层离层间隙越大，其机理为地表岩层在下部岩层复杂力学作用（不均匀沉降造成的挤压扭曲）下向上部自由空间释放能量，离地表越近变形阻力越小，越利于岩体卸压膨胀，离层空隙也越大。

（4）覆岩裂隙场演化高度分析

为研究工作面推进过程中，采空区顶板岩层裂隙带发育高度和裂隙扩展高度演化特征，对3#+4#煤开挖过程覆岩裂隙发育特征进行了统计分析，如图2.75所示。

模型第12步开挖后，直接顶初次垮落，为砂质泥岩层，垮落带、裂隙带裂隙开始发育。直接顶初次垮落发生前后，开挖空间顶板岩层形成梁板结构，如图2.76（a）所示，随着工作面推进，顶板岩层首先发生离层，梁板结构发生挠曲变形，离层间距增大，随着顶板岩梁跨度增大，在两端支承结构的上表面和梁板中心的下表面产生张拉裂纹，当达到梁板结构的强度极限时，发生失稳垮落，结构两端产生垮断裂隙，同时顶板岩层产生新的梁板结构，随着工作面推进，顶板岩层再次发生垮落，裂隙继续向上部岩层延伸。当工作面推进到一定距离时，垮落岩层与上部稳定岩层离层间距逐渐减小，上部岩层失稳时，顶板岩层发生挠曲后与下部垮落岩层接触，有效阻止上部岩层发生高强度垮断破坏，结果使得裂隙带高度不再向上部扩展，而梁板结构两端的断裂裂隙会随着上部岩层的变形持续向模型上部延伸。图中工作面开采至99 m后，裂隙带扩展至46.76 m后不再继续增高。

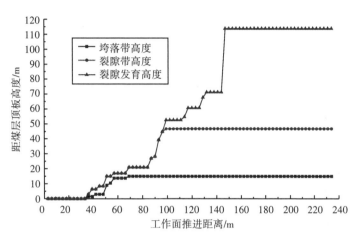

（a）垮落带及裂隙带高度

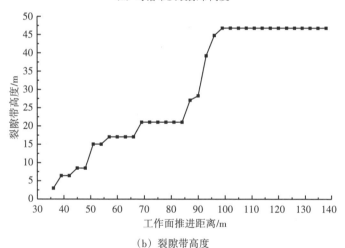

（b）裂隙带高度

图2.75　采动过程覆岩垮落带、裂隙带和裂隙发育高度

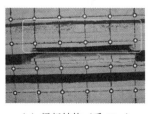 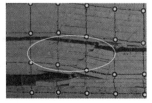 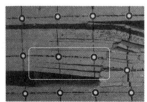

（a）梁板结构（采45 m）　　（b）铰支结构（采123 m）　　（c）悬臂结构（采66 m）

图2.76　顶板垮落结构

梁板结构中心垮断破坏后，破断岩体与新开挖后的煤层顶板结构挤压接触时，工作面附近顶板形成铰支结构，如图2.76（b）所示，若未接触或交错接触时，可视为悬臂结构，如图2.76（c）所示，随着工作面推进，顶板悬梁发生断裂，产生新断裂裂隙，但垮落带的高度不再持续增大。图中3#+4#煤开采至66 m时，垮落带高度扩展至顶板泥岩层后不再继续扩展，高度为13.75 m。

当顶板岩层发生大面积垮落时，通常会产生较长的纵向断裂裂隙，随着岩层不断垮落，该裂隙逐渐向模型上表面延伸，3#+4#煤开采至147 m时，发生老顶大面积垮落，裂隙直接扩展至模型上表面。

由图可知，随着工作面推进，垮落带、裂隙带和裂隙发育高度演化呈阶梯状发展，且垮落带和裂隙带发展到一定高度后稳定，而裂隙发育高度会随着工作面推进持续增大。

（5）采场"三带"划分

根据上覆岩层裂隙发育演化规律、位移变形特征及离层空隙率特征，划定了覆岩采场"三带"的控制范围。如图2.77所示。

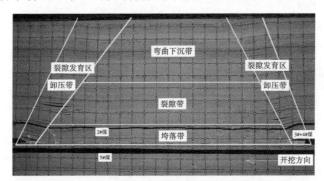

（a）模型正面

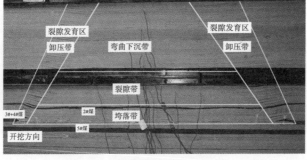

（b）模型背面

图2.77 3#+4#煤开采后覆岩"三带"

垮落带的发育高度至2#煤顶板泥岩层，为13.75 m，在第6排位移测点附近，其上为中砂岩（关键层）。该部分岩层随采随垮，其中下部岩层较为破碎，垮落后排列不规则，上部岩层垮落后排列相对较为规则。

裂隙带高度在第9排和第10排位移测点之间，距离3#煤顶板46.76 m，为19.62 m厚的未完全断裂的K4中砂岩层，为关键层。工作面推进过程中，顶板裂隙逐渐向上部岩层扩展，随着周期垮落发生，上一阶段产生的纵向断裂裂隙逐渐发生闭合，由于地层岩性差异和人为因素影响，裂隙扩展高度不均一，裂隙闭合程度也不尽相同。因岩层排列相对较为规整，离层裂隙闭合后，宏观上不够明显，但由离层空隙率可以看出离层间隙仍然较大。裂隙带以上岩层为弯曲下沉带，岩层发生近似柔性沉降，岩层较为完整，空隙率较低。

2.3 采空区覆岩变形与瓦斯涌出规律研究

由工程实践和相似材料试验可知，煤炭回采后，在围岩应力作用下，采空区顶板岩层自下而上整体性遭到不同程度破坏，由垮落散体岩块到排列整齐的断裂岩体，岩体地质形态发生了较大的改变，并随着时间推移，散体岩块或断裂岩体逐渐下沉压实，裂隙空间结构也发生着微妙变化。受采动影响，应力扰动区准备回采煤层和邻近层卸压煤层透气性发生较大变化，大量卸压瓦斯涌入裂隙空间，同时采空区残煤和保护煤柱也有瓦斯涌出，当瓦斯涌出量较大时，将严重影响工作面煤炭开采。

采空区覆岩裂隙场中不同区域煤岩几何形态差异较大，进行裂隙场煤岩变形特征和瓦斯流动特征模拟时，涉及多个物理场的耦合。根据相似材料试验得到的煤岩裂隙结构，建立了采空区裂隙场几何模型；通过对煤岩结构特性的研究，建立了煤岩渗透率演化方程；根据煤岩应力应变特征，建立了煤岩变形控制方程；根据煤层瓦斯流动特征，建立了瓦斯渗流场方程；根据沙曲矿煤层瓦斯赋存条件和裂隙场煤岩区域特征，采用COMSOL Multiphysics软件进行了采空区裂隙场变形特征和卸压瓦斯自然涌出特征数值模拟研究。

2.3.1 覆岩裂隙场几何建模

煤层开采卸压后原始地层覆岩结构特征发生了较大变化，采空区卸压岩层破断成碎块，并产生大量破断裂隙，采用有限元软件进行模拟时，因单元格结构不会发生断裂，该破坏特征难以实现，因此不能准确描述卸压带瓦斯气体流动特征。相似材料试验模拟开采时，岩层垮落特征较为明显，覆岩裂隙异常发育。综合上述两方面考虑，尝试依据相似材料试验取得的顶板岩层破断垮落特征进行几何建模，以实现煤层群开采覆岩裂隙卸压瓦斯涌出规律数值模拟。实现方法为将岩体垮落特征图片进行素描，勾勒出裂隙几何特征，再将几何图形导入有限元软件，得到可选区赋参量的覆岩裂隙几何模型。

数值实验采用的几何模型为3#+4#煤开挖123 cm后的裂隙演化特征。相似材料模型几何尺寸为300 cm×22 cm×170 cm，根据16号探煤钻孔柱状图，共堆砌了41层相似岩层，其中3#+4#煤以上22层，共113.56 cm，以下17层，共52.42 cm。由于相似材料模型尺寸较大，岩层分层较多，且垮落带、裂隙带岩块较为破碎，模拟时划分的单元格过多，计算工作量较大，考虑计算机内存空间容量，对几何模型进行了简化处理，截取模型中的110 cm×60 cm的区域进行模拟计算。几何模型导入软件后，将实验模型几何尺寸放大100倍，即模拟实际煤层条件下的形态，各煤（岩）层物理参数、瓦斯参数均为实际测定值。

选取的几何模型以工作面煤壁为基点，煤壁前方长度为47 m，采空区长度为53 m，顶板以上和顶板以下岩层厚度各为30 m，如图2.78所示。

因在模拟中考虑岩层受力变形特征，而岩层较多，一些岩层相对较薄且与其他层位岩性较为相近，岩体物理参数指标（杨氏模量、泊松比、密度等）相差不大，针对该情况，为计算方便将物理参数相近的岩层做了近似处理。将相对较薄岩层作为邻近较厚岩层的一部分，如6#煤厚度为0.1 m，计算时将其简化为泥岩一部分，不予单独考虑。对岩性相差较大岩层则分别赋予不同物理力学参数，对物理力学参数缺失的岩层，根据邻近矿井同一岩层岩性特征进行了近似确定。

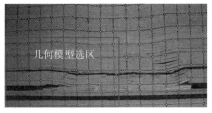

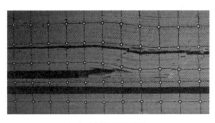

（a）几何模型选区（采123 m）　　　　　（b）局部裂隙形态

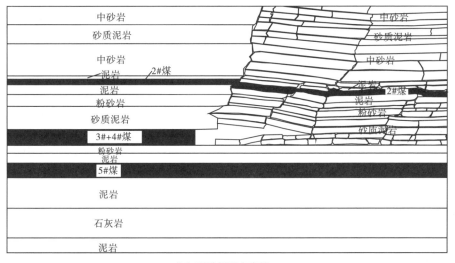

（c）裂隙场形态素描

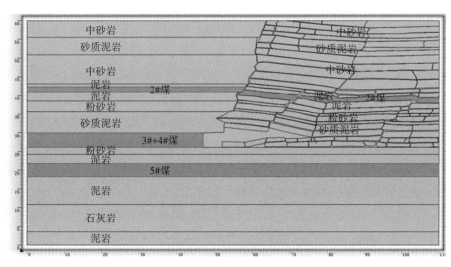

（d）裂隙场几何模型

图2.78　几何模型建模

2.3.2　煤岩渗透率演化模型

渗透率是度量煤岩裂隙渗流能力大小的指标，能够反映裂隙通道变形特征，是研究煤岩变形和瓦斯渗流过程必须考虑的重要物理量，为此首先对煤岩渗透率演化过程进行了研究。关于岩体或煤层渗透率，国内外许多学者从不同角度做了大量的卓有成效的研究。如 J.P.Seidle 等 [326-327] 将煤简化为集束状排列的火柴棍模型，实验研究了渗透率与有效应力的关系。S.Durucan 等 [328] 研究发现煤样渗透率随应力增大逐渐下降，且不同煤质渗透率下降程度不同，随后 J.Q.Shi 与 S.Durucan [329] 建立了考虑有效应力、孔隙压力和吸附应变的渗透率模型。E.P.Robertson 和 R.L.Christiansen [330] 研究了煤样渗透率与孔隙压力的关系，并建立了考虑裂隙压缩和吸附应变的渗透率模型。

（1）Seidle-Huitt 模型

该模型假定当前渗透率与初始渗透率的比值等于当前孔隙度与初始孔隙度的比值的三次方。即

$$\frac{k}{k_0} = \left(\frac{\phi}{\phi_0}\right)^3 \tag{2.11}$$

将孔隙度模型代入上式，得渗透率模型

$$\frac{k}{k_0} = \left[1 + \left(1 + \frac{2}{\phi_0}\right) S_{\max} \left(\frac{p_0}{p_L + p_0} - \frac{p}{p_L + p}\right)\right]^3 \tag{2.12}$$

该模型忽略了煤的弹性变形对渗透率的影响，所有渗透率的变化都是由于煤吸附应变引起的。

（2）Shi-Durucan 模型

该模型最初是由 J.P.Seidle 等推导的渗透率演化来的，J.Q.Shi 和 S.Durucan 随后对模型进行了进一步的推导，得到下式：

$$\frac{k}{k_0} = \exp\left\{-3C_f\left[\frac{\nu}{1-\nu}(\sigma - \sigma_0) + \frac{E}{1-\nu} S_{\max}\left(\frac{p}{p_L - p} - \frac{p_0}{p_L + p_0}\right)\right]\right\} \tag{2.13}$$

$$C_f = \frac{C_0}{\alpha(\sigma - \sigma_0)}\left\{1 - \exp\left[-\alpha(\sigma - \sigma_0)\right]\right\} \tag{2.14}$$

式中：C_f——裂隙压缩系数；

　　　σ——有效应力，MPa；

　　　C_0——初始裂隙压缩系数；

　　　α——裂隙压缩系数变化率。

（3）Palmer—Mansoori 模型[331-332]

该模型应用相对较为广泛，同 Seidle—Huitt 模型一样，该模型同样假定多裂隙介质渗透率与孔隙度满足立方关系。将孔隙度公式代入公式（2.11）得渗透率模型为，

$$\frac{k}{k_0} = \left[1 - \frac{(1+\nu)(1-2\nu)}{E(1-\nu)} \frac{\sigma - \sigma_0}{\phi_0} + \frac{S_{\max}}{\phi_0} \left(\frac{1+\nu}{1-\nu} - 3 \right) \left(\frac{p_0}{p_L + p_0} \right) \right]^3 \quad (2.15)$$

J. Liu 等[333-334]以平行板模型为基础，建立了考虑吸附应变与弹性应变的煤层渗透率模型。王连国等[335]应用突变理论，建立了全应力应变过程岩石渗透率与应力、应变关系的尖点突变理论。赵阳升等[336-337]，尹光志等[206]实验研究了煤岩变形与瓦斯渗流之间的关系，建立了与煤岩应力相关的渗透率模型。聂百胜等[338]实验研究得出渗透率与体积应力呈负指数关系。朱红青等[339]实验研究了卸载过程中煤样渗透率与围压的关系。

国外学者建立的渗透率模型多基于煤层气地面开发，该条件下煤储层孔隙压力变化与井下瓦斯抽采有较大区别；国内学者研究煤渗透率时，多强调应力对渗透率的影响，而忽视吸附应变的影响。在前人研究的基础上，考虑采动卸压作用和煤吸附应变作用对煤层渗透率的影响，建立了井下瓦斯抽采时煤层渗透率演化模型，并结合煤样渗透率试验对模型进行分析。

2.3.2.1　模型假定

由于煤体发育有大量不规则的裂隙网络，结构较为复杂，为简化计算，假定煤体为均质、各向同性的连续介质，煤体内部发育有两组相互垂直的节理裂隙。图 2.79 所示为煤简化模型，其中，σ 为应力，MPa；b 为裂隙宽度，m；s 为单元体固体骨架尺寸，m。假定瓦斯在煤体中主要通过裂隙渗流，符合达西律，煤体温度恒定。

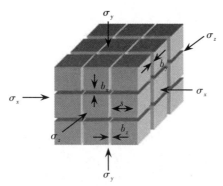

图 2.79　煤样简化模型

　　煤层渗透率是煤储层流体渗流特征的重要量度，渗透率的大小反映煤岩空隙结构发育丰富程度，煤岩宏观裂隙、孔隙组成了煤空隙结构。孔隙结构变形较裂隙结构变形需要更大的应力作用，因此一般意义上的应力状态变化引起的煤层渗透率改变可以认为主要是由煤层裂隙改变引起的。煤岩裂隙是瓦斯流动的主要通道，研究煤层瓦斯渗流时，需对煤岩裂隙网络进行研究，但裂隙本身具有高度不规则的几何形态，对此可以通过研究煤层渗透率间接地研究煤岩裂隙变化，从整体分析煤岩裂隙变化特征。

2.3.2.2　渗透率演化模型

　　裂隙煤岩在原始覆岩应力及孔隙压力作用下，具有一定的初始弹性应变和吸附应变，随着采掘活动与瓦斯抽采活动的进行，在采掘活动影响范围，煤层原岩应力场发生较大改变，形成了一定的卸压区域和支承应力区域，煤岩裂隙发生较大变化。

　　（1）应力增量产生的裂隙变化量

　　不考虑气体吸附作用时，应力作用下研究单元整体位移量为 u，单元体固体基质骨架位移量为 u_m（m 表示煤基质），应力增加导致的裂隙位移量 Δb_{σ_i} 为 $u - u_\mathrm{m}$，即

$$\Delta b_{\sigma_i} = u - u_\mathrm{m} = \left(b_i + s\right)\frac{\Delta\sigma_i}{E} - s\frac{\Delta\sigma_i}{E_\mathrm{m}} \tag{2.16}$$

　　上式可以化简为

$$\Delta b_{\sigma_i} = s\left(1 - R_\mathrm{m}\right)\Delta\varepsilon_i + b_i\Delta\varepsilon_i \tag{2.17}$$

其中，

$$R_{\mathrm{m}} = \frac{E}{E_{\mathrm{m}}} \tag{2.18}$$

$$\Delta\varepsilon_i = \frac{\Delta\sigma_i}{E} \tag{2.19}$$

由于 $b_i \ll s$，有下式，

$$\Delta b_{\sigma_i} = s\left(1 - R_{\mathrm{m}}\right)\Delta\varepsilon_i \tag{2.20}$$

上式可理解为 i 方向应力增量引起的裂隙改变量约为该应力增量作用下应变增量的 $s \cdot \left(1 - R_{\mathrm{m}}\right)$ 倍。

（2）煤基质对气体吸附作用产生的裂隙变化量

根据 S.Harpalani 和 S.Liu 等[340-341]的研究，煤体吸附应变与孔隙压力符合朗格缪尔型曲线

$$\varepsilon_s = \varepsilon_{\mathrm{L}}\frac{p}{p_{\mathrm{L}} + p} \tag{2.21}$$

式中：ε_{L}——最大吸附变形量，也用 $\varepsilon_{\mathrm{max}}$ 表示；

P_{L}——达到最大吸附变形量 0.5 倍时的孔隙压力，MPa。

根据 R.W.Zimmerman[342] 的研究，多孔介质在宏观上是各向同性的，孔隙压力从 p_0 增加到 p 时，多孔介质在三个垂向上的应变相等，且在线弹性范围不产生剪应变。因此，煤吸附应变在三个法向上相等，孔隙压力增加引起的法向方向吸附应变增量为 $\Delta\varepsilon_s/3$。

吸附应变首先是由多孔介质基质对气体吸附（解吸）作用引起的基质的膨胀（收缩），进而宏观上表现为多孔介质体积的膨胀（收缩）。由应力部分可知，基质变形导致的裂隙宽度相对于整体体积的宏观变化量为应变增量的 $s\left(1 - R_{\mathrm{m}}\right)$ 倍，因此，i 方向上，由于孔隙压力变化引起的煤体裂隙宽度相对于整体体积的变化量为 $s\left(1 - R_{\mathrm{m}}\right)\Delta\varepsilon_i/3$，即

$$\Delta b_s = \frac{1}{3}s\left(1 - R_{\mathrm{m}}\right)\Delta\varepsilon_i \tag{2.22}$$

（3）外界应力及孔隙压力变化引起的裂隙宽度变化

以裂隙闭合为正，则外界压应力与煤基质吸附膨胀作用力均为正。外

界压应力及吸附膨胀引起的裂隙宽度减小量（闭合量）Δb_i 为 $\Delta b_{\sigma_i} + \Delta b_s$，即

$$\Delta b_i = \Delta b_{\sigma_i} + \Delta b_s = s\left(1 - R_m\right)\left(\Delta \varepsilon_i + \frac{1}{3}\Delta \varepsilon_s\right) \tag{2.23}$$

裂隙宽度 b_i 为

$$b_i = b_{i0} - \Delta b_i = b_{i0} - s\left(1 - R_m\right)\left(\Delta \varepsilon_i + \frac{1}{3}\Delta \varepsilon_s\right) \tag{2.24}$$

式中：b_{i0}——i 方向煤体裂隙初始宽度，m。

煤体裂隙孔隙度 ϕ_f 可由下式确定

$$\phi_f \cong \frac{3b}{s} = \frac{3b_i}{s} = \frac{3b_{i0}}{s} - 3\left(1 - R_m\right)\left(\Delta \varepsilon_i + \frac{1}{3}\Delta \varepsilon_s\right) \tag{2.25}$$

又有 $\phi_{f0} = \dfrac{b_{x0} + b_{y0} + b_{z0}}{s} = \dfrac{3b_{i0}}{s}$，$\Delta \varepsilon_v = \Delta \varepsilon_x + \Delta \varepsilon_y + \Delta \varepsilon_z$，因此上式可以化简为

$$\phi_f = \phi_{f0} - \left(1 - R_m\right)\left(\Delta \varepsilon_v + \Delta \varepsilon_s\right) \tag{2.26}$$

由立方定律可知：

$$k_{x0} = \frac{gb_{y0}^3}{12\mu s} + \frac{gb_{z0}^3}{12\mu s} \tag{2.27}$$

$$k_x = \frac{gb_y^3}{12\mu s} + \frac{gb_z^3}{12\mu s} = \frac{g\left(b_{y0} - \Delta b_y\right)^3}{12\mu s} + \frac{g\left(b_{z0} - \Delta b_z\right)^3}{12\mu s}$$

$$= \frac{gb_{y0}^3\left(1 - \dfrac{\Delta b_y}{b_{y0}}\right)^3}{12\mu s} + \frac{gb_{z0}^3\left(1 - \dfrac{\Delta b_z}{b_{z0}}\right)^3}{12\mu s} \tag{2.28}$$

假定 $b_{x0} = b_{y0} = b_{z0} = b_0$，$k_{x0} = k_{y0} = k_{z0} = k_0$，则

$$k_x = \frac{gb_y^3}{12\mu s} + \frac{gb_z^3}{12\mu s} = \frac{g\left(b_{y0} - \Delta b_y\right)^3}{12\mu s} + \frac{g\left(b_{z0} - \Delta b_z\right)^3}{12\mu s}$$

$$= \frac{gb_{y0}^3\left(1 - \dfrac{\Delta b_y}{b_{y0}}\right)^3}{12\mu s} + \frac{gb_{z0}^3\left(1 - \dfrac{\Delta b_z}{b_{z0}}\right)^3}{12\mu s} \tag{2.29}$$

$$k_x = \frac{k_0}{2}\left(1 - \frac{\Delta b_y}{b_0}\right)^3 + \frac{k_0}{2}\left(1 - \frac{\Delta b_z}{b_0}\right)^3$$

$$= \frac{k_0}{2}\left[1 - \frac{s\left(1 - R_m\right)\left(\Delta\varepsilon_y + \frac{1}{3}\Delta\varepsilon_s\right)}{b_0}\right]^3 + \frac{k_0}{2}\left[1 - \frac{s\left(1 - R_m\right)\left(\Delta\varepsilon_z + \frac{1}{3}\Delta\varepsilon_s\right)}{b_0}\right]^3$$

$$(2.30)$$

又有 $\phi_{f0} = \dfrac{3b_0}{s}$，所以上式可变形为

$$k_x = \frac{k_0}{2}\left[1 - \frac{3\left(1 - R_m\right)\left(\Delta\varepsilon_y + \frac{1}{3}\Delta\varepsilon_s\right)}{\phi_{f0}}\right]^3 + \frac{k_0}{2}\left[1 - \frac{3\left(1 - R_m\right)\left(\Delta\varepsilon_z + \frac{1}{3}\Delta\varepsilon_s\right)}{\phi_{f0}}\right]^3$$

$$= \frac{k_0}{2}\left[1 - \frac{\left(1 - R_m\right)\left(3\Delta\varepsilon_y + \Delta\varepsilon_s\right)}{\phi_{f0}}\right]^3 + \frac{k_0}{2}\left[1 - \frac{\left(1 - R_m\right)\left(3\Delta\varepsilon_z + \Delta\varepsilon_s\right)}{\phi_{f0}}\right]^3$$

$$(2.31)$$

同理，k_y，k_z 为

$$k_y = \frac{k_0}{2}\left(1 - \frac{\Delta b_x}{b_0}\right)^3 + \frac{k_0}{2}\left(1 - \frac{\Delta b_z}{b_0}\right)^3$$

$$= \frac{k_0}{2}\left[1 - \frac{\left(1 - R_m\right)\left(3\Delta\varepsilon_x + \Delta\varepsilon_s\right)}{\phi_{f0}}\right]^3 + \frac{k_0}{2}\left[1 - \frac{\left(1 - R_m\right)\left(3\Delta\varepsilon_z + \Delta\varepsilon_s\right)}{\phi_{f0}}\right]^3$$

$$(2.32)$$

$$k_z = \frac{k_0}{2}\left(1 - \frac{\Delta b_x}{b_0}\right)^3 + \frac{k_0}{2}\left(1 - \frac{\Delta b_y}{b_0}\right)^3$$

$$= \frac{k_0}{2}\left[1 - \frac{\left(1 - R_m\right)\left(3\Delta\varepsilon_x + \Delta\varepsilon_s\right)}{\phi_{f0}}\right]^3 + \frac{k_0}{2}\left[1 - \frac{\left(1 - R_m\right)\left(3\Delta\varepsilon_y + \Delta\varepsilon_s\right)}{\phi_{f0}}\right]^3$$

$$(2.33)$$

用张量指标符号可表示为：

$$\frac{k_i}{k_{i0}} = \sum_{i \neq j}\frac{1}{2}\left[1 - \frac{\left(1 - R_m\right)\left(3\Delta\varepsilon_i + \Delta\varepsilon_s\right)}{\phi_{f0}}\right]^3$$

$$(2.34)$$

根据有效应力原理及广义胡克定律可知式中应变量为[343]

$$\Delta \varepsilon_i = \Delta \varepsilon_{ii} = \frac{1}{2G} \Delta \sigma_{ii} - \frac{\nu}{2G(1+\nu)} \Delta \sigma_{KK} - \frac{\alpha}{3K} \Delta p \qquad (2.35)$$

其中，

$$G = \frac{E}{2(1+\nu)} \qquad (2.36)$$

$$\sigma_{KK} = \sigma_{11} + \sigma_{22} + \sigma_{33} \qquad (2.37)$$

$$\alpha = 1 - \frac{K}{K_m} \qquad (2.38)$$

式中：G——剪切模量，GPa；

　　　E——杨氏模量，GPa；

　　　ν——泊松比；

　　　K——体积模量，GPa；

　　　K_m——煤基质体积模量，GPa；

　　　α——Biot 系数。

2.3.2.3　渗透率模型验证

为验证建立的渗透率模型是否合理，根据不同煤样渗透率试验对模型进行检验。分别从煤岩应力条件和孔隙压力两个方面验证该渗透率模型是否合理。

（1）应力条件对渗透率的影响

①沙曲矿煤样渗透率试验拟合。

采用三轴渗透仪对沙曲矿 4#煤进行渗透率测试，煤样尺寸为 5 cm×5 cm×10 cm，轴压 12 MPa，瓦斯压力 5.06 MPa，围压由 7 MPa 加至 12 MPa。图 2.80 为三轴渗透仪，图 2.81 为实验煤样。

根据实验应力条件对煤样渗透率模型进行计算，沙曲矿 4#煤物理参数见表 2.18。图 2.82 为煤样渗透率实验及模型计算结果，图 2.83 为根据渗透率模型计算的不同渗流方向渗透率变化，其中 k_z 为轴向渗透率，k_x 和 k_y 为横向渗透率。

图 2.80　三轴渗透仪

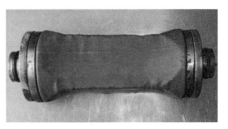

（a）标准煤样　　　　　　　　　　　（b）塑封好的煤样

图 2.81　实验煤样

表 2.18　煤样参数

物理量	杨氏模量/GPa	泊松比	Boit系数	吸附应变	吸附压力/MPa	初始孔隙度	初始渗透率/mD	R_m
数值	3.17	0.3	0.8	0.0043	2.55	0.25%	0.225	0.79

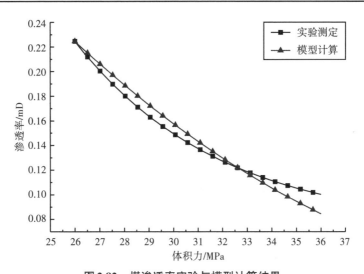

图 2.82　煤渗透率实验与模型计算结果

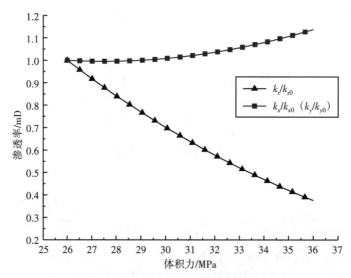

图2.83 不同渗流方向渗透率随体积变化

由图2.82可知，渗透率模型与实验数据拟合程度较高。孔隙压力恒定时，随着围压增大煤样裂隙闭合，渗流通道变小，渗透率降低。由图2.83可知，由于轴压恒定，随着围压增大，横向方向煤岩发生压缩，轴向发生一定的膨胀变形，煤岩裂隙增大，渗透率出现增大现象。由模型计算结果可知，实验施加的应力条件下，煤样横向方向的渗透率增加量低于轴向方向渗透率降低量。

②San Juan盆地煤样渗透率试验拟合。

根据R.E.Rose、S.E.Foh[344]对San Juan盆地Menefee煤层煤样渗透率的实验结果，对模型进行检验。实验围压从3.89 MPa增到8 MPa，孔隙压力从2.11 MPa增至2.15 MPa，煤岩杨氏模量为2.9 GPa，泊松比0.3，Boit系数0.8，R_m为0.8，初始孔隙度0.05%，初始渗透率为0.058 mD。

图2.84为Menefee煤渗透率随有效应力变化规律，两条曲线分别为模型计算值与实验值。由图可知随有效应力增大，煤岩渗透率逐渐降低，渗透率模型基本与实验结果吻合。

（2）孔隙压力对渗透率的影响

根据E.P.Robertson等对Power River盆地一露天矿Anderson煤层进行的不同孔隙压力下的煤样渗透率试验数据，对模型进行验证，同时对比建立的渗透率模型与Seidle-Huitt模型、Shi-Durucan模型和Palmer-Mansoori模

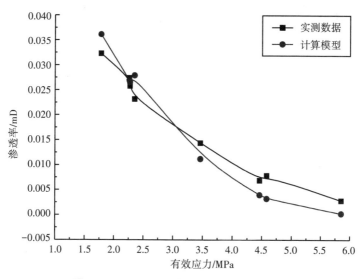

图 2.84　Menefee 煤渗透率随有效应力变化

型的差异。

图 2.85 为分别采用 CH_4、CO_2 和 N_2 作为渗流气体进行的渗透率试验结果。从图中可知，N_2 的渗透率随着孔隙压力的增加逐渐增大，吸附应变效应表现不明显。增加的孔隙压力（降低了有效应力）使裂隙张开提高渗透率。与 N_2 相比，随着孔隙压力增大，煤样对 CH_4 和 CO_2 的吸附应变较大，

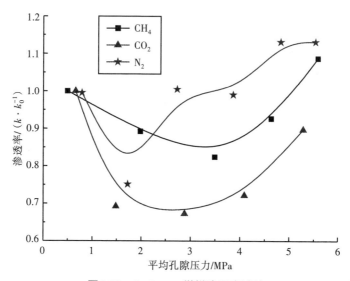

图 2.85　Anderson 煤样渗透率试验

渗透率初期呈下降趋势，随着孔隙压力持续增大，煤在高孔隙压力作用下的弹性形变克服了吸附形变，渗透率开始增大。

根据实验条件及应力参数对实验数据进行拟合，对比四个模型的拟合效果。模型采用的杨氏模量为 1.379 GPa，泊松比 0.35，实验围压 6.897 MPa。孔隙度 1.31%，C_0 为 2.726×10^{-2} MPa^{-1}，C_f 为 6.047×10^{-2} MPa^{-1}，α 为 0.35。图 2.86 为 R_m 等于 0.92 时模型与实验数据拟合结果。

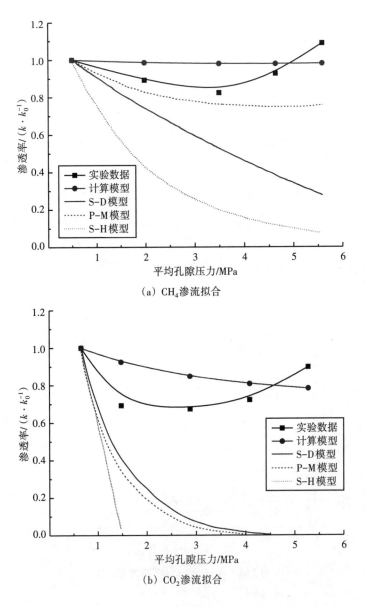

（a）CH$_4$ 渗流拟合

（b）CO$_2$ 渗流拟合

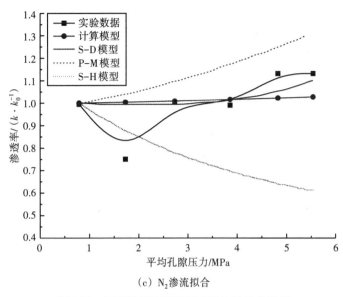

（c）N_2渗流拟合

图2.86 不同渗透率模型与实验结果拟合效果

由图可知，四个模型拟合结果与实验数据都有一定偏差，其中所建立的计算模型较其他三个模型与实际数据相对偏差较小。在对 CH_4 和 CO_2 渗透实验进行拟合时，Seidle-Huitt 模型、Palmer-Mansoori 模型和 Shi-Durucan 模型都高估了吸附应变对渗透率的影响。Seidle-Huitt 模型未考虑孔隙压力增加对渗透率的促进作用，拟合高吸附气体 CO_2 时，渗透率随孔隙压力近似呈线性降低，因此在高孔隙压力时该模型不适合采用。推导模型在拟合实验结果时，随孔隙压力增大，渗透率初期的降低程度较小，即吸附应变对渗透率的影响偏小，但整体拟合效果优于其他三个模型。在对低吸附性气体 N_2 进行渗透实验拟合时，Seidle-Huitt 模型明显与实际不符，Palmer-Mansoori 模型高估了孔隙压力对渗透率的增大程度，推导模型与Shi-Durucan 模型拟合结果比较近似，与实验数据也较为接近。说明该模型在研究煤样渗透率时可反映吸附应变对渗透率的影响，但不能反映高孔隙压力对煤样的损伤（高孔隙压力可促进煤样裂隙张开提高渗透率），对高孔隙压力，该模型适用性差。

2.3.3 煤岩变形场方程

由选取的裂隙场几何模型可明显看出，模型结构可分为两部分：一部分为未发生明显断裂变形的完整煤岩体结构；一部分为发生断裂或垮落变形的裂隙煤岩体结构，即充分采动卸压区。在充分采动卸压区，采空区垮落岩层较为破碎，特别是下部直接顶垮落岩体，裂隙较为发育，改变了原始地层的透气特性。未采动区，岩层排列整齐，宏观几何形态未受回采扰动影响。

由于裂隙场煤岩体受力环境复杂，建模时根据煤岩体受力条件、岩性和岩层结构破坏程度的不同，对各个几何体分别设置本构关系。岩层采用固体力学模块。煤层不同于岩石，由于煤层瓦斯的存在，变形特征较为复杂，需建立单独的本构方程。

采空区卸压带的煤层，如图 2.78 中的 2#煤，因采动垮落发生大变形，相比之下，煤吸附应变和因瓦斯压力变化导致的应变相对较小，可以忽略，因此在模型设置时未考虑该区域瓦斯解吸对 2#煤变形的影响。

假定煤为均质各向同性的多孔连续介质结构，在平衡方程、几何方程基础上，建立了考虑煤吸附变形的煤变形场控制方程。

2.3.3.1 平衡方程

在煤岩体中任取一微元体，根据单元体平衡条件，可建立煤岩体变形的平衡微分方程。

$$\left.\begin{array}{l}
\dfrac{\partial \sigma_x}{\partial x} + \dfrac{\partial \tau_{xy}}{\partial y} + \dfrac{\partial \tau_{xz}}{\partial z} + f_x = 0 \\[2mm]
\dfrac{\partial \tau_{xy}}{\partial x} + \dfrac{\partial \sigma_y}{\partial y} + \dfrac{\partial \tau_{yz}}{\partial z} + f_y = 0 \\[2mm]
\dfrac{\partial \tau_{xz}}{\partial x} + \dfrac{\partial \tau_{yz}}{\partial y} + \dfrac{\partial \sigma_z}{\partial z} + f_x = 0
\end{array}\right\} \tag{2.39}$$

即

$$\sigma_{ij,j} + f_i = 0 \tag{2.40}$$

式中：σ_{ij}——总应力张量，MPa；

f_i——体积力，MPa。

2.3.3.2　几何方程

煤岩体的应变与位移间的关系由几何方程描述

$$\left.\begin{aligned}
\gamma_{xy} &= \frac{\partial u_y}{\partial x} + \frac{\partial u_x}{\partial y} = 2\varepsilon_{xy} \\
\gamma_{yz} &= \frac{\partial u_z}{\partial x} + \frac{\partial u_y}{\partial y} = 2\varepsilon_{yz} \\
\gamma_{zx} &= \frac{\partial u_x}{\partial x} + \frac{\partial u_z}{\partial y} = 2\varepsilon_{yx}
\end{aligned}\right\} \tag{2.41}$$

即

$$\varepsilon_{ij} = \frac{1}{2}\left(\frac{\partial u_i}{\partial x_j} + \frac{\partial u_j}{\partial x_i}\right) \tag{2.42}$$

式中：γ_{ij}——煤岩单元体在 ij 面的剪应变；

　　　ε_{ij}——煤岩单元体在 ij 面法线方向上的应变；

　　　u_i——煤岩单元体沿 i 方向的位移，m。

2.3.4　煤岩变形控制方程

假定瓦斯吸附作用仅在法线方向上产生应变，即吸附作用不产生剪切应变，且应变相同。瓦斯吸附作用产生的煤体变形类似于弹性多孔介质由于温度变化产生的应变。

根据广义胡克定律和有效应力原理，建立考虑煤吸附变形的应力应变关系，如下式：

$$\varepsilon_{ij} = \frac{1}{2G}\sigma_{ij} - \frac{\nu}{2G(1+\nu)}\sigma_{KK}\sigma_{ij} - \frac{\alpha}{3K}p\delta_{ij} + \frac{\varepsilon_s}{3}\delta_{ij} \tag{2.43}$$

其中，

$$G = \frac{ER_m}{2(1+\nu)} \tag{2.44}$$

$$R_m = \frac{E}{E_m} \tag{2.45}$$

$$\alpha = 1 - \frac{K}{K_m} \tag{2.46}$$

$$\sigma_{KK} = \sigma_{11} + \sigma_{22} + \sigma_{33} \tag{2.47}$$

式中：E——裂隙煤等效杨氏模量，GPa；

$\quad\quad E_m$——煤基质杨氏模量，GPa；

$\quad\quad K$——裂隙煤体积模量，GPa；

$\quad\quad K_m$——煤基质体积模量，GPa；

$\quad\quad G$——煤剪切模量，GPa；

$\quad\quad \varepsilon_s$——吸附应变；

$\quad\quad R_m$——模量降低率；

$\quad\quad \nu$——裂隙煤泊松比；

$\quad\quad \alpha$——Biot 系数；

$\quad\quad p$——孔隙气体压力，MPa；

$\quad\quad \delta_{ij}$——Kronecker 常数，$i = j$ 时为 1，$i \neq j$ 时为 0。

由上述方程可以推导出纳维型方程

$$G\nabla^2 u_i + \frac{G}{1-2\nu}\varepsilon_{\nu,i} + \alpha p_i - K\varepsilon_{s,i} + f_i = 0 \tag{2.48}$$

式中：u_i——i 方向上的位移量，m；ε_ν 为体应变。

上述方程即裂隙煤体的变形控制方程，可以反映孔隙压力变化对煤体变形的影响，以及不同气体压力下的煤体吸附变形。

2.3.5　瓦斯渗流场方程

位于充分采动卸压区的采空区顶板岩层，裂隙网络异常发育，特别是直接顶垮落岩体，煤岩层上部产生大量的离层裂隙和纵向贯通裂隙，与原始地层赋存条件相比，气体流动空间得到极大提升，流体流动特征与原始地层有较大差异，气体流动速度较快，用达西定律描述该区域气体流动特征已明显不合适。考虑到该区域卸压煤层瓦斯涌出特征及工作面风流流动特征，除工作面上隅角附近风流流动路径发生改变，风流流速较大，可能产生紊流外，采空区其他区域气体流动应接近层流。在进行卸压裂隙带瓦斯抽采模拟时，假定该区域瓦斯流动特征为层流，即裂隙网络中瓦斯气体的流动满足 N–S 方程。

工作面前方未采动煤层，受采动应力影响，煤壁至未扰动的原岩应力区煤层受力较为复杂，一部分煤体因承受较高的支承应力而被压缩，煤层瓦斯流动特征也发生改变。假定瓦斯气体为理想状态气体、煤层瓦斯流动符合达西定律，根据质量守恒方程和煤层瓦斯含量，建立了以瓦斯气体压力为因变量的渗流场控制方程。

2.3.5.1 煤层瓦斯质量守恒方程

煤层瓦斯质量守恒方程为：

$$\frac{\partial m}{\partial t} + \nabla \cdot \left(\rho_g q_g\right) = Q_s \tag{2.49}$$

式中：ρ_g——瓦斯气体密度，kg/m^3；

$\quad\quad q_g$——达西速度，mD；

$\quad\quad Q_s$——源汇项，$m^3/(t \cdot s)$；

$\quad\quad m$——瓦斯气体含量，m^3/t。

包括游离态和吸附态。

2.3.5.2 煤层瓦斯含量

煤层中的瓦斯赋存状态有游离态和吸附态。游离态瓦斯主要存在于煤层孔隙、裂隙系统中，处于自由流动状态，所占比例较小，根据前苏联科学院艾鲁尼等人的资料，中等变质程度的煤，在埋深 300 ~ 1200 m 的范围内，其游离气仅占总含气量的 5% ~ 12%。由于碳分子与甲烷分子有较强的极性吸引力，甲烷分子较易吸附在碳分子表面，因此在煤基质表面附着有大量的瓦斯气体，资料表明，吸附状态的气体占煤中气体总量的 80% ~ 95%，吸附量与煤化变质程度、煤水分、瓦斯性质、吸附平衡温度和瓦斯压力等因素有关。

假定煤层瓦斯的吸附服从朗格缪尔方程，游离态瓦斯主要存在煤裂隙孔隙系统中，根据 J.P.Saghafi 的研究，煤层瓦斯含量 m 为

$$m = \rho_g \phi_f + \left(1 - \phi_f\right)\rho_{ga}\rho_c \frac{V_L p}{p + P_L} \tag{2.50}$$

式中：ρ_{ga}——标况下瓦斯气体密度，kg/m^3；

$\quad\quad \rho_c$——煤体密度，kg/m^3；

ϕ_f——裂隙孔隙度;

V_L——朗格缪尔气体体积常数,m^3/t

P_L——朗格缪尔压力常数,MPa^{-1}。

含量表达式中,第一项代表游离态瓦斯含量,第二项为吸附态瓦斯含量。

2.3.5.3 煤层瓦斯渗流场方程

由理想气体状态方程可知,瓦斯气体密度可由孔隙气体压力表示,即

$$\rho_g = \frac{M_g}{ZRT} p \tag{2.51}$$

式中:M_g——气体摩尔质量,$kg/kmol$;

T——温度,K;

R——气体普适常数,$8.314kJ/(kmol \cdot k)$;

Z——压缩因子。

假定气体分子受到的重力作用比较小可以忽略,达西定律为

$$q_g = -\frac{k}{\mu} \nabla p \tag{2.52}$$

式中:μ——瓦斯气体动力黏度,$Pa \cdot s$;

k——渗透率,mD。

将公式(2.23)~公式(2.25)代入公式(2.49),得

$$\left[\phi_f + (1 - \phi_f) \frac{\rho_c p_a V_L P_L}{(p + P_L)^2} \right] \frac{\partial p}{\partial t} + \left(p - \frac{\rho_c p_a V_L p}{p + P_L} \right) \frac{\partial \phi_f}{\partial t} - \nabla \cdot \left(\frac{k}{\mu} p \nabla p \right) = \frac{ZRT}{M_g} Q_s \tag{2.53}$$

式中:p_a——大气压,MPa。

式(2.53)中等式左侧第一项表示煤层瓦斯质量随时间的变化量,第二项为煤吸附变形量对煤变形的影响,第三项为瓦斯气体对流扩散变化量,等式右侧为源汇项。

公式(2.26)对时间求导得

$$\frac{\partial \phi_f}{\partial t} = (R_m - 1) \left[\frac{\partial \varepsilon_v}{\partial t} + \frac{\varepsilon_L P_L}{(p + P_L)^2} \frac{\partial p}{\partial t} \right] \tag{2.54}$$

将上式代入公式（2.53），得到煤层瓦斯流动场控制方程，即

$$\left[\phi_{\mathrm{f}} + \left(1 - \phi_{\mathrm{f}}\right)\frac{\rho_c p_a V_{\mathrm{L}} P_{\mathrm{L}}}{\left(p + P_{\mathrm{L}}\right)^2} - \left(1 - R_{\mathrm{m}}\right)\left(p - \frac{\rho_c p_a V_{\mathrm{L}} p}{p + P_{\mathrm{L}}}\right)\frac{\varepsilon_{\mathrm{L}} P_{\mathrm{L}}}{\left(p + P_{\mathrm{L}}\right)^2}\right]\frac{\partial p}{\partial t}$$

$$= \left(1 - R_{\mathrm{m}}\right)\left(p - \frac{\rho_c p_a V_{\mathrm{L}} p}{p + P_{\mathrm{L}}}\right)\frac{\partial \varepsilon_v}{\partial t} + \nabla \cdot \left(\frac{k}{\mu}\, p\nabla p\right) + \frac{ZRT}{M_{\mathrm{g}}}Q_{\mathrm{s}} \qquad (2.55)$$

2.3.6　覆岩变形与瓦斯涌出规律研究

2.3.6.1　数值计算软件简介

COMSOL Multiphysics 是基于偏微分方程的科学和工程问题进行建模和仿真计算的交互开发环境系统专业有限元数值分析软件包。COMSOL Multiphysics 软件具有强大的前处理和后处理功能，可进行多种求解器求解。该软件可对不同的物理问题进行静态与动态、线性与非线性、特征值与模态等多相分析，并快速产生精确的结果。软件具有简便的图形用户操作界面，可以选择不同的方式来描述所求问题。该软件可以连接并实现任意场耦合方程求解。

COMSOL Multiphysics 软件自身配置多种物理场模块，包括一个基本模块和八个专业模块，如流体流动模块、结构力学模块、传热模块、化学物质传递模块、数学模块等。各模块又包括多个应用模式，如流体流动模块包括单相流、多相流、多孔介质和地下水流。各应用模式下又包括若干物理场，如模拟瓦斯时常用的 Darcy 定律即在多孔介质和地下水流模式下。需要编写内嵌模块之外的数学模型时，通常需要应用数学模块中的 PDE 接口。

建立的煤岩变形场控制方程写入 COMSOL Multiphysics 软件结构力学模块中 "固体力学" 子集，将瓦斯渗流场控制方程写入 COMSOL Multiphysics 软件流体流动模块下的 "Darcy 定律" 子集，使原软件中的物理场的数学表达式与建立的数学模型相同。

2.3.6.2　计算参数与定解条件

（1）计算参数

沙曲矿 3#+4# 煤的力学参数指标较全，2# 煤和 5# 煤的部分力学参数指

标（体积模量和剪切模量）缺失，按3#+4#煤参数赋值。简化后的几何模型岩层主要由5种不同岩性组成，分别为粉砂岩、中砂岩、砂质泥岩、泥岩和石灰岩，包括3#层煤——2#煤、3#+4#煤和5#煤。

各煤岩层物理参数、瓦斯参数如表2.19、表2.20所示。

表2.19　岩层岩性力学参数指标

岩性	杨氏模量/GPa	抗压强度/MPa	泊松比	密度/（kg·m⁻³）
中砂岩	26.5	53.6	0.22	2.636×10^3
粉砂岩	26.3	60.5	0.22	2.579×10^3
砂质泥岩	10.6	38.4	0.23	2.673×10^3
泥岩	4.58	26.8	0.3	2.619×10^3
石灰岩	28.5	95	0.19	2.685×10^3

表2.20　各煤层物理力学参数和瓦斯参数

煤层	体积模量/GPa	剪切模量/GPa	泊松比	密度/(kg·m⁻³)	孔隙率	瓦斯含量/(m³·t⁻¹)	瓦斯压力/MPa	吸附常数	
								$a/(m^3 \cdot t^{-1})$	b/MPa^{-1}
2#煤	2.64	1.218	0.3	1.36×10^3	3.88%	10.65	0.92	27.93	0.395
3#+4#煤	2.64	1.218	0.3	1.46×10^3	8.1%	11.42	1.57	28.73	0.4013
5#煤	2.64	1.218	0.3	1.38×10^3	5.52%	12.08	1.4	43.28	0.267

（2）定解条件

① 煤岩变形场。

几何模型上部边界为2#煤上部第1层粉砂岩，该岩层上部盖层厚度为407.68 m，以岩层平均视密度为2.7×10^3 kg/m³折算，承载的上部盖层自重应力为11 MPa。因此在模型上边界施加11 MPa的垂向应力，模型两侧边界施加水平约束，限制水平方向位移，模型下表面为固定约束，限制水平和垂向位移。各层岩性不同，岩体视密度不同，分别施加体荷载，即自重应力。抽采钻孔为自由边界。

② 煤层瓦斯渗流场。

因岩石材料渗透率较低，假定各岩层为不透气层，断裂岩块内部不发生气体传递或交换，在未采动区域，不透气的岩层阻隔了各煤层之间的气体对流。在采动卸压区域，煤层瓦斯气体渗流、扩散进入裂隙网络发生流动，破碎岩块填充在流动网络之间。因此，对渗流场不同区域煤岩体边界条件进行了分别设定。

a. 采动卸压区。

未采动卸压区的 3 个煤层，求解域煤层瓦斯初始压力值如 2.20，煤层渗透率采用 2.3.2 节建立的渗透率模型。

2#煤在卸压区纵向垮落裂隙附近，纵裂隙将 2#煤割裂为两部分，裂隙附近的 2#煤，在断裂裂隙附近产生压力降，气体压力等于裂隙压力，随裂隙气流压力变化发生波动。2#煤上下边界为不透气的泥岩层，假定不参与物质传递，为壁面。2#煤左侧边界与边界范围之外的 2#煤连通，参与物质传递。

回采的 3#+4#煤层，工作面回采煤壁即右侧边界，同纵裂隙附近 2#煤类似，为求解域的出口边界，煤层内部瓦斯通过该边界渗流、扩散到周围裂隙空间，瓦斯压力与裂隙空间压力相同，初始时，该压力为初始大气压。3#+4#煤上边界为砂质泥岩，下边界为粉砂岩，假定岩层较为完整且不透气，上下边界设置为不透气层。左侧边界与模型之外的 3#+4#煤连通，参与物质传递。5#煤没有开放边界，上下边界为不透气的岩层，左右两侧边界与模型之外的 3#+4#煤连通。

b. 充分采动卸压区。

位于卸压裂隙带中的 2#煤，煤体初始瓦斯压力值与未卸压区煤层一样，煤层渗透率、孔隙度为初始渗透率和初始孔隙度。断裂的不规则 2#煤块体，块体边界为开放边界，煤体吸附的瓦斯通过出口边界释放到周围裂隙空间。边界气体压力与裂隙压力等同。

③ 裂隙场。

采空区垮落岩层之间形成的垮落离层裂隙和纵向断裂裂隙相互沟通交织，形成复杂的极不规则的裂隙网络结构，该结构与工作面后的开挖空间相连通，组成一个独立的求解区域。设定裂隙场初始气体压力为大气压。入口边界由 3 部分组成——断裂裂隙附近的 2#煤煤壁、4#煤回采工作面煤壁和垮落卸压带破断 2#煤块体外边界，入口边界气体渗流速度为各煤层达西渗流速度。出口边界为千米钻孔与裂隙沟通的边界，出口压力为钻孔抽采压力。考虑风排瓦斯时，在工作面回采煤壁后侧 3 m 位置，设置一外排出口，出口流量设置为回风流瓦斯流量。裂隙网络与垮落岩块接触面，无不透气的岩壁，不参与气体交换与物质传递。组成模型右侧边界一部分的裂隙网络边界与模型之外的裂隙连通。

2.3.6.3 采空区覆岩变形特征

煤层开采后，围岩应力发生变化，采用相似材料模拟试验时，未在模型上表面加载较大荷载，数值模拟采用了与真实煤层同比例的模型尺度，并在模型上表面施加了与实际覆岩盖层自重应力相当的边界荷载，采用建立的煤岩变形场耦合方程，通过软件可以计算模型应力应变特征。

图 2.87 为煤层开采卸压后未进行卸压抽采时模型应力变形量。图 2.88 为模型 von Mises 应力分布图。在回采煤层 3#+4# 煤底板 4 m 位置设置变形监测线。图 2.89 为开挖煤层底板监测位置 von Mises 应力分布曲线。图 2.90 为底板监测位置体应变曲线。

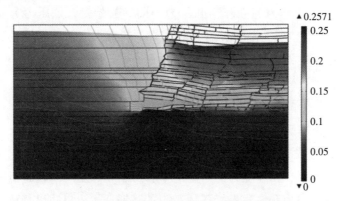

图 2.87　开采卸压沉降稳定后位移变形量（m）

图 2.88　煤层开采卸压后 von Mises 应力分布（MPa）

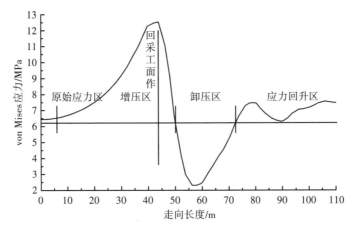

图2.89 开采卸压后底板应力分布曲线

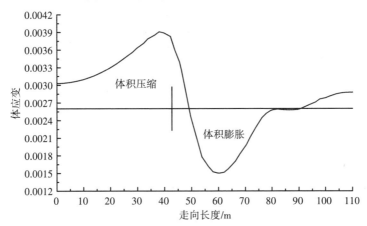

图2.90 开采卸压后煤层底板体应变曲线

由图2.87可以明显看出，煤层开采卸压后，采空区垮落岩体发生较大沉降变形，工作面顶板断裂位置未垮断的悬梁岩层也产生明显位移变形，工作面开挖空间底板有细微膨胀变形。由图2.88应力分布图可知，在工作面开挖煤壁与顶底板夹角位置和垮落裂隙接触面位置产生较高的应力集中。由图2.89开挖煤层底板应力分布曲线，可将煤层底板应力分布大致划分为4个区域——原岩应力区、增压区、卸压区和应力回升区。回采工作面煤壁附近为应力峰值点，说明顶板未垮断悬梁结构在底板位置产生了较高的应力，回采后采空区岩层应力重分布，煤层底板岩层应力降低，距工作面较远的垮落沉降区域，应力逐渐恢复。由图2.90监测位置体应变曲线可知，在应力增高区底板岩层发生压缩变形，应力峰值点压缩量最大，应力降低区底板岩层发生膨胀变形。

2.3.6.4 采空区裂隙场瓦斯涌出规律

根据沙曲矿24208工作面各煤层瓦斯赋存条件，对采动过程中煤层瓦斯涌出特征进行了模拟研究，研究覆岩裂隙带卸压煤层（2#煤）瓦斯解吸后的运移规律，以及采空区各煤层瓦斯整体集聚特征。

图2.91为初始时刻各煤层瓦斯压力分布特征，假定裂隙气体压力等于大气压。图2.92为保持自然涌出状态30 d后，瓦斯流场压力变化。图2.93为自然涌出30 d后裂隙瓦斯流动状态细部图，箭头表示流速，箭头越长流速越大。

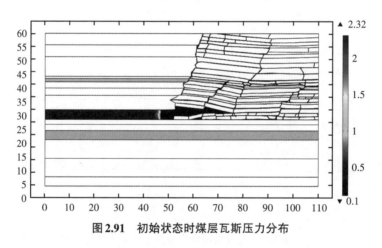

图2.91 初始状态时煤层瓦斯压力分布

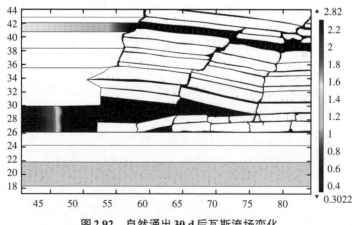

图2.92 自然涌出30 d后瓦斯流场变化

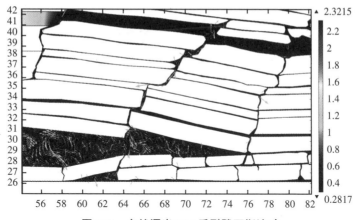

图2.93　自然涌出30 d后裂隙瓦斯流动

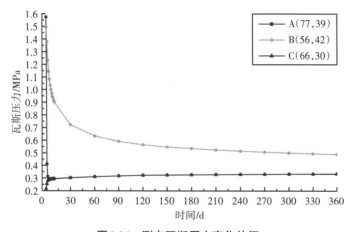

图2.94　测点瓦斯压力变化特征

选取模型中3个监测点，进行流场瓦斯压力变化特征分析。监测点A（77，39）位于垮落裂隙带的2#煤、监测点B（56，42）位于顶板未垮断悬臂岩梁中的2#煤、监测点C（66，30）位于工作面开挖空间。各测点瓦斯压力变化特征如图2.94所示。

各煤层瓦斯初始压力不同，图2.91中呈现不同的颜色特征，由图2.92可以看出，5#煤没有出口边界，不发生物质传递，瓦斯压力一直保持不变。因开挖空间气体压力与煤层内部瓦斯压力之间有较高瓦斯压力梯度，煤层瓦斯通过出口边界不断发生渗流，运移到裂隙空间，距离出口较近的内部煤层瓦斯压力先发生降低，流速较快；距出口较远，压差较低，渗流缓慢。裂隙空间瓦斯压力缓慢集聚，裂隙较狭窄部位流动速度较快。位于卸压带的2#煤，瓦斯压力降低较快，经煤层采动卸压，3#+4#煤顶板2#煤发生破断并产生大量离层裂隙，2#煤岩块被裂隙空间包围，使得煤块外表面变成出口边界，与裂隙空间快速进行质量传递，瓦斯含量快速下降，压力降低迅速。

由图2.94可知，A点与C点很快达到压力平衡状态，即裂隙带中的2#煤瓦斯压力快速降低，而裂隙空间由于4#煤和2#煤瓦斯的不断涌出，瓦斯压力缓慢升高，最终位于裂隙带的2#煤瓦斯压力与裂隙空间瓦斯压力达到平衡状态，裂隙带瓦斯压力趋缓，裂隙带的2#煤瓦斯压力不再降低。未采动垮落区域的2#煤瓦斯压力初期下降较快，后期缓慢下降。

由裂隙场瓦斯集聚变化特征可知，未进行卸压瓦斯抽采和采取通风措施时，卸压裂隙带瓦斯逐渐升高，对工作面生产极为不利，该特征与矿井老空区特征较为类似。

2.4 瓦斯抽采对煤炭回采的影响规律研究

2.4.1 瓦斯涌出量与回采速度关系

（1）本煤层瓦斯涌出与回采速度关系

① 回采中本煤层瓦斯涌出与回采速度。

假设煤体中瓦斯含量分布均匀，在单位时间内采出一部分煤后煤层所失去的瓦斯总量就是产出的煤的含有瓦斯总量，即原始瓦斯含量乘以产煤量，而运送出采煤工作面的煤炭中包含的瓦斯总量为残余瓦斯含量乘以运送出采煤工作面采煤量，二者之差为回采工作面涌出的瓦斯量，因此得到推进度与本煤层瓦斯涌出量关系：

$$v_{\text{h}} = \frac{q_{\text{by}}}{\left(X_{0\text{b}} - X_{\text{gcb}}\right) \cdot \rho \cdot H \cdot \left(L_{\text{q}} - a - b\right)}$$

式中：v_{h}——回采速度，m/s；

ρ——煤密度，kg/m³；

L_{q}——工作面倾向长度，m；

H——回采高度，m；

q_{by}——开采层绝对瓦斯涌出量，m³/s；

X_{0b}——本煤层原始瓦斯含量，m³/t；

X_{gcb}——本煤层残存瓦斯含量，m³/t；

a，b——瓦斯排放带宽度值，m。

工作面确定后其他参数为确定的参数（L_q，a，b，H，ρ）或可测的参数（X_{0b}，X_{gcb}），开采层绝对瓦斯涌出量 q_{by} 与回采速度 v_h 呈正相关的线性关系。

② 回采中邻近层瓦斯涌出量与回采速度。

$$v_h^{c+1} = q_{lyi} \cdot \left(dL_q \sum_{i=1}^n X_{0li} \eta_{yi} m_i \right)^{-1}$$

式中：q_{lyi}——上、下邻近层涌入开采层的绝对瓦斯涌出量，m³/s；

X_{0li}——第 i 个邻近层原始瓦斯含量，m³/t；

m_i——第 i 个邻近层的煤厚度，m；

η_{yi}——第 i 个邻近层瓦斯涌出率，$\eta_{yi} = (X_{0li} - X_{gcli})/X_{0li}$，$X_{gcli}$ 为第 i 个邻近层残余瓦斯含量，m³/t；

d，c——系数，与地质条件和工作面推进速度有关，在阳泉一矿，通过数据统计分析发现，当二者在一定限定值内，涌出量与推进度呈线性关系，超过限值，二者呈抛物线关系，如图 2.95 所示。

工作面回采速度加快，围岩变形和破坏作用时间短，速度减缓，采空区冒落、产生裂隙范围会相对缩小，裂隙张开程度小，减弱了邻近层瓦斯的涌出。

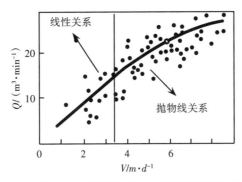

图 2.95　邻近层瓦斯涌出量与工作面推进速度关系

（2）采空区瓦斯涌出与回采速度关系

① 本煤层遗煤瓦斯涌出量计算。

回采工作面采落下来的煤块在运输过程中，煤块内瓦斯仍向风流涌出。影响因素主要有：采落下来的煤的块度大小；煤块的初始瓦斯含量，与煤的原始瓦斯含量、煤块未采落下来前已排放瓦斯的时间及排放程度有关；采落煤块在采区内的停留时间；采煤机落煤效率。

而采煤方式不同，落煤涌出瓦斯量区别也较大：

放顶煤开采，根据放煤率计算遗煤量，据此计算本煤层遗煤瓦斯涌出量，遗留煤块的瓦斯量较大。

一次采全高，遗煤瓦斯涌出量较少，以邻近层涌入采空区为主。

以上可知，采空区抽采时本煤层回采速度与落煤涌出瓦斯量、瓦斯含量等有关，故有：

$$\nu_\text{h} = g\left[q_\text{by}、停留时间、块度、X_\text{0b}、落煤效率 \right]$$

② 邻近层涌入采空区瓦斯量。

前苏联学者O.H.切尔诺夫、E.C.罗赞采夫提出了上、下邻近层向采空区涌出瓦斯量计算式，其中考虑推进速度对邻近层瓦斯向采空区涌出影响：

$$\nu_\text{h} = \frac{q_{yli}}{m_i \rho_i L_\text{q} \left(X_{0li} - X_{gcli} \right)}$$

式中：q_{yli}——上或下邻近层向采空区涌出瓦斯量，m^3/s；

ρ_i——上或下邻近层煤的密度，kg/m^3；

m_i——邻近层厚度，m；

X_{0li}——上或下邻近层原始瓦斯含量，m^3/t；

X_{gcli}——上或下邻近层残存瓦斯含量，m^3/t。

沙曲矿工作面普遍采用一次采全高，因此采空区瓦斯主要来自于邻近层瓦斯涌入，上式中，工作面确定后 m_i，ρ_i 为确定参数，X_{0li}，X_{gcli} 可测，则回采速度与邻近层瓦斯涌出也呈线性增加关系。

综上，不管是本煤层还是邻近层，或者是采空区，瓦斯涌出量与回采速度都具有一定的关系，瓦斯涌出量随回采速度的变化而变化。

2.4.2 瓦斯涌出量、抽采量和风排量与回采速度关系

从 2.4.1 小节中分析得到，在工作面回采过程中，随着回采速度加快，瓦斯涌出量升高，而当回采速度减慢时，瓦斯涌出量随之降低，而涌出瓦斯是通过抽采、通风进行处理的，瓦斯涌出量的上限受通风能力约束，而瓦斯涌出量与回采速度呈正相关关系，因此煤炭开采速度受风排瓦斯量影响。因为工作面确定后其通风能力一定，而回风巷道瓦斯浓度上限有规定，也就是风排瓦斯量一定，在这一条件下，要协调好回采速度和瓦斯涌出量的关系。在工作面回采时间内，瓦斯风排量与抽采量要在工作面最大涌出量范围内，涌出瓦斯量包括本煤层在回采时间内以一定的回采速度推进时本煤层涌出的瓦斯量和邻近层涌出瓦斯量，因此，建立工作面回采过程中回采速度与风排瓦斯量的关系式：

$$q_{fp} \cdot t_h \leqslant \rho \cdot H \cdot L_q \cdot \nu_h \cdot t_h \cdot q_{by} + Q_{lyi} - x_{gh}$$

式中：t_h——回采时间，s；

$\quad\quad q_{fp}$——工作面风排瓦斯量，m³/s，$q_{fp} \cdot t_h$ 为回采过程中风排瓦斯总量，m³；

$\quad\quad Q_{lyi}$——邻近层涌出瓦斯量，m³，i 为不同邻近层；

$\quad\quad x_{gh}$——回采过程中瓦斯抽采量，m³。

结合统计 24207 工作面的现场抽采数据进行分析，以 24207 工作面瓦斯涌出量、抽采量和风排量三者关系说明抽采对回采的影响，见图 2.96、图 2.97。

工作面配风量为 4000 m³/min。风排瓦斯量随着日产量的增加而增加，随抽采量的增加而降低。工作面回采初期，卸压瓦斯抽采较弱，产量极不稳定（400 ~ 3200 t/d），最高达 4000 t/d，风排瓦斯量也随产量变动剧烈波动（9.2 ~ 23.39 m³/min），瓦斯浓度为 0.23% ~ 0.58%。工作面推进至 50 m 以后，生产趋于稳定，基本在 3200 t/d，风排瓦斯量也稳定在 15 ~ 20 m³/min，回风瓦斯浓度稳定在 0.4% ~ 0.55%。推进至 230 m 后，产量提高至 3600 t/d，随着卸压瓦斯抽采量的加大，配风量由 3300 ~ 4000 m³/min 降至 2100 ~ 2674 m³/min。

根据瓦斯涌出量和回采速度计算式和生产曲线统计都可以看出，日产

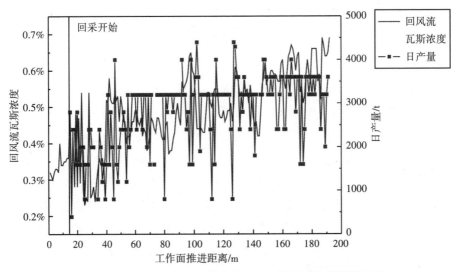

图 2.96　24207 工作面回采期间回风流瓦斯浓度及产量的变化

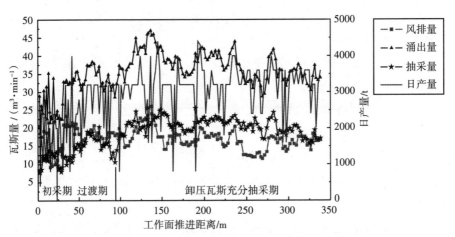

图 2.97　24207 工作面瓦斯量及产量随工作面推进的变化关系

量增加,瓦斯涌出量增加,日产量降低,则涌出量降低,二者呈正相关关系。现场数据统计中也发现回风巷道中瓦斯浓度与涌出量是正相关关系,涌出量过大,则会导致回风流中瓦斯浓度超限,必须要停采整顿。涌出瓦斯通过抽采和风排解决,按照"应抽尽抽,以抽保采"原则,涌出瓦斯主要通过抽采方式来治理,抽采量增加,通过风排的瓦斯自然就减少,也就降低了回风流中的瓦斯浓度,保证了回采安全,《煤矿安全规程》规定工作面回风流中瓦斯浓度不能超过1%,各工作面也根据实际情况确定浓度上限，如 24207 工作面为 0.8%。控制了瓦斯涌出量，也就控制了瓦斯浓度，才能保证回采安全，应根据"以风定产"原则确定工作面日产量。

2.5　煤炭开采与瓦斯抽采之间的关系

通过上保护层 2# 煤开采形成采空区，回采中产生扰动，引起下伏煤岩体所受的应力状态改变，失去上覆岩层的载荷，采空区底板煤岩体向上产生膨胀变形，被保护层 3#+4# 合层及 5# 煤产生卸压作用；在回采过程中开切眼位置和工作面前方开始产生裂隙，并缓慢向底板延展，工作面采空区范围随推进不断扩大，裂隙扩展逐渐活跃，当接近停采线时趋于稳定；回采中上覆岩层垮落接触底板，底板被压实，应力又恢复初始值，使 3#+4# 合层渗透率降低，出现应力降低—增加—降低的规律，而且随着推进，这一规律影响范围会逐渐扩大。工作面回采扰动是影响煤体内瓦斯流动的关键因素，保护层开采产生卸压，促使覆岩渗透率增大。

而瓦斯运移同样会影响煤炭回采，实际工程表明，当工作面推进速度过快，则煤层内瓦斯涌出量较多，会导致停采整顿，反而制约回采进度；而推进速度过慢，则涌出瓦斯量少，但是过慢的回采速度同样会降低生产效率；同样，若抽采瓦斯时间过长，也会影响回采进度，最终都会影响矿井经济效益。煤炭开采引起煤岩体采动应力场、裂隙场和瓦斯流动场周期性变化，决定着瓦斯抽采方法和抽采效果，而瓦斯抽采的时效性决定着采煤的回采速度和安全性，因此需要协调好煤炭回采进度与瓦斯抽采量之间的工序衔接与时间、空间上的分配。

瓦斯抽采系统贯穿于煤炭开采的整个过程，煤炭开采引起覆岩移动、破断，围岩应力场发生改变，岩层移动使得裂隙生成、扩展、闭合，本煤层及邻近层瓦斯在采动作用下解吸、运移和集聚，采动改变了采场的环境，决定了瓦斯抽采方法和方式。同时，煤炭开采形成应力场，以及采动在煤岩体内形成的裂隙场，是形成储层内瓦斯流动场的前提条件，利用采动卸压形成的裂隙通道进行瓦斯抽采，获得资源的同时，降低了工作面瓦斯涌出强度、煤层瓦斯含量及煤层瓦斯压力，可以预防煤与瓦斯突出等灾害，提高煤炭开采效率，增加煤炭产能。

煤与瓦斯共采涵盖了煤炭开采和瓦斯抽采两个子系统，两个系统之间的关系非常复杂，在矿井实际生产过程中，总是存在自发的无规则的独立运动，煤炭开采和瓦斯抽采既相互独立又相互制约，见图2.98。

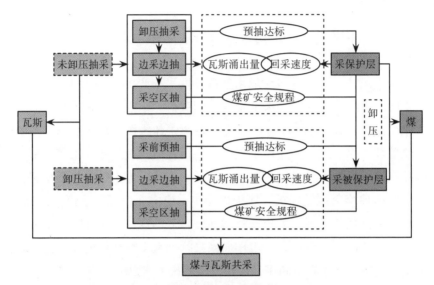

图2.98　煤层群煤与瓦斯协同共采系统

在煤炭开采方面，《煤矿安全规程》规定：每年在矿井安排采、掘施工作业计划之前必须重新确定矿井日产量和矿井通风能力以及需要的通风量，必须要按照矿井的实际需要供风量来确定其日产量，即"以风定产"。"以风定产"的一个首要问题是依据采掘过程出现的瓦斯问题来核定煤炭产量，确定工作面开采速度。

在瓦斯抽采方面，《煤矿瓦斯抽采达标暂行规定》明确指出，对应该进行抽采瓦斯的煤层必须首先抽采瓦斯再进行回采工作；要求抽采效果必须达到瓦斯预抽标准要求之后才可以进行煤层的采掘工作。煤矿抽采瓦斯应该坚持"应该抽的尽可能抽采，多种抽采措施结合使用，达到抽、掘、采三者平衡状态"的原则。应该根据工作面日产量和工作面涌出量确定瓦斯抽采率指标。对于突出煤层，在采掘作业前必须将控制范围内煤层的瓦斯含量降到煤层始突深度的瓦斯含量以下或将瓦斯压力降到煤层始突深度的瓦斯压力以下。

随着煤与瓦斯共采技术的不断实践，工程技术人员不断利用开采过程引起岩层移动尽可能地提高煤炭回收率和瓦斯抽采率，最大限度地开采两种资源。而对于煤炭和瓦斯两种共生资源来说，在现有技术条件下回收多少资源合理、最优，如何评价煤与瓦斯共采还有待于进一步的研究。为此，针对煤炭和瓦斯共采，如何优化煤与瓦斯共采系统下煤炭生产和瓦斯抽采两个子系统科学产能问题，成为实现煤炭和瓦斯安全、高效、环境友好开采以及科学、高效和洁净利用的重要问题。

2.6　煤与瓦斯共采时空协同机制内涵

所谓协同，就是指协调两个或者两个以上的不同资源或者个体，协同一致地完成某一目标的过程或者能力。

1971 年德国理论物理学教授赫尔曼·哈肯（Hermann Haken）在研究激光理论时首次提出了一个相对统一的系统协同学思想，其中人类生活的社会与外界大自然存在的各种事物都普遍存在着一种无序或者有序的状态，在某种特定的条件下，无序和有序之间存在着一种动态的相互转化的关系，无序就是原始混沌状态，而有序就是协同状态。

协同是指元素对元素的相干能力，表现了元素在整体发展运行过程中协调与合作的性质。结构元素各自之间的协调、协作形成拉动效应，推动事物共同前进，对事物双方或多方而言，协同的结果使个个获益，整体加强，共同发展。使事物间属性互相增强、向积极方向发展的相干性即为协同性。

对于煤与瓦斯共采，是通过合理的采煤方法产生采动应力场，使煤岩体产生有利于瓦斯解吸、流动的破裂，形成瓦斯流动通道和富集区，采用科学有针对性的瓦斯抽采方法高效抽采瓦斯，达到充分抽采瓦斯和实现安全高效采煤目的。煤与瓦斯共采系统涵盖了煤炭开采子系统和瓦斯抽采子系统，这两个子系统总是存在自动的无规则的独立的无序运动，但同时又相互联系相互制约，也可能受到其他子系统对它们的共同影响，各个子系统之间以相互关联而形成的协同运动方式处在不断动态运动当中。煤与瓦斯共采协同机制是指煤炭开采和瓦斯抽采两子系统之间协同合作产生宏观的有序结构。各子系统之间的协同合作决定着系统的有序结构，有序结构间的竞争促进发展，为系统相变做准备。通过协调煤炭开采系统与瓦斯抽采系统，使得在时间上煤炭开采与瓦斯抽采的先后顺序或者交叉影响有序衔接、空间上煤炭开采与瓦斯抽采的工序方法有序衔接，实现煤炭与瓦斯两种资源的安全开采、高效开采，见图2.99。

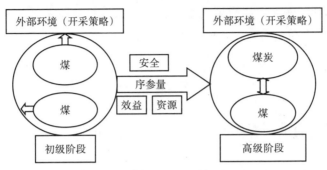

图 2.99　煤与瓦斯共采协同机制

利用采动引起的岩层卸压进行瓦斯抽采的实践表明，卸压开采增大煤层透气性，可以有效抽采煤层瓦斯，实现煤与瓦斯共采。而对于煤炭和瓦斯两种资源来说，开采方式、成本、价格都不相同，采用何种抽采方法抽采瓦斯，瓦斯抽采量和煤炭开采量合理数值应该是多少，目前还不清楚。

实现煤与瓦斯共采，就是在目前技术条件下最大限度地开采两种资源。煤炭开采受煤层瓦斯的制约，同时，瓦斯抽采又受采动引起的岩层移动的影响控制。两个系统相互独立又相互制约依存。为了将两种不同类型资源开采进行比较，需要建立一个统一的衡量标准，即将瓦斯抽采和煤炭开采所带来的总经济收益作为煤与瓦斯共采的衡量标准，通过调整优化煤炭的采出量和瓦斯抽采量在获得最大采收率的同时确保两资源总体收益最大化。因为煤炭价格要高于瓦斯价格，随着回采推进，煤炭产量增加，瓦斯产量缩减，会出现共采效益不断增加现象，这也是以前追求煤炭产量、忽略瓦斯产量的一个重要原因。但是从图 2.100 中可以看出，当煤炭产量持续升高，瓦斯产量降低，此时就会因回采强度过大造成瓦斯涌出量异常，威胁回采，减慢回采进度，出现总效益开始降低现象；而当两者产量与共采时间达到"某种关系"时，效益最大，资源回收率最合理，这个"某种关系"就是我们要寻找的最优共采关系，实现煤炭回采与瓦斯抽采的时、空协同机制。

实际工作面煤与瓦斯共采中会涉及煤炭开采和瓦斯抽采两者之间的错综复杂的关系，比如，煤炭开采和瓦斯抽采二者是如何共同协作对共采产生作用的，包括回采速度与瓦斯涌出关系，回采量与抽采量关系，"以风定产"通风能力确定日产量等宏观变量之间的相互影响与作用。煤炭开采与瓦斯抽采影响因素众多，如煤厚、采深、采高、渗透率、孔隙度、顶底

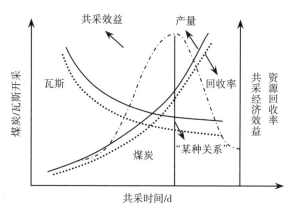

图 2.100 煤与瓦斯共采优化评价示意图

板岩层物理力学性质等，它们是如何影响共采的，如何辨识煤与瓦斯控制参数并建立评价指标体系，如何通过这些影响因素来量化共采效果，在现有技术条件下回收多少资源合理、最优？要逐渐理清煤炭开采与瓦斯抽采之间的联系，并构建理论求解模型，才能形成煤与瓦斯共采中煤炭开采与瓦斯抽采之间的协同机制。

通过煤与瓦斯共采中应力、裂隙和瓦斯流动三者之间演化规律，分析煤炭回采与瓦斯运移抽采之间的相互关系，对煤与瓦斯共采的影响因素进行辨识，建立煤与瓦斯共采协调性评价体系，对研究参量量化，建立煤与瓦斯共采协调评价与协同优化模型，合理协调煤炭开采与瓦斯抽采的时、空关系，指导煤与瓦斯共采参数优化设计的理论模型，以实现有理论依据的煤与瓦斯协同共采，见图 2.101。

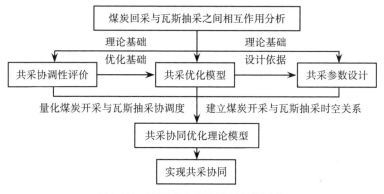

图 2.101 实现煤与瓦斯共采协同流程

2.7 本章小结

对上保护层开采对下伏煤岩体卸压保护作用进行实验室研究，分析采动过程中下伏煤岩体应力变化、裂隙扩展、渗透率变化，并结合实验结果和生产数据分析煤炭回采和瓦斯抽采的相互作用关系。主要研究结论如下：

（1）水平测线应力演化与支承压力范围的变化关系较大，随着采出空间增加，支承压力造成的应力集中影响范围增加，测点增压时与工作面的相对距离不断增加，测点到达应力峰值点距离逐渐增加。被保护层测点在工作面推过测点前卸压。随垂直方向测点距离开采工作面纵向距离的增加，应力测点较早到达峰值点，同时卸压系数峰值减小。

（2）渗透率变化受到垂直方向应力变化与顶板矿压显现共同影响。应力增加渗透率减小，应力减小渗透率增加，同时顶板矿压显现会造成渗透率下降。随着工作面向前推进，覆岩应力不均匀变化增强引起裂隙扩展加速，裂隙发育与开采空间增加具有相关性，空间增加裂隙条数增加，整个开采过程中裂隙发育分为三个阶段。

现场示踪气体观测实验也验证了2#煤采动使下伏煤体3#+4#合层、5#煤大幅度卸压产生贯通裂隙，气体向采动空间运移。

（3）工作面回采扰动是影响煤体内瓦斯流动的关键原因，保护层开采产生卸压，促进覆岩渗透率增大。而瓦斯运移同样会影响煤炭回采，实际工作面煤与瓦斯共采中会涉及煤炭开采和瓦斯抽采两者之间的错综复杂的关系，需要协调好煤炭回采进度与瓦斯抽采量之间的工序衔接与时间、空间上的分配。因此，提出利用协同理论，理清煤炭开采与瓦斯抽采之间的联系，并构建理论求解模型，才能形成煤与瓦斯共采中煤炭开采与瓦斯抽采之间的协同机制。

研究煤层群覆岩裂隙带煤与瓦斯共采协同作用过程中，覆岩裂隙发育特征作为连通煤炭开采与卸压瓦斯抽采协同机制的中间纽带，对共采协同机制有重要影响，为此开展了煤层群条件下采动覆岩裂隙演化特征研究。以沙曲矿24208回采工作面为背景开展了相似材料模拟试验研究，研究覆岩裂隙随工作面煤炭开采的时空演化规律，内容包括顶底板采动应力变化规律研究、覆岩位移变化特征研究和覆岩裂隙演化规律研究三个部分。具体研究内容和取得的成果如下：

①　根据沙曲矿 24208 工作面煤层地质环境和开采工艺，进行了覆岩裂隙演化特征相似材料试验，模型相似比为 1∶100，模拟工作面长度 300 m。进行了相似材料养护强度测定，养护 10 d 后，经测定试件强度达到试验要求，与设计强度误差为 0.76% ~ 20.01%。

②　开展了覆岩应力变化特征研究。

工作面开挖前后，底板应力先增大后减小再增大，应力曲线出现两个峰值点，支承应力峰值点低于卸压应力峰值点。超前工作面底板产生应力增大区，应力峰值点在老顶垮落位置；采空区底板地层应力低于原岩应力。老顶初次来压时，开挖空间顶板岩层产生短期强扰动，但对底板岩层扰动较小。

③　开展了覆岩位移变形特征研究。

开采后底板几乎未发生位移变化，顶板岩层发生了不同程度沉降变形，切眼和停采位置顶板岩层未充分垮落。采场中部，岩层垮落位移较大，不同层位岩体位移变形特征呈一定梯度变化，自煤层顶板至模型顶部位移量越来越小。随工作面开挖，顶板岩层发生周期性垮断，测点位移呈周期性变化，位移大小与破碎岩体排列形态较为密切。

④　开展了顶板覆岩垮落及裂隙演化特征相似材料试验研究。

工作面回采过程，共计发生 6 次周期垮落，11 次周期来压，产生 13 条较宽垂向裂隙。一个垮落周期，覆岩发生"离层—细微离层裂隙产生—岩层垮断—垂向裂隙发育"变化。随顶板周期性垮落，纵向裂隙以"微裂纹产生—裂隙发育延伸—发育休止—裂隙微闭合—新的微裂纹产生"的模式发生周期性演化。水平离层裂隙，垂直方向：自顶板至上部岩层，逐渐发生"离层微裂隙发育—裂隙扩展—裂隙闭合"变化；走向方向：离层裂隙随老顶周期垮落不断向工作面方向推移，较大裂隙在垮落岩体沉降过程中逐渐被压缩闭合。

⑤　研究了覆岩离层空隙率和覆岩裂隙场发育高度，划分了裂隙场"三带"分布区域。

开采煤层底板以下岩层几乎未发生离层变化；在回采工作面切眼保护煤柱和停采线保护煤柱附近，顶板岩层裂隙异常发育，为裂隙起始发育区和裂隙终止发育区，离层空隙率曲线呈"M"形，采场中部被重新压实；距离开采层越近岩层离层间隙越大，越远离层间隙越小；距离地表越近，离层空隙也越大。随着工作面推进，裂隙发育高度演化呈阶梯状发展。顶板岩体垮落过程中形成了梁板结构、铰支结构和悬臂结构等多种结构形态。垮落带高度上限可划至2#煤顶板泥岩层，高13.75 m。裂隙带高度上限划至K4中砂岩层，距3#煤顶板46.76 m，顶板裂隙扩展高度不均一。

为研究共采协同机制中覆岩裂隙带卸压瓦斯抽采时受采动影响煤层瓦斯渗流规律，本章采用数值模拟研究了采动裂隙场变形特征和卸压瓦斯自然涌出特征，建立了裂隙场几何模型，研究了煤层瓦斯渗流特征与煤岩体变形特征之间的耦合关系，建立了煤层渗透率演化方程、瓦斯渗流与煤岩变形耦合控制方程，主要研究结论如下：

① 根据相似材料试验确定的顶板岩层破断垮落特征，建立了卸压裂隙带瓦斯抽采几何模型。假定煤岩为等效连续的发育有两组相互垂直裂隙的多孔介质，流体在煤岩中的渗流主要发生在裂隙系统中，流体在裂隙中的流动满足立方定律，以平行板模型为基础建立了渗透率模型。模型考虑应力环境及孔隙压力对煤体变形的影响，以及煤吸附变形对裂隙张开度的影响，两个方面的变形都对煤岩渗透率造成一定的影响。

② 结合煤岩渗透实验对模型进行了验证，分别研究了应力和孔隙压力对煤样渗透率的影响，以及模型与相应实验条件的拟合程度，结果表明建立的渗透率模型可用于研究卸压抽采时煤层渗透率演化，对于煤层高压注气条件下渗透率演化，预测结果虽然比其他模型有所提高但仍不够理想。

③ 建立了煤岩变形场控制方程和瓦斯渗流场控制方程。假定煤体吸附应变符合朗格缪尔型方程，根据有效应力原理，建立了考虑煤体吸附应变的变形场控制方程。假定煤层瓦斯气体为理想状态气体，煤层瓦斯渗流符合达西定律，根据质量守恒方程和煤层瓦斯含量表达式，建立了以孔隙压力形式表示的质量守恒方程，根据渗透率模型中孔隙度表达式，推导了煤层瓦斯渗流场控制方程。

④ 进行了卸压煤岩体变形数值模拟。研究表明煤层开采卸压后，采空区垮落岩体发生较大沉降变形，工作面开挖空间底板有细微膨胀变形。煤层底板应力分布可划分为4个区域，即原岩应力区、增压区、卸压区和应力回升区。应力增高区底板岩层发生压缩变形，应力峰值点压缩量最大，

应力降低区底板岩层发生膨胀变形。

⑤进行了煤层卸压瓦斯自然涌出特征数值模拟。研究表明煤层瓦斯自然涌出时，卸压裂隙带瓦斯逐渐升高，卸压带煤层瓦斯不断释放到裂隙空间，最终卸压煤层瓦斯与裂隙空间瓦斯达到压力平衡。

第3章　煤与瓦斯共采协同优化理论

　　煤与瓦斯共采协调度是协同优化的基础，若共采协调度较高，就无需再继续优化，只在协调度较差甚至不协调情况下才需要优化，将煤与瓦斯共采协调度与协同优化模型结合应用。

　　以结构优化设计为例，结构设计的"优"与"劣"，是通过一个衡量指标来体现的，这个指标是优化设计中的目标函数。问题不同目标函数自然不同。比如土木工程中的楼房建造，更看重的是建造成本问题，目标函数就是成本；机械工业的零件设计中，主要核算零件的强度问题，零件抗疲劳或抗断裂能力高是零件质量的关键所在，因此以零件应力集中系数为目标函数。

　　为使结构设计最优，需要分析优化变量，通过这些优化变量的调整改进设计并实现最优，称为优化变量。如，在飞机的机翼和机身设计中，蒙皮的厚度和横隔框的尺寸等都能在允许范围内进行调整；拱坝设计中拱圈的厚度、拱坝的上下面形状等变量可以相应调整使结构优化。而目标函数就是以优化变量为变量的函数。

　　变量调整和修改往往受到各种限制，如为减轻机翼重量减小蒙皮厚度时，不能出现应力过高超载荷发生破坏；减少桁架式吊车梁的杆件断面面积时不能使梁的刚度过低导致挠度过大，甚至断裂。这些对优化变量的限制称为约束条件。

　　煤与瓦斯共采协同机制是指两子系统之间协同合作产生宏观的有序结构，为了最大限度地将两种资源开采回收，需要将子系统间的相互制约矛盾体转化为相互促进的协同体，实现采煤和瓦斯抽采各工序在时间、空间上有序衔接。

　　运用系统优化理论，将煤与瓦斯共采系统看作煤炭开采和瓦斯抽采两个系统的集合体，以煤炭开采量和瓦斯抽采量、共采时间为优化变量，考虑煤炭开采后岩层破断与瓦斯运移相互作用关系，建立了以煤炭开采约束和瓦斯抽采约束来反映二者间的相互联系，以经济效益最大化、煤炭资源采出率最大化、瓦斯资源采出率[143]最大化为目标的煤与瓦斯共采优化数学模型。

3.1 多目标协同优化理论

3.1.1 多目标优化基本理论

（1）多目标优化问题

在一定的区间内单目标优化问题往往存在极值，可以得到问题的最优解。与单目标优化问题相比，多目标问题不仅目标函数个数增加而且约束条件也比较复杂，一般情况下，各目标函数之间相互矛盾，难以实现所有目标函数都能得到最优解。所以解决多目标优化问题就是要平衡各个目标函数之间的关系，使得每个目标函数都能获得一个综合性能较好的解。由此可知，存在一组非劣解可以满足所有目标函数，而且在约束条件限定的空间区域内没有比它们更优的解，称为帕累托最优解。法国经济学家最早提出 Pareto 最优的概念，并在经济社会领域进行了应用。该理论被引入多目标优化相关的研究领域，并取得了丰硕的成果。

（2）多目标优化模型

多目标优化理论属于非线性优化理论，多目标决策问题中有一类问题具有多个需要实现的目标，目前解决多目标决策问题的一般方法是多目标规划。在限定的区域内寻找可以同时优化多个目标的一组决策变量。一般而言，多目标优化问题包括5个关键环节：

① 决策变量。

$$\boldsymbol{x} = \left(x_1, \cdots, x_n\right)^{\mathrm{T}} \tag{3.1}$$

式中：$x_1, \cdots, x_n$——多目标优化问题的基本变量。

② 目标函数。

$$\boldsymbol{f}(\boldsymbol{x}) = \left(f_1(\boldsymbol{x}), \cdots, f_m(\boldsymbol{x})\right) \ (m \geqslant 2) \tag{3.2}$$

多目标优化问题的目标函数是利用多目标非线性规划构造出来的，决策者要求目标值的偏离程度尽可能小。

③ 可行解集。

一般情况下可行解表示为 $X = \left\{ \boldsymbol{x} \in \mathbf{R}^n \,\middle|\, g_i(\boldsymbol{x}) \leqslant 0,\, h_j(\boldsymbol{x}) = 0,\, i = 1, \cdots, p,\, j = 1, \cdots, q \right\}$，广义上的表示形式为 $X = \left\{ \boldsymbol{x} \in D \,\middle|\, g(\boldsymbol{x}) \in C \right\}$，其中 $C \subset \mathbf{R}^n$，$D \subset \mathbf{R}^n$ 分别为可行解的特殊子集。当 $X \subset \mathbf{R}^n$ 时，表示该优化问题无约束。

④ 偏好关系。

求解多目标优化问题过程中可行解的组合满足一定的主次关系，比如具有两个目标函数的优化问题存在一个二元关系在象集 $f(\boldsymbol{x}) = \left\{ f(\boldsymbol{x}) \,\middle|\, \boldsymbol{x} \in X \right\}$ 上反映设计者的偏好。为了区分优先因子相同的目标之间的差别，可以通过权重系数 λ_k 来实现，规定 $\lambda_k \geqslant \lambda_{k+1}$，$k = 1, 2, \cdots, K$，表示 λ_k 优先权大于 λ_{k+1}。

⑤ 解的定义。

由于多目标优化问题中多个目标之间相互矛盾，可以根据设计者的偏好定义 f 在可行解区域内的最优解。一般使得所有目标函数同时获得最优解的情况不存在。

一个多目标优化问题基本由上述五个关键环节构成。

（3）多目标问题的求解方法

多目标优化问题往往不存在绝对最优解，只能根据偏好关系给出总体性能最优的方案。目前主要采用约束法、分层序列法以及评价函数法等方法解决多目标优化问题。

① 约束法。

首先选择一个参考目标，同时要求其他目标函数满足给定的约束条件。

$$\left. \begin{array}{c} \min f_{k0}(\boldsymbol{x}) \leqslant \varepsilon_k \big(k = 1, \cdots, m, k \neq k_0 \big) \\ \boldsymbol{x} \in X \end{array} \right\} \tag{3.3}$$

设计者提前给定 ε_k。约束法的特点是优先满足 $f_{k0}(\boldsymbol{x})$，同时考虑其他目标，这种方式的实用性较强，可以解决很多实际问题。

② 分层序列法。

根据设计者的偏好，将目标函数进行排序，求解的过程中依次在可行解范围内寻找单目标优化问题的最优解。

$$(P_1)\min f_1(\pmb{x}) \atop \pmb{x} \in X \Bigg\} \tag{3.4}$$

$$(P_k)\min f_k(\pmb{x}) \atop \pmb{x} \in X \Bigg\} \tag{3.5}$$

分层序列法求解多目标优化问题最终得到一个有效解，但是这种方法需要求解 m 个单目标优化问题，而且目标函数必须根据重要性排序。

③ 评价函数法。

部分多目标问题是可标量化的，因此，可以构造一个实函数将各个目标函数统一起来，使得多目标优化问题的最优解与该实函数的最优解等价。实函数的构造方法主要有理想点法、平方和加权法和线性加权法。

a. 理想点法。

先求单目标优化问题的最优解，即

$$f_j^* = \min f_j(x), j = 1, 2, \cdots, p$$

构造评价函数：

$$h(F) = h(f_1, f_2, \cdots, f_p) = \sqrt{\sum_{j=1}^{p}(f_j - f_j^*)^2} \tag{3.6}$$

再求相应单目标优化问题：

$$\min h(F(X)) = \sqrt{\sum_{j=1}^{p}[f_j(X) - f_j^*]^2} \tag{3.7}$$

求解得到的最优解作为多目标问题的最优解。

b. 平方和加权法。

首先给出各单目标函数的合理下限值，然后建立评价函数求解，即

$$\min_{X \in \mathbf{R}} f_j(X) \geqslant f_j^0, j = 1, 2, \cdots, p$$

建立评价函数：

$$h(F(X)) = \sum_{j=1}^{p}\lambda_j(f_j - f_j^0)^2 \tag{3.8}$$

其中，$(\lambda_1, \cdots, \lambda_n)^{\mathrm{T}}$ 为事先确定的权系数，满足：

$$\left(\lambda_1, \cdots, \lambda_n \right)^{\mathrm{T}} \geqslant 0, \quad \sum_{j=1}^{p} \lambda_j = 1 \tag{3.9}$$

求解单目标优化问题的最优解：

$$\min_{X \in \mathbf{R}} h\left(F(X) \right) = \sum_{j=1}^{p} \lambda_j \left[f_j(X) - f_j^0 \right]^2 \tag{3.10}$$

c. 线性加权法。

根据设计者的偏好给出目标函数的权系数 $\left(\lambda_1, \cdots, \lambda_n \right)^{\mathrm{T}}$，其中

$$\lambda_j \geqslant 0, \ j = 1, 2, \cdots, p, \quad \sum_{j=1}^{p} \lambda_j = 1 \tag{3.11}$$

构建评价函数：

$$h\left(F(X) \right) = \sum_{j=1}^{p} \lambda_j f_j(X) \tag{3.12}$$

3.1.2 协同学基本理论

（1）协同学概述

协同学起源于希腊，可以解释为协同合作的科学。认为复杂的系统是由许多个环节相互关联形成的，各环节之间的相互关联包括合作与竞争两种关系，最终形成一个协调有序的复杂系统，哈肯教授提出一个团体中的成员之间相互合作，那么团体的生活质量与各成员之间互不关联状态下的生活质量相比有很大的改善。中国作为世界上最古老的国家，协同理念早已根深蒂固，比如说"天时不如地利，地利不如人和"，这句名言里蕴含着协同学观点，人与人和谐相处就是一种协同关系。中医特别强调阴阳、寒热、虚实的协调关系以及五行相生相克的道理都属于协同学范畴。

作为研究复杂系统的基本理论，协同理论来源于系统论、信息论和控制论演化形成的新三论，主要包括耗散论、突变论和协同论。协同论的主要研究内容是通过探索不同事物的共性特征建立它们之间的协同关系，寻找不同系统从无序向有序发展过程中的相似性。客观世界里系统无处不在，存在的形式各不相同，微观的或宏观的，自然界的或社会的，无生命的或有生命的，表面看这些系统没什么联系，实际上存在着深刻的相似

性。旧系统向新结构转变的过程中形成了协同论，通过类比相似的现象可以建立对应的数学模型。

协同论强调各式各样的子系统尽管具有不同的特征，但是在大系统中各子系统总是具有既相互促进又相互制约的关系。生活中这种现象无处不在，比如同一单位不同部门之间的相互合作或相互干扰制约等关系。协同学理论也是方法论的一种，它的主要观点有两个协同效应和自组织。

（2）协同学的一些基本概念

① 序参量。

临界状态下，系统参量主要包括慢弛豫变量与快弛豫变量。快弛豫变量的特点是瞬间产生影响且在临界点处阻尼大、衰减速度较高。慢弛豫变量的特点是持续产生影响、数量较少且在临界点处无阻尼现象、衰减速度较小，它能和子系统相互呼应。慢弛豫参量决定了对整个系统的有序程度。

序参量形成于子系统的关联作用，可以优化整个系统的协调性能。因此，求解此类问题的关键环节是确定合适的序参量。

② 临界涨落。

客观世界中整体系统表现出协调有序的状态，然而其内部子系统之间的独立运转现象依然存在，在特定条件下部分关联性较差的子系统可能造成整个系统的宏观值产生波动或严重偏离。整个系统宏观值偏离会造成起伏现象。进入临界点时，各环节的相互关联状态呈现出势均力敌的局面，此时子系统之间经常表现出耦合现象，新的有序状态在这种运动发展过程中逐渐形成。虽然临界涨落相比整个系统运动周期发生的频率不高，但是如果说产生这种现象的前提条件是临界状态，那么临界涨落就是新的有序结构形成的主动力。

③ 相变。

相变现象普遍存在，如物理学中的无序和有序转变，生物学中生物发生的状态变化以及客观世界中出现的各种规律和现象，协同学理论将其归集为一种相变，相变的发生是瞬间的临界现象。也可以将相变理解为有序状态转变为其他有序状态或无序状态向有序状态的转变。

（3）协同学理论相关原理

① 支配原理。

协同学基本理论中支配原理占据核心地位，序参量控制着整个系统，支配原理也叫作伺服原理。支配原理指出系统中的变量、子系统和因数等对系统作用效果不同，而且不同的阶段或时刻产生作用效果也有差异。平衡状态下，这种不均衡与差异性不会体现出来；非平衡状态下，这种现象比较明显，在靠近临界值附近，不均衡性和差异性表现得非常明显。考虑序参量和支配，哈肯教授在物理、化学和生物学科开展了大量研究，研究结果表明，形成新结构的过程具有一定的方向性，子系统的所有行为和发展趋势以及整个系统结构的有序变化均受到序参量的支配作用。

② 协同效应原理。

协同效应原理指的是系统有序的结构发展建立于各子系统的协同作用。自组织能力是产生有序结构的基础。协同效应原理可以理解为"协同产生有序"。当开放系统处于非平衡态，系统内部的物质和能量聚集到某种状态时，各个子系统之间呈现出非线性的相互关联作用，系统内部成员自发地完成有规则运动，进而形成了协调稳定的结构。由此可知，子系统之间的协同作用产生了整体系统的联系，系统结构转变得动力来源于各个子系统之间的协同作用关系，协同是产生自组织的理论依据。

③ 自组织原理。

一般情况下，系统结构由无序转变为有序或者进入新的状态需要外界提供信息流、物质流和能量流。状态转变的前提条件是获得相应的外界输入，与之相反，自组织是一种自发行为，在不需要外界输入的情况下系统内部以某种形式进入新的结构或者演化出新的功能。研究表明，各子系统之间协同合作的自主性的增强可以通过提高系统的开放性程度来改善，同时提高了系统的自组织性。

④ 广义演化原理。

复杂系统的协同性理论认为通过子系统之间相互关联与矛盾的关系形成了序参量，自组织行为其实是序参量之间的矛盾的整体现象，整个系统从无序到有序的过程中自组织发挥了重要作用。客观世界里复杂系统从无序转变为有序具有普遍适用性。

3.2 共采协同优化模型的提出

利用采动引起的岩层移动进行瓦斯抽采的实践表明，煤层卸压之后可以有效抽采煤层瓦斯，实现煤与瓦斯共采。而煤炭和瓦斯两种资源的开采方式、成本、价格都不相同。在工程中，煤与瓦斯共采的时效性、协同性差，瓦斯抽放效率低，生产接替关系紧张，导致还没有达到抽放效果就不得已开始采煤。瓦斯抽采量和煤炭开采量的合理值应该是多少、应该抽采多长时间、采用何种方法抽采瓦斯等目前还不清楚。

实现煤与瓦斯共采，就是在目前技术条件下最大限度地开采两种资源。同时，煤炭开采和瓦斯抽采是两个既独立又相互联系的系统。煤炭开采受煤层瓦斯的制约，同时，瓦斯抽采又受采动引起的岩层移动的影响控制。两个系统相互独立又相互制约依存。为了将两种不同类型资源开采进行比较，需要建立一个统一的衡量标准，即将瓦斯抽采和煤炭开采所带来的总经济收益、煤炭资源采出率、瓦斯资源采出率最大化作为煤与瓦斯共采的衡量标准，在追求两资源总体收益最大化的同时，也满足煤炭资源采出率、瓦斯资源采出率最大化，寻找最优的煤炭采出量和瓦斯抽采量，使得煤炭开采系统和瓦斯抽采系统由无序变为有序的协同，就需要建立实现无序到协同转变的煤与瓦斯共采优化模型。

通过建立煤与瓦斯共采优化的理论模型，研究煤炭开采和瓦斯治理在现有政策、法规、技术、装备等多因素限制条件下，寻找可以分别表征或者反映煤炭开采和瓦斯抽采的变量，使得煤炭开采和瓦斯抽采两个独立的系统合并为煤与瓦斯共采大系统，通过优化这些变量，最终使得这个大系统协调有序。对研究参量量化，进一步对煤炭开采和瓦斯抽采方法和工艺进行优化，以实现有理论依据的煤与瓦斯共采。

3.3　共采协同优化模型的建立

煤炭开采和瓦斯抽采的目的是获取煤炭资源和瓦斯资源，实现煤与瓦斯共采就是在目前技术条件下，在保证煤与瓦斯共采收益最大化的同时，确定煤炭开采量和瓦斯抽排采量的合理值。煤与瓦斯共采优化模型包括：优化目标函数、优化变量和体现煤炭开采与瓦斯抽采相互关系的约束条件。如图 3.1 所示。

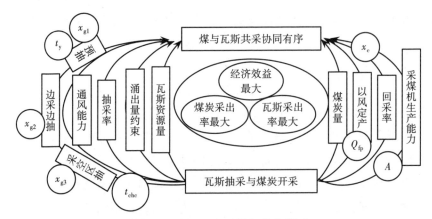

图3.1　煤与瓦斯共采协同优化模型

中间椭圆—目标函数；两侧线连接框—约束条件；两侧圆圈—优化变量

3.3.1　煤与瓦斯共采优化变量

建立煤与瓦斯共采优化模型，将煤炭资源开采量 x_c 和瓦斯（煤层气）抽排采量 x_g 作为目标函数中的优化变量，煤炭开采过程中影响变量还有推进速度 A、回采时间 t_h（可通过回采量和推进速度计算，t_h = 工作面走向长度 l/A），影响瓦斯抽采的变量有三个阶段的抽采时间：预抽时间 t_y、边采边抽时间 t_h、采后抽采时间 t_{chc}，则采空区抽采时间为 $t_h + t_{chc}$，还有风排瓦斯量 Q_{fp}，共8个求解变量，共同构成煤与瓦斯共采优化变量。

瓦斯抽采伴随于煤炭开采全过程，抽采时间的不同，瓦斯（煤层气）抽排采量 x_g 可分为工作面回采前瓦斯预抽采总量 x_{g1}、工作面回采过程瓦斯抽采总量 x_{g2} 和工作面回采后瓦斯抽采总量 x_{g3}，瓦斯抽采各分量之间满足下式：

$$x_g = x_{g1} + x_{g2} + x_{g3} \tag{3.13}$$

式中：x_g——瓦斯（煤层气）抽排采总量，m^3；

　　　x_{g1}——工作面采前预抽瓦斯总量，m^3；

　　　x_{g2}——工作面边采边抽瓦斯抽采总量，m^3；

　　　x_{g3}——工作面采空区瓦斯抽采总量，m^3。

3.3.2　煤与瓦斯共采优化目标函数

对煤与瓦斯共采系统进行优化，将煤炭和瓦斯这两种不同类型的资源开采作为一个系统的两个部分。

所谓经济效益好，就是资金占用少、成本支出少、有用成果多，较高的经济效益对于社会、企业等具有十分重要的意义，而且煤与瓦斯共采中煤炭开采和瓦斯抽采是两个不同系统，应该通过一个共同的衡量标准使两个系统相联系，因此将煤与瓦斯共采获得的收益（利润）作为目标函数之一。而煤炭回采率和瓦斯资源采收率是煤与瓦斯共采效果的最直接表述，在达到收益最大化同时，应该同时实现煤炭采收率最大化和瓦斯采收率最大化，实现资源的高效开采利用，因此将煤炭、瓦斯资源采收率也作为目标函数之一。这样，煤与瓦斯共采经济效益、煤炭采收率、瓦斯采收率共同组成煤与瓦斯共采目标函数。关于瓦斯资源采收率与抽采率，按照式（3.3）的方法计算的平均瓦斯抽采率是风排瓦斯和抽采瓦斯的比例关系，即在从该矿井出来的瓦斯总量中抽采的瓦斯量和风排的瓦斯量各占多少。这不能反映矿井瓦斯抽采开展的好坏及目前矿井的生产是否符合国家的有关规定，及是否将煤层瓦斯的含量降到一定程度以下。

鉴于以上原因，使用资源采出率来替代回采率或抽采率以评价煤炭资源和瓦斯资源采出情况：

$$\eta_c = \frac{x_c}{M}, \eta_g = \frac{x_g}{Q}$$

式中：η_g——瓦斯资源采出率，%；

　　　η_c——煤炭资源采出率（回采率），%；

　　　x_c——煤炭采出量，t；

　　　M——煤炭资源总量，t；

　　　Q——瓦斯资源总量，m³。

煤与瓦斯共采优化目标函数将煤炭采出量和瓦斯抽采量作为变化量，考虑了煤炭和瓦斯销售价格、开采成本、支付税金、国家在政策上的补贴奖励，以及煤和瓦斯资源开采可能诱发安全事故和破坏生态环境而产生的附加成本。建立的具体模型如下：

$$P_{\max} = \left(P_c - C_c - T_c + S_c\right) \cdot x_c + \left(P_g - C_g - T_g + S_g\right) \cdot x_g \quad (3.14)$$

$$\eta_{c\max} = \frac{x_c}{M} \quad (3.15)$$

$$\eta_{g\max} = \frac{x_g}{Q} \tag{3.16}$$

式中：P——煤与瓦斯共采获得的利润，元；

P_c——煤炭吨煤价格，元/t；

P_g——瓦斯（煤层气）价格，元/m³；

C_c——煤炭吨煤生产成本，元/t；

C_g——瓦斯（煤层气）抽排采成本，元/m³；

T_c——煤炭开采税率，元/t；

T_g——瓦斯（煤层气）抽采税率，元/m³；

S_c——煤炭开采政策性补贴，元/t；

S_g——瓦斯（煤层气）抽采政策性补贴，元/m³。

如果将瓦斯抽采系统分为地面排采、井下瓦斯抽采等多个子系统，式（3.14）将变化为下式：

$$P_{\max} = \left(P_c - C_c - T_c + S_c\right) \cdot x_c + \sum_{i=1}^{n}\left(P_{gi} - C_{gi} - T_{gi} + S_{gi}\right) \cdot x_{gi} \tag{3.17}$$

对于一些煤炭开采和瓦斯抽采成本较难厘清的矿井，可以将煤炭开采和瓦斯抽采的成本看作总成本来加以研究，则式（3.17）可以表示为：

$$P_{\max} = \left(P_c - T_c + S_c\right) \cdot x_c + \sum_{i=1}^{n}\left(P_{gi} - T_{gi} + S_{gi}\right) \cdot x_{gi} - \left(C_c + C_g\right) \tag{3.18}$$

式（3.14）为煤与瓦斯共采优化概念性模型；式（3.17）适用于瓦斯抽排采相对独立的生产矿井，即瓦斯抽采获得效益，抽采瓦斯投入成本和产出相对独立；式（3.18）适用于一般性煤与瓦斯共采矿井，具有普遍适用性。

3.3.3 煤与瓦斯共采优化约束条件

在煤与瓦斯共采中的瓦斯抽采，是利用煤层采动卸压作用，使低透气性高瓦斯煤层群透气性大幅度增加，提高抽采效果。

在煤炭开采方面，《煤矿安全规程》规定，每年在矿井安排采、掘施工作业计划之前必须重新确定矿井日产量和矿井通风能力以及需要的通风量，必须要按照矿井的实际需要供风量来确定其日产量，即"以风定产"。以风定产的一个首要问题是依据采掘过程出现的瓦斯问题来核定煤炭产量，确定工作面开采速度。

在瓦斯抽采方面，《煤矿瓦斯抽采达标暂行规定》明确指出，对应该进行抽采瓦斯的煤层必须首先抽采瓦斯再进行回采工作；要求抽采效果必须达到瓦斯预抽标准要求之后才可以进行煤层的采掘工作。煤矿抽采瓦斯应该坚持"应该抽的尽可能抽采，多种抽采措施结合使用，达到抽、掘、采三者平衡状态"的原则。应该根据工作面日产量和工作面涌出量确定瓦斯抽采率指标。对于突出煤层，在采掘作业前必须将控制范围内煤层的瓦斯含量降到煤层始突深度的瓦斯含量以下或将瓦斯压力降到煤层始突深度的瓦斯压力以下。

可见，煤与瓦斯共采模型中既要考虑煤炭开采对抽采的作用，也要分析抽采对开采的影响。煤炭开采量和瓦斯抽采量受研究区域资源量及安全、通风等因素影响，利用约束条件使煤炭开采和瓦斯抽采之间作用相联系，具体表现为制约煤炭开采的约束条件和制约瓦斯抽采的约束条件两部分，抽采分为采前预抽、边采边抽、采空区抽采三个阶段，分别建立回采与三个阶段抽采的约束。

3.3.3.1　煤炭开采约束条件

（1）煤炭开采量约束条件

煤炭开采量要小于研究区煤炭最大可采资源量：

$$0 < x_c \leq M \tag{3.19}$$

式中：x_c——工作面回采总产量，t；

　　　M——工作面煤炭地质储量，t。

（2）以风定产约束

在工作面回采过程中，随着回采速度加快，瓦斯涌出量增加，而当回采速度减慢时，瓦斯涌出量随之减少。涌出瓦斯是通过抽采、通风来解决的，瓦斯涌出量的上限受通风能力约束，而瓦斯涌出量与回采速度呈正相关关系，因此煤炭开采速度受风排瓦斯量影响。工作面确定后其通风能力一定，而回风巷道瓦斯浓度上限有规定限制，也就是风排瓦斯量一定，在这一条件下，要协调好回采速度和瓦斯涌出量的关系。在工作面回采时间内，瓦斯风排量与抽采量要在工作面最大涌出量范围内，涌出瓦斯量包括本煤层在回采时间内以一定的回采速度推进时工作面涌出的瓦斯量和邻近层涌出瓦斯量，因此，建立工作面回采过程中回采速度与风排瓦斯量的关系式：

$$q_{fp} \cdot t_h \leqslant \rho \cdot H \cdot L_q \cdot \nu_h \cdot t_h \cdot q_{by} + Q_{ljy} - \left(x_{g2} + x_{g3} \right) \tag{3.20}$$

式中：ν_h——回采速度，m/s；

$\quad\quad t_h$——回采时间，s；

$\quad\quad q_{fp}$——工作面风排瓦斯量，m³/s；

$\quad\quad q_{fp} \cdot t_h$——回采过程中风排瓦斯总量，m³；

$\quad\quad \rho$——煤密度，kg/m³；

$\quad\quad L_q$——工作面倾向长度，m；

$\quad\quad H$——回采高度，m；

$\quad\quad q_{by}$——本煤层绝对涌出瓦斯量，m³/s；

$\quad\quad Q_{ljy}$——邻近层涌出瓦斯总量，m³，j 为上、下不同邻近层。

（3）根据瓦斯涌出量确定工作面日产量

安全开采必须要保证：绝对瓦斯涌出量不超过允许瓦斯涌出量，即 $q \leqslant \bar{q}$。则有

$$\frac{A \cdot q_x}{24 \times 60 \times 60} \leqslant \frac{\nu_f \cdot S_{min} \cdot C}{K}$$

当瓦斯涌出量一定时，允许的日产量为

$$A \leqslant \frac{\nu_f \cdot S_{min} \cdot C (24 \times 60 \times 60)}{K \cdot q_x} \tag{3.21}$$

式中：$\bar{q}$——允许的绝对瓦斯涌出量，m³/s；

$\quad\quad \nu_f$——巷道允许的最大风速，m/s；

$\quad\quad S$——风流通过的最小巷道断面，m²；

$\quad\quad C$——《煤矿安全规程》允许的风流中瓦斯体积分数，%；

$\quad\quad A$——矿井（采区）平均日产量，t/d；

$\quad\quad q_x$——矿井（采区）平均相对瓦斯涌出量，m³/t；

$\quad\quad K$——矿井或采区（工作面）瓦斯涌出不均衡系数，是回采工作面瓦斯绝对涌出量的最大值与平均值的比值，在工作面正常生

产时，均匀间隔地选取不少于 5 个昼夜进行观测，得出 5 个比值，取其最大值，通常根据采煤方法按表 3.1 选取。

表 3.1　各种采煤工作面瓦斯涌出不均匀的备用风量系数

采煤方法	K
机采工作面	1.2 ~ 1.6
炮采工作面	1.4 ~ 2.0
水采工作面	2.0 ~ 3.0

（4）矿井采煤机生产能力约束

根据矿井选用的割煤机设备能力，在理想化的平均工作效率 η_{xl} 下，割煤机以额定速率 ν_{qy} 和截割深度 D，在时间 t 内所割煤量要高于在时间 t 内以 ν_h 速度采煤量，由此得到回采进度上限。

$$\nu_h \cdot L_q \cdot t \cdot H \cdot \rho \leqslant \int_0^t D \cdot H \cdot \rho \cdot \eta_{xl} \cdot \nu_{qy} dt$$

$$\nu_h \leqslant \frac{\nu_{qy} \cdot D \cdot \eta_{xl} \cdot t}{L_q \cdot t} \tag{3.22}$$

式中：ν_{qy}——割煤机牵引速度，m/s；

$\quad\quad \eta_{xl}$——割煤机工作效率，%；

$\quad\quad t$——割煤时间，d；

$\quad\quad D$——截割深度，m/刀；

$\quad\quad L_q$——工作面倾向长度，m。

（5）回采率约束

回采率大于等于理论值 η_c。对于工作面的回采率，要求厚煤层不能低于 93%，中厚层不能低于 95%，薄煤层不能低于 97%。

$$\frac{x_c}{M} \geqslant \eta_c \tag{3.23}$$

3.3.3.2　瓦斯抽采约束条件

一般回采工作面采用后退方式进行回采，其中工作面的运输巷和回风巷煤壁暴露时间普遍都已超过煤壁瓦斯涌出的枯竭期，因此可忽略回采巷道内煤壁瓦斯的涌出量。

（1）瓦斯抽采量约束

瓦斯抽采量要小于研究区瓦斯最大资源总量，包括本层、邻近层（不考虑围岩）含有的瓦斯。

$$0 \leqslant x_g \leqslant Q \tag{3.24}$$

式中：$Q = Q_{bt} + Q_{lt}$；Q 为煤层瓦斯总量，m^3；Q_{bt} 为工作面瓦斯资源总量，是本煤层瓦斯含量与煤层回采面积乘积，m^3；Q_{lt} 为邻近层可解吸量，是邻近层解吸瓦斯量与煤层受采动影响卸压面积乘积，m^3。

（2）瓦斯抽采率约束条件

《煤矿瓦斯抽采基本指标》中规定了工作面瓦斯抽采率与工作面绝对瓦斯涌出量关系。如表3.2所示。

表3.2 矿井瓦斯抽采应达到的指标

工作面绝对瓦斯涌出量 q_y / ($m^3 \cdot min^{-1}$)	工作面抽采率
$5 \leqslant q_y < 10$	$\geqslant 20\%$
$10 \leqslant q_y < 20$	$\geqslant 30\%$
$20 \leqslant q_y < 40$	$\geqslant 40\%$
$40 \leqslant q_y < 70$	$\geqslant 50\%$
$70 \leqslant q_y < 100$	$\geqslant 60\%$
$q_y \geqslant 100$	$\geqslant 70\%$

工作面的实际抽采率要不低于由工作面绝对瓦斯涌出量确定的理论抽采率，才能保证安全回采：

$$\frac{x_g}{x_g + Q_{fp}} \geqslant \eta_g' => x_g \geqslant \eta_g'(x_g + Q_{fp}) \tag{3.25}$$

式中：Q_{fp}——工作面风排瓦斯量，$Q_{fp} = q_{fp} \cdot t_y$，$m^3$；

　　　q_{fp}——风排瓦斯量，m^3/s；

　　　η_g'——根据实际瓦斯绝对涌出量确定的抽采率取值，绝对瓦斯涌出量的计算中需要用到日产量，而日产量优化后才能确定，因此 η_g' 值暂时只能参照相似工作面取值。

（3）瓦斯抽采安全约束条件

开采煤层的残余瓦斯是难以解吸的，而且解吸出的瓦斯若没有流通通道也难以涌出，本煤层瓦斯资源总量和邻近层可解吸瓦斯量中排除本煤层残余瓦斯为工作面抽采瓦斯上限，因此建立抽采瓦斯量与可解吸瓦斯量的关系：

$$x_g \leqslant Q - M \cdot X_{gcb} \tag{3.26}$$

式中：X_{gcb}——开采煤层瓦斯可能残存量，m^3/t。

（4）风排瓦斯安全约束条件

《煤矿安全规程》中规定回风流中瓦斯体积分数不能超过1%，即风排瓦斯量要低于通风量的1%：

$$Q_{fp} \leqslant \frac{\nu_f \cdot S_{min} \cdot C \cdot T}{K} \tag{3.27a}$$

$$q_{fp} \leqslant \frac{q_f \cdot C}{K} \tag{3.27b}$$

式中：Q_{fp}——工作面风排瓦斯总量，m^3；

q_{fp}——工作面风排瓦斯量，m^3/s；

q_f——工作面风量，m^3/s，$q_f = \nu_f \cdot S_{min}$，计算配风量用的面积是最小面积；

S_{min}——进、回风巷道净断面的最小面积，m^2；

T——通风总时间，s，$T = t_y + t_h$。

（5）涌出量确定抽采量

开采引起瓦斯涌出，瓦斯涌出量、风排瓦斯量和瓦斯抽采量之间相互联系。涌出瓦斯靠通风和抽采解决：

$$x_g \geqslant Q_y - Q_{fp} \tag{3.28a}$$

$$x_g \geqslant q_y - q_{fp} \tag{3.28b}$$

式中：Q_y——工作面瓦斯涌出总量，包括本煤层和邻近层，m^3；

q_y——工作面瓦斯涌出量，m^3/s。

瓦斯抽采按回采时间顺序分为回采前预抽、采中抽采、采空区抽采，对三个抽采阶段分别建立约束：

（6）瓦斯预抽约束条件

预抽效果的安全约束与瓦斯涌出量 q_y、瓦斯抽采量 x_g、初始瓦斯含量 X_0、风排瓦斯量 q_{fp}、预抽时间 t_y 有关，可表示为

$$g = g\left(q_y, x_g, X_0, q_{fp}, t_y\right)$$

根据《煤矿瓦斯抽采达标暂行规定》，如果工作面的瓦斯涌出量超过 10 m³/t，回采前应对煤层进行采前预抽，《煤矿瓦斯抽采基本指标》规定了煤炭不同开采量对应的煤层可解吸瓦斯量。

主要分为以下几种情况：

① 对瓦斯涌出主要来自于开采层的采煤工作面，评价范围内煤的可解吸瓦斯量满足表3.3规定的，判定采煤工作面评价范围瓦斯抽采效果达标。

$$X_{0b} - X_{gcb} - \frac{x_{g1}}{M} - \frac{v_f \cdot S_{min} \cdot C}{K} \cdot \frac{t_y}{M} \leqslant X_{jb} \qquad (3.29a)$$

式中：X_{0b}——开采层原始瓦斯含量，m³/t；

X_{jb}——可解吸指标上限值，m³/t，对应表3.3选取。

表3.3　采煤工作面回采前的可解吸瓦斯量应达到的指标

工作面日产量/t	可解吸瓦斯量/(m³·t⁻¹)
≤1000	≤8
1001~2500	≤7
2501~4000	≤6
4001~6000	≤4.5
6001~8000	≤5
8001~10000	≤4.5
>10000	≤4

② 开采层位于突出煤层时，当评价范围内所有测点的残余瓦斯含量或瓦斯压力都低于预计的防突效果达标值而现场测定时钻孔无喷孔现象、顶钻现象或其他动力现象时，才能判定以超标点为圆心、直径200 m范围内预抽达到标准。若没有煤层始突深度处的煤层瓦斯压力或含量数据时，暂且按照瓦斯压力0.74 MPa或瓦斯含量8 m³/t取值。则有：

$$X_{0b} - \frac{x_{g1}}{M} - \frac{v_f \cdot S_{min} \cdot C}{K} \cdot \frac{t_y}{M} \leqslant 8 \qquad (3.29b)$$

③ 大部分的瓦斯涌出量来自突出煤层的采煤工作面，不仅要求瓦斯预抽降到允许值以下解决突出问题，而且要满足煤的可解吸瓦斯量指标，只有同时满足两条要求时才能认为工作面瓦斯预抽效果达到标准，即，需要同时满足式（3.29a）和式（3.29b）。

④ 针对煤层群煤与瓦斯共采，当邻近层、围岩瓦斯涌出量高于本煤层涌出，则要保证工作面瓦斯抽采率，有

$$x_{g1} \geqslant \eta' \left(x_{g1} + Q_{fp1} \right) \qquad (3.29c)$$

式中：Q_{fp1}——回采前预抽阶段的风排瓦斯总量，m^3。

（7）回采中抽采约束条件

假设煤体中瓦斯量分布线性均匀，在单位时间内采出一部分煤后煤层所失去的瓦斯总量就是产出的煤含有的瓦斯总量，即原始瓦斯含量乘以产煤量，而运送出采煤工作面的煤炭中包含的瓦斯总量为残余瓦斯含量乘以运送出采煤工作面采煤量，二者之差为回采工作面涌出的瓦斯量，因此得到推进度与本煤层瓦斯涌出量关系：

$$q_{by} = \left(X_{0b} - X_{gcb} \right) \cdot \rho \cdot H \cdot \left(L_q - a - b \right) \cdot v_h$$

式中：q_{by}——开采层绝对瓦斯涌出量，m^3/s；

$\quad a$，b——瓦斯排放带宽度值，m，根据煤壁暴露时间和巷道瓦斯涌出特性系数计算得到。

进行优化前，认为工作面瓦斯排放带宽度值不定，因此有：

$$q_{by} \leqslant \left(X_{0b} - X_{gcb} \right) \cdot \rho \cdot H \cdot L_q \cdot v_h \qquad (3.30)$$

（8）采空区抽采约束条件

① 回采速度约束瓦斯涌入采空区。

采空区内涌入瓦斯来源主要有本煤层遗留在采空区的煤中涌出的瓦斯量（遗煤、煤柱部分）q_{by} 及从上、下邻近层中涌出的瓦斯量两部分。

$$x_{g3} = q_{by} + q_{1jy}$$

a. 本煤层遗煤瓦斯涌出量计算。

回采工作面采落下来的煤块在运输过程中，煤块内瓦斯仍向风流涌出。影响因素主要有：采落下来的煤的块度大小；煤块的初始瓦斯含量，与煤的原始瓦斯含量、煤块未采落下来前已排放瓦斯的时间及排放程度有关；采落煤块在采区内的停留时间；采煤机落煤效率。

而采煤方式不同，落煤涌出瓦斯量区别也较大：

放顶煤开采，根据放煤率计算遗煤量，据此计算本煤层遗煤瓦斯涌出量，遗留煤块的瓦斯量较大。

一次采全高，遗煤瓦斯涌出量较少，以邻近层涌入采空区为主。

以上可知，采空区抽采时本煤层落煤涌出瓦斯量与回采速度、瓦斯含量有关，故有

$$q_{by} = h\left[v_h, 停留时间, 块度, X_{0b}, 落煤效率\right]$$

b. 邻近层涌入采空区瓦斯量。

苏联学者 O.H. 切尔诺夫、E.C. 罗赞采夫提出了上、下邻近层向采空区涌出瓦斯量计算式，其中考虑推进速度对邻近层瓦斯向采空区涌出影响：

$$q_{liy} = m_i \rho_i L_q v_h \left(X_{0li} - X_{gcli}\right)$$

式中：ρ_i——上或下邻近层煤的密度，kg/m³；

$\quad\quad m_i$——邻近层厚度，m；

$\quad\quad X_{0lj}$——上或下邻近层原始瓦斯含量，m³/t；

$\quad\quad X_{gclj}$——上或下邻近层残存瓦斯含量，m³/t。

以一次采全高情况为例说明，为简化问题，忽略本煤层回采时落煤量，会使抽采量减少，则有：

$$x_{g3} \geq q_{liy} = m_i \rho_i L_q v_h \left(X_{0lj} - X_{gclj}\right) \cdot t_k$$

② 采空区封闭前的抽采时间。

采空区抽采没有安全上限，一般会对采空区充填或封闭，《煤矿安全规程》第 117 条规定："在工作面采区开采结束后的 45 天之内，必须在所有与回采工作面的已采空区相连通的各个巷道中加设防火墙，使采区完全封闭。"主要目的是防止这些巷道内空气流向采空区内，防止采空区内残留的煤粉因空气流入产生氧化，从而引起采空区发火现象；同时避免因

大气压力变化或采空区内悬顶的突然大面积垮落，导致采空区内残存的大量有害气体被瞬间压出，而引发人员窒息或瓦斯爆炸等事故的发生。则有：

$$\left.\begin{array}{l} t_{\mathrm{chc}} \leqslant 45\mathrm{d} \\ t_{\mathrm{k}} = t_{\mathrm{h}} + t_{\mathrm{chc}} \end{array}\right\} \tag{3.31}$$

式中：t_{chc}——回采结束采后抽采时间，s；

　　　t_{k}——采空区抽采时间，s。

式（3.13）~ 式（3.18）、式（3.19）~ 式（3.31）共同构成了煤与瓦斯共采优化数学模型，模型包括 3 个目标函数，x_{c}，x_{g1}，x_{g2}，x_{g3}（目标函数中 4 个变量），Q_{fp}，t_{y}，A，t_{chc}（约束条件中 4 个变量）共 8 个变量，式（3.19）~ 式（3.31）共 16 个约束方程。

实际工程中，煤与瓦斯共采优化，可根据实际情况简化约束条件或优化变量，以期快速求得优化方案。

3.4　共采协同优化模型求解

在 matlab 平台下进行约束非线性多变量优化函数编程求解。

（1）约束非线性多变量优化问题

matlab 中的命令函数 fmincon() 主要用来解决非线性有约束的多元函数的优化问题。

有约束、非线性、多变量优化问题的数学模型可以表示为：在满足已给定的约束条件下，求变量 x_1，x_2，$\cdots$，使优化的目标函数 $f(x_1, x_2, \cdots)$ 达到最小。一般将非线性函数作为优化目标函数，由线性等式约束条件、线性不等式约束条件、变量具有边界的约束条件和复杂的线性约束的一种或几种约束组成。其中除了非线性约束条件以外，其他约束的表述形式类似于线性规划约束。fmincon() 优化目标函数的形式具体分为：

X = fmincon(fun, x₀, A, b)

X = fmincon(fun, x₀, A, b, Aeq, Beq, Lb, Ub)

X = fmincon(fun, x₀, A, b, Aeq, Beq, Lb, Ub, nonlcon, options)

[X, fval, exitflag, output] = fmincon(fun, x$_0$, ···)

[X, fval, exitflag, output, lambad, grad, hessian] = fmincon(fun, x$_0$, ···)

其中，fun是优化的目标函数，x$_0$为变量的初始数值，x为最终返回的满足目标函数要求的变量的值。A，b分别为线性不等式约束条件的边界，Aeq，Beq为线性等式约束，Lb和Ub分别表示优化变量的上边界和下边界约束条件，nonlcon为非线性约束，options表示实现优化目标的过程中可控的优化参数向量。fval为返回值，表示最优目标函数。当exitflag > 0为返回的优化值收敛于解；当exitflag = 0为优化结果已超出目标函数值的迭代计算最大次数，exitflag < 0为优化结果不收敛解。lambad为拉格朗日乘子，表示约束是有效的。Grad表示梯度变化，hessian为汉森矩阵。

由此建立优化目标函数M文件、约束条件M文件，方便有效集优化算法的调用求解。

（2）有效集算法求解多维优化问题

$$\min f(\boldsymbol{x})$$

$$\text{s.t. } \boldsymbol{A}^{\mathrm{T}}\boldsymbol{x} \geqslant \boldsymbol{b}$$

其中，$\boldsymbol{A} = (a_1, a_2, \cdots, a_m) \in \mathbf{R}^{n \times m}$，$a_i \in \mathbf{R}^n (i = 1, 2, \cdots, m)$，$\boldsymbol{b} \in \mathbf{R}^m$，$\boldsymbol{x} \in \mathbf{R}^m$，$m \leqslant n$。

记：

$$F(\boldsymbol{x}^{(k)}) = \left\{ i \,\middle|\, a_i^{\mathrm{T}} \boldsymbol{x}^{(k)} = b_i, i = 1, 2, \cdots, m \right\}$$

$$I(\boldsymbol{x}^{(k)}) = \left\{ i \,\middle|\, a_i^{\mathrm{T}} \boldsymbol{x}^{(k)} > b_i, i = 1, 2, \cdots, m \right\}$$

$F(\boldsymbol{x}^{(k)})$、$I(\boldsymbol{x}^{(k)})$为点$\boldsymbol{x}^{(k)}$处的有效约束集、非有效约束集，简记为F_k、I_k，称$i \in F_k$的约束$a_i^{\mathrm{T}} \boldsymbol{x} \geqslant b_i$是在点$\boldsymbol{x}^{(k)}$处的一个有效的约束条件，$i \in I_k$的约束$a_i^{\mathrm{T}} \boldsymbol{x} \geqslant b_i$为在点$\boldsymbol{x}^{(k)}$处的一个非有效的约束条件。

q表示F_k中的元素个数，$\boldsymbol{A}_q \in \mathbf{R}^{n \times q}$是由$a_i (i \in F_k)$按顺序构成的矩阵，$\boldsymbol{A}_q$为满秩矩阵。计算$U_q$和$S_q$：

$$\boldsymbol{A}_q^{\mathrm{T}}(S_q U_q) = (G_q O)$$

式中：G_q是一非奇异的下三角矩阵。

有效集算法（active-set）的步骤：

① 取在约束范围内初始值点 $\boldsymbol{x}^{(1)}$，其置 $k = 1$。

② F_k 为 $\boldsymbol{x}^{(k)}$ 点处的约束有效集。若 $F_k = \varnothing$，则取 $p^{(k)} = -\nabla f\left(\boldsymbol{x}^{(k)}\right)$，当 $p^{(k)} \neq 0$ 时，转④，当 $p^{(k)} = 0$ 时，停止计算；否则，由有效约束的系数向量 $\boldsymbol{a}_i\left(i \in F_k\right)$ 按顺序构成矩阵 $\boldsymbol{A}_q$，求得相应于 $\boldsymbol{A}_q$ 的矩阵 $\boldsymbol{U}_q$ 和 $\boldsymbol{S}_q$。

③ 令 $p^{(k)} = -\boldsymbol{U}_q\boldsymbol{U}_q^{\mathrm{T}}\nabla f\left(\boldsymbol{x}^{(k)}\right)$。若 $p^{(k)} = 0$，则转⑤；否则，转④。

④ 一维搜索，求 a_k。令 $\boldsymbol{x}^{(k+1)} = \boldsymbol{x}^{(k)} + a_k p^{(k)}$，转⑥。

⑤ 解方程组 $\boldsymbol{S}_q^{\mathrm{T}}\boldsymbol{A}_q\lambda = \boldsymbol{S}_q^{\mathrm{T}}\nabla f\left(\boldsymbol{x}^{(k)}\right)$，求出 λ。若 $\lambda \geqslant 0$，则 $\boldsymbol{x}^{(k)}$ 为 $K\text{-}T$ 点，停止计算；否则，求 $\lambda_t = \min\left\{\lambda_i \mid i \in F_k\right\} < 0$，从 $\boldsymbol{A}_q$ 中去掉对应于 λ_t 的向量 $\boldsymbol{a}_t$，得到矩阵 $\boldsymbol{A}_{q-1}$，再求得相应于 $\boldsymbol{A}_{q-1}$ 的矩阵 $\boldsymbol{U}_{q-1}$ 和 $\boldsymbol{S}_{q-1}$。令 $p^{(k)} = -\boldsymbol{U}_{q-1}\boldsymbol{U}_{q-1}^{\mathrm{T}}\nabla f\left(\boldsymbol{x}^{(k)}\right)$，转④。

⑥ 置 $k = k + 1$，转②。

（3）有效集法（active-set）程序代码

```
options = optimset('Algorithm', 'active-set');

[x_active_set, fval_active_set, −, output] = fmincon(@cost_function, x₀, [],
[], [], [], lb, ub, @nonlinear_constraints, options)
```

3.5　瓦斯抽采参数优化

通过优化模型优化了煤炭回采量，回采时间，预抽、边采边抽、采空区抽采瓦斯量及各阶段抽采时间，如何使煤与瓦斯共采协同优化理论更好地指导煤与瓦斯共采方法的选取或参数的确定，如何衔接多工序之间时间、空间上的合理分配，建立时、空协同的瓦斯抽采布置方案，有必要进一步研究。因此，结合优化求解的预抽时间和预抽瓦斯量，进行抽采钻孔间距优化的模拟研究。

3.5.1　优化抽采参数的选取

根据煤层瓦斯流动理论，煤层内的瓦斯流动状态是非稳定的，钻孔抽采的瓦斯量和瓦斯流量随着流动时间的增加呈逐渐衰减趋势，钻孔内瓦斯径向流动表达式：

$$q_0 = \frac{\lambda\left(P_0{}^2 - P_{r_0}{}^2\right)}{r_0 P_{std} \ln\dfrac{R}{r_0}} \tag{3.32}$$

$$q' = q_0 e^{-\alpha t} \tag{3.33}$$

$$q = 2\pi r_0 m q' = 2\pi r_0 m q_0 e^{-\alpha t} \tag{3.34}$$

$$Q = \int_0^t q \mathrm{d}t = \frac{2\pi m \lambda\left(P_0{}^2 - P_{r_0}^2\right)}{\alpha P_{std} \ln\dfrac{R}{r_0}}\left(1 - e^{-\alpha t}\right) \tag{3.35}$$

式中：q_0——钻孔瓦斯涌出强度，m^3/d；

$\quad\quad\lambda$——煤透气性系数，$m^2/MPa^2 \cdot d^{-1}$；

$\quad\quad P_0$——煤层初始瓦斯压力，MPa；

$\quad\quad P_{r_0}$——钻孔内瓦斯压力，MPa；

$\quad\quad P_{std}$——大气压力，0.1 MPa；

$\quad\quad R$——钻孔抽采半径，即煤层钻孔周围瓦斯压力下降的影响半径，m；

$\quad\quad r_0$——钻孔半径，m；

$\quad\quad m$——煤层可采厚度，m；

$\quad\quad Q$——钻孔瓦斯抽采总量，m^3；

$\quad\quad\alpha$——钻孔瓦斯流动衰减系数，d^{-1}；

$\quad\quad t$——钻孔抽采时间，d。

由式（3.32）~式（3.35）可知，当煤层赋存条件一定，钻孔瓦斯抽采量与抽采时间、抽采负压、抽采半径、钻孔半径成正比，与瓦斯流量衰减系数成反比。当其他因素不变时，增加钻孔半径，即使将孔径提高到10倍，瓦斯流量也仅增加2倍，可见增大孔径对瓦斯抽采效果的提高作用不明显。对于抽采负压，抽采瓦斯量与 $P_0^2 - P_{r0}^2$ 成正比关系，抽采前抽采孔内与大气连通瓦斯压力为大气压 0.1 MPa，抽采发生后，孔内压力最多为真空状态，提高负压并不能很好地增强预抽效果。

现场实践表明，抽采瓦斯钻孔间距是影响煤层瓦斯抽采效果的主要参数之一，对抽采效果起到至关重要的作用。钻孔抽采半径受钻孔间距影响，同时还随着抽采时间的增加而增大，当达到极限抽采半径时，不再随时间增加。

确定合理钻孔间距，增大布孔密度，能够更好地增强瓦斯抽采效果。但钻孔抽采的范围是有限的，若在煤层内减小钻孔间距、增加钻孔密度，会使产量增加，同时也增加了生产成本，加大了工作难度。在确定最优钻孔间距时，主要依据抽采半径。如图 3.2 所示，其中图（a）因为钻孔间距过大，造成有效抽采半径比较小，压力扩展范围小，部分煤层内瓦斯难以抽出；图（b）钻孔间距又过小，有效抽采半径叠加，压力扩展不到远处，不适合长时间抽采；图（c）两钻孔抽采半径相交，最大限度沟通周围煤体，压力扩展范围最大，是最优抽采间距。不同煤层条件钻孔抽采半径不同，因此，需要对不同赋存条件煤层瓦斯抽采的钻孔间距进行研究，以确定合理间距。

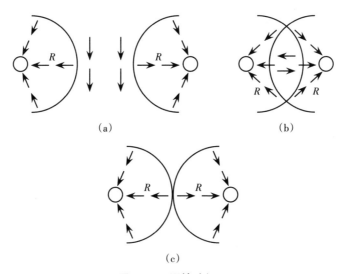

（a）　　　　　　　　（b）

（c）

图 3.2　不同钻孔间距

根据抽采后瓦斯压力下降 10% 这一指标来确定瓦斯钻孔抽采的影响半径，而根据瓦斯压力下降 51% 以上确定有效抽采半径。对于突出煤层，要求预抽后瓦斯压力降至 0.74 MPa 再进行回采，因此，对于突出煤层应该将 0.74 MPa 作为预抽钻孔的"有效抽采半径"的判定标准。

钻孔间距具有时间效应，抽采钻孔不间断地抽采煤层内的瓦斯，随着抽采时间增加，钻孔周围煤层瓦斯压力会随之逐渐降低，在钻孔抽采负压作用下形成的压降范围会随之逐渐增大。前人研究钻孔间距对瓦斯抽采影响规律时很少结合抽采时间的作用，研究中多数进行不同抽采时间下抽采范围的理论研究或者现场测试，但实际预抽时间有限，不同钻孔间距在有限时间内是否能达到预抽预期效果，钻孔间距究竟为多少才能满足煤层瓦斯抽采要求，目前还不清楚。因此，如何根据一定时间内钻孔抽采有效影响面积确定在煤层内钻孔最优间距与钻孔密度，达到钻孔抽采最大能力，是一个急需解决的问题。

3.5.2 瓦斯抽采数学模型

结合优化求解结果，建立煤层内瓦斯抽采数学模型，进行瓦斯抽采钻孔参数模拟优化研究。

（1）建模时基本假设

在研究分析瓦斯在煤体内储、运机理的基础上，做出如下假设：

① 煤是由基质孔隙和裂隙组成的双重孔隙介质；

② 固体骨架和孔隙可压缩；

③ 不考虑温度变化对流体流动时的影响；

④ 煤储层中的流体流动形态为层流，利用达西渗流定律描述；煤层中瓦斯气体的扩散规律服从 Fick 第一定律，用朗格缪尔等温吸附方程来描述。

（2）数学模型的建立

气体渗流过程中的质量守恒方程：

$$\nabla \cdot (s\varphi\rho\boldsymbol{V}) + \frac{\partial(\rho\varphi s)}{\partial t} + q = q_{\mathrm{m}} \tag{3.36}$$

将达西定律和扩散方程带入质量守恒方程（3.36）中，得到：

$$\nabla \cdot \left[\frac{\rho k}{\mu}(\nabla p - \rho g \nabla H)\right] + \frac{V_{\mathrm{m}}}{\tau}\left(C_{\mathrm{m}} - \frac{V_{\mathrm{L}}p}{p_{\mathrm{L}} + p}\right) - q = \left[\frac{\partial(\phi\rho s)}{\partial t}\right] \tag{3.37}$$

随着煤层中瓦斯的排采，煤层压力的改变引起煤层基质收缩，孔隙度和渗透率动态变化，用 Palmer-Mansoori 模型来表达，考虑了气体吸附/解吸引起的煤体基质孔隙变形和孔隙压力的相互耦合作用：

$$\frac{\phi}{\phi_0} = 1 + \frac{C_{\mathrm{m}}}{\phi_0}\left(P - P_0\right) + \frac{\varepsilon_{\mathrm{L}}}{\phi_0}\left(\frac{K'}{M} - 1\right)\left(\frac{\beta P}{1 + \beta P} - \frac{\beta P_0}{1 + \beta P_0}\right) \qquad (3.38)$$

$$C_{\mathrm{m}} = \frac{1}{M} - \left[\frac{K'}{M} + f - 1\right]\beta \quad \frac{k}{k_0} = \left(\frac{\phi}{\phi_0}\right)^i$$

式中：ϕ_0——为煤层初始孔隙度；

　　　ϕ——孔隙度；

　　　s——气的饱和度；

　　　q——源汇项，$\mathrm{m^3/(m^3 \cdot d)}$；

　　　k——气体渗透率，$10^{-3}\ \mu\mathrm{m}^2$；

　　　p——孔隙中气相压力，MPa；

　　　μ——孔隙中气相的黏度，$\mathrm{mPa \cdot s}$；

　　　V_{L}——朗格缪尔体积，$\mathrm{m^3/t}$；

　　　P_{L}——朗格缪尔压力，MPa；

　　　C_{m}——平衡吸附气体浓度；

　　　V_{m}——煤基质微孔隙中平均气体浓度；

　　　ε_{L}——朗格缪尔体积应变常数；

　　　f——0到1之间的参数；

　　　β——基质压缩系数，$\mathrm{MPa^{-1}}$；

　　　K'——体积弹性模量，MPa；

　　　M——轴向弹性模量，MPa。

（3）边界条件

瓦斯抽采数值模拟的边界条件包括外边界、内边界条件，外边界条件指煤层边界的特征及物理变量的状态；内边界条件指钻孔的状态。

① 外边界条件。

分为定压、定流量、封闭三种边界条件。

a.定压外边界：外边界上每点的压力分布是已知的，表示为

$$P\big|_{\Gamma_1} = f_1\left(x, y, z, t\right)$$

b.定流量外边界为：

$$V\big|_{\Gamma_2} = f_2'\left(x, y, z, t\right)$$

因为

$$V_n = \frac{k}{\mu}\frac{\partial P}{\partial n} \Rightarrow \frac{\partial P}{\partial n} = \frac{\mu}{K}f_2'(x,\ y,\ z,\ t)$$

得

$$\frac{\partial P}{\partial n}\bigg|_{\Gamma_2} = f_2(x,\ y,\ z,\ t)$$

c. 当外边界封闭时：

$$\frac{\partial P}{\partial n}\bigg|_{\Gamma_2} = 0$$

② 内边界条件。

a. 压力随生产时间动态变化，有：

$$P(r_w,\ t) = \varphi_1(t)$$

定压力内边界为：

$$P(r_w,\ t) = 常数$$

b. 产量随生产时间变化，有：

$$r\frac{\partial P(r,\ t)}{\partial r}\bigg|_{r_w} = \varphi_2(t)$$

定产量内边界为：

$$r\frac{\partial P(r,\ t)}{\partial r}\bigg|_{r_w} = 常数$$

（4）初始条件

初始时刻 $t = 0$ 时的压力、饱和度表示为

$$P(x,\ y,\ z,\ t)\Big|_{t=0} = P(x,\ y,\ z,\ t)$$

$$S(x,\ y,\ z,\ t)\Big|_{t=0} = S(x,\ y,\ z,\ t)$$

3.6　本章小结

构建以效益最大化，煤炭、瓦斯资源采收率最大化为优化目标，以煤炭采出量、瓦斯抽采量、共采时间为变量的优化模型，考虑开采成本、销售价格、安全因素和宏观政策等因素，建立优化目标函数。再根据煤与瓦斯共采中煤炭开采和瓦斯抽采、通风等相互促进和制约关系，满足安全规程和瓦斯抽采达标等规范要求，在保障开采和抽采瓦斯的安全值限度下，建立回采前预抽、边采边抽、采空区抽采三个阶段之间，煤炭子系统、瓦斯子系统之间，煤炭回采量和瓦斯抽采量及其回采时间、抽采时间之间的约束，共16个约束方程，并利用matlab求解煤与瓦斯共采优化模型。

优化可得到在安全开采下的回采参数和抽采参数的最优组合，获得煤炭开采、瓦斯抽采的最优状态下的合理利润，实现煤与瓦斯共采达到最优的协同状态，并编制matlab煤与瓦斯共采优化求解程序。结合优化的煤炭开采和瓦斯抽采量与时间的组合，建立抽采数学模型，进行煤与瓦斯共采中瓦斯抽采参数钻孔间距优化。

第4章 煤与瓦斯共采成本计算方法

　　本章主要研究煤与瓦斯共采技术优化模型所涉及的重要的辅助参数——煤炭和瓦斯的生产成本。煤与瓦斯共采实践粗具规模，严格遵守相关规范可以保证矿井安全生产，但是煤炭开采和瓦斯抽采作业远没有达到协调状态，高瓦斯工作面回采期间瓦斯涌出超限依然是制约回采效率的重要因素之一，工作面回采速度过快，煤层卸压不充分，瓦斯抽采效果差。煤与瓦斯共采技术优化模型的主要任务之一就是实现煤炭开采和瓦斯抽采在时间和空间上协调共采。通过优化煤与瓦斯控制参数，提高煤与瓦斯共采协调性。配置最优的预抽瓦斯量、预抽时间、煤炭开采量以及边采边抽瓦斯量等参数，根据优化参数设计煤炭开采和瓦斯抽采工艺参数，加强对煤与瓦斯共采实践的指导。目前，煤与瓦斯共采理论依然停留在定性分析层面。本书旨在通过优化煤与瓦斯共采控制参数，量化煤与瓦斯共采，在煤矿生产一线指导煤与瓦斯共采实践。

　　煤与瓦斯共采技术优化模型目标函数包括共采经济效益最大化和资源回收率最大化两部分，实现经济效益最大化就是在获得最大销售额的同时尽量降低成本。煤与瓦斯共采作业时间越长投入成本越高，生产资源利用和管理不合理也会导致成本增大。因此，目标函数中需要考虑煤炭和瓦斯的市场价值、生产成本、需要承担的税费以及其他不可预测事件产生的费用。

　　目前煤炭企业成本管理普遍采用传统会计成本法，管控成本的能力相对较弱，成本核算工作比较混乱，责任不明确，制造费用不能准确地配给相应的产品。为了给优化模型提供准确的煤炭和瓦斯各自的生产成本，将瓦斯抽采成本从煤炭生产成本中剥离出来，本章引入作业成本法分别核算煤炭和瓦斯的生产成本，建立煤与瓦斯共采成本预算体系，提高成本核算的准确性。

4.1　煤与瓦斯共采技术优化模型辅助参数确定方法 ——作业成本法

煤与瓦斯共采技术优化模型中考虑了经济效益最大化，需要核算煤炭开采和瓦斯抽采成本，因此将成本核算环节中涉及的成本数据作为煤与瓦斯共采技术优化模型的辅助参数。传统方法是使用会计成本法进行核算，鉴于传统方法的缺点结合作业成本法的优势，本章采用以作业成本法为基础的作业成本预算方法研究煤与瓦斯共采技术优化模型所需的辅助参数，为煤与瓦斯共采技术优化模型提供准确的吨煤生产成本和每立方米瓦斯的抽采成本。

辅助参数主要来源于生产工序、资源消耗以及产生的费用三个方面。煤与瓦斯共采主要包括掘进、采煤、运输、巷修、排水、瓦斯抽采、管路敷设、通风防火、机电、地面运输和原煤洗选等工序，完成上述工序主要消耗材料费、薪酬、福利、设备购置费、租赁费、折旧费、修理费、电费、办公费和管理费等。采煤工序消耗费用的直接原因是采煤吨数；掘进工序消耗费用的直接原因是巷道进尺；井下和地面运输工序消耗费用的直接原因是公里数；瓦斯抽采工序消耗费用的直接原因是钻孔进尺数；机电工序消耗费用的直接原因是用电量；原煤洗选工序消耗费用的直接原因是洗选煤吨数；通风防火工序消耗费用的直接原因是巷道长度；排水工序消耗费用的直接原因是排水量；巷修工序消耗费用的直接原因是巷道修理长度；管线敷设工序消耗费用的直接原因是安装米数。材料费产生的直接原因是材料消耗量；职工薪酬和福利产生的直接原因是工作工时；设备购置费产生的直接原因是购置设备的数量；设备租赁费和折旧费产生的直接原因是机器工时；修理费产生的直接原因是修理工时或次数；电费产生的直接原因是使用度数；办公费产生的直接原因是部门人数。

4.1.1　作业成本法的基本含义

作业成本法的核心是作业，成本预算的方向与资源流动方向一致。这种成本核算方法的核心思想是寻找成本发生的原因，然后对产品消耗的资源进行合理的分配。作业成本法主要修正了间接成本，而直接成本的核算方式没有改变。

作业成本法将成本核算的基本单元追溯到作业，建立资源、产品和作业之间的联系。产品成本一般包括直接成本和间接成本，作业成本法以同样的标准计算这两种成本，不仅扩大了成本范围，而且能够保证成本数据的准确性。作业成本法的基础是作业，作业成本的累加就能得到产品的成本。

作业成本法中作业是连接资源和产品的桥梁，所以只有准确无误地分析与产品相关的作业，才能真实地反映产品的准确成本。

4.1.2　作业成本法的基本要素

利用作业成本法计算产品成本的第一步是统计作业消耗的资源总量，然后确定相应的资源动因和作业动因，将资源消耗归集到作业成本库再分配给相应的产品。作业成本法最关键的四个要素是资源、作业、成本对象和成本动因，其中成本动因是成本发生变化的直接原因。

（1）资源

在作业成本法中资源是成本和费用的源泉，它包含了所有的价值载体。资源一般包括材料、薪酬、福利、设备购置费、租赁费、折旧费、修理费、运输费、电费、办公费和管理费等。有些资源的消耗只和一种作业相关，可以直接估计到该项作业，假如多项作业共同使用一种资源，利用资源动因将其分配到相应的作业中去。

（2）作业

作业是指实现一个大目标需要完成的许许多多项小任务，每一项小任务都需要消耗一定的资源，它是产品和资源连接的纽带。Homgren 等认为作业具有以下三个特性：① 作业的本质是交易，它是"投入–产出"的因果关联；② 作业贯穿于产品生产的整个过程；③ 作业是产品成本可分解的基础[345]。

专家学者们从不同的角度对作业进行了分类。库珀及卡普兰从服务的层次和范围这个角度将作业分为支持作业、批别作业、单位作业和产品别作业等四类[346]。基于上述作业分类，彼得·B.特尼提出了为特定顾客服务的顾客作业。针对中小型公司，特尼教授将作业分成本目标作业和维持性作业两类。成本目标作业是指直接让产品或顾客受益的作业，这与支持作业、批别作业和单位作业类似；维持性作业是指辅助完成成本目标而产生的作业。此外，许多专家对作业的种类从不同的角度进行了划分。

（3）成本对象

成本对象是成本归集的终点，资源消耗的最终成果。企业根据实际情况可以将某种服务作为成本对象，也可以把某一顾客作为成本对象。比较典型的成本对象包括服务、顾客、产品和销售区域等。

（4）成本动因

成本动因可以理解为成本发生的直接原因，它是成本目标与关联作业的因果关系，可以反映出作业消耗的成本，成本动因主要包括资源动因和作业动因。

4.1.3　作业成本法在煤炭企业中应用的必要性和可行性

（1）必要性分析

① 目前煤炭市场的竞争异常激烈，煤炭企业面临的挑战越来越多，煤炭行业经历了大约十年的黄金时代，之后跌入低谷。供需失衡是煤炭企业进入铁锈时代的罪魁祸首，煤炭企业产品的销售行业主要是电厂、钢铁厂、水泥厂、化工厂和生活用煤等。随着我国经济发展降速、政府对房地产行业的宏观调控、钢铁厂产能过剩以及天然气等新能源大力发展，造成煤炭需求量减少，产能过剩现象严重。市场价格下跌，生产成本增加，利润减少，许多矿井被迫关停，煤炭企业已经到了举步维艰的地步。

针对目前的形势许多专家提出了产品差异化战略和低成本战略，然而煤炭企业具有其特殊性，矿井的地质概况和煤层的赋存条件对生产成本有一定的限制。因此产品差异化战略不能发挥其优势，而低成本战略具有一定的发挥空间。传统成本法核算时资源和产品直接联系，造成成本数据失真和间接费用分配不合理等问题，无法为管理者的决策提供有力的支持。目前煤炭企业降低成本的方法比较粗放，直接裁员、降低工资，甚至减少安全费用的投入，忽略了本质问题。

因此有必要引入先进的成本核算方法加强成本的管控能力，保证煤炭企业的可持续发展，提高其在市场竞争中的生存能力。

② 作业成本法的优越性。

鉴于目前煤炭企业成本核算存在的不足，作业成本法的优越性更好地体现出来，作业成本法的核算结果准确性和成本控制有效性为提高煤炭企业的市场竞争力提供强有力的支持。作业成本法主要有以下几个优点：

a. 成本核算结果准确性高。作业成本法基于产品的生产流程给出每一项资源的资源动因以及每一项作业的作业动因，最终依据成本动因将资源耗费总额准确地归集到相应的产品中。成本核算范围广，成本对象与每一项作业关联，成本核算过程保持透明，核算过程中的每一步都有科学依据，充分保证了成本核算的准确度。

b. 成本控制力度大。成本控制的基础由产品变为作业，利用因果关系追溯成本发生的本源，这对与掌握成本发生的源头，了解资源消耗的具体情况，探索降低生产成本的方法意义重大。

c. 实现企业的业绩评价。该方法不仅能够获得准确的基础数据，而且详细提供了每一项作业的资源消耗情况，将成本控制工作落实到具体的负责人。基于这些数据企业可以建立绩效考核体系。

d. 成本管理效率高。对于煤炭企业来说，降低成本是帮助企业走出困境的方法之一，因此成本数据的准确性显得尤为重要。应用作业成本法可以辨识没有增值性的作业，从而帮助管理者做出合理的决策。另外作业成本法无处不在，牢牢地把控着整个生产经营过程。

（2）可行性分析

基于作业成本法的实际应用效果总结得到，作业成本法适用于具有机械自动化程度高、间接费用比重大、产品种类多、成本信息精确度要求高等特点的企业。从以上条件来看，煤炭企业基本符合作业成本法的使用条件，具体情况分析如下：

① 煤炭企业机械化水平越来越高。随着我国经济和相关技术的快速发展，煤炭企业引入大量的机械设备完成特定的作业，设备的购置费用、折旧费、修理费等间接费用所占比重逐渐增大。

② 煤炭产品多样化。井下直接生产出来的产品主要有原煤和瓦斯，原煤运抵地面后经过洗选加工得到精煤、筛选煤、喷吹煤和煤泥等产品。不同的产品所消耗的资源种类和数量不同，所以计算产品成本时存在资源成本的分配问题。

③ 煤炭企业信息化程度不断提高。随着计算机技术的不断发展，煤炭企业实现了井下实时信息监控，生产办公信息化，为作业成本法的应用提供了便利条件。

综上所述，无论是本身的特点和使用条件，还是煤炭企业现状都已经满足了作业成本法的实施要求[347]。

4.2　煤与瓦斯共采技术优化模型辅助参数确定方法
——作业成本预算

4.2.1　作业成本预算的基本原理

作业成本预算是以企业的长远发展规划和产品的需求量为依据，在资源消耗理念的基础上，以产品的生产流程为基础，以作业为核心，利用作业动因来衡量产品消耗作业的比率，揭示驱动成本动态变化的根本原因，最终得到单位产品的作业消耗量，再根据资源动因确定作业的资源消耗比率，给出单位作业消耗的资源数量。

作业成本预算的核心与作业成本法一致，把成本控制的小单元从管理部门下放到具体的生产作业中。详细的作业动因和资源动因分析，可以实现预算环节的单独循环，在预算平衡的基础上再调整财务结果。在这种预算方法下，所有的成本项目都划分为一个个作业单元，提高了成本预算的合理性和准确性。

在全面分析资源和作业增值效果的基础上，对资源进行合理的配置，发挥其最大的潜能，制造出更多的产品。为执行和控制企业战略提供了科学依据。

4.2.2　作业成本预算的先进性分析

作业成本预算的基础是作业分析，优势在于引入"多成本动因"，体现的是成本与资源耗费的因果关系，并不是粗略地建立成本与产量之间的联系。它将企业的生产经营活动划分为活干个作业环节，各项业务的预算成本数据的数量及其质量更加真实可信，提高了成本预算的准确性。

将战略思想应用于企业管理中，目的在于提高企业的竞争力，也就是说成本预算不仅要降低成本，而且要保持企业的市场竞争优势。作业成本预算使得成本预算和战略发展规划之间的联系得到加强，它将作业成本法的思想引入到企业成本预算中。通过分析产品的生产流程并将其划分为若干个作业环节，从而消除不增值作业，提高资源的利用率，使得战略规划的思想深入每一名员工。

通过分析市场和企业在预算期内实际情况，确定产品的产量，进而给出作业量和资源耗费量。这种方法对生产环节的改进以及成本的管控具有一定的指导意义。

4.2.3 作业成本预算在煤炭企业中应用的可行性分析

一般而言，作业基础预算适用于产品种类多且机械自动化程度高的企业。传统煤炭企业产品比较单一，自动化程度也不高，对于传统的低瓦斯矿井来说作业成本预算法并不能发挥其优势，而高瓦斯矿井需要抽采瓦斯，因此井下生产出来的产品除了原煤还有瓦斯，制造费用需要在两种产品之间进行分配。作业成本预算除了适用于制造费用的分配外，还可以优化和改进产品的作业链和价值链。

①煤炭企业的生产过程比较复杂，整个生产过程包括地面和井下两个部分。地面生产作业主要有地面运输和原煤洗选，井下生产作业根据生产流程可以具体划分为掘进、采煤、运输、巷修、排水、瓦斯抽采、管路敷设、通风防火、机电等作业。每一项作业还可以细分为多个环节，如掘进作业包含以下环节：机组割煤、运煤、打锚杆、铺金属网、清浮煤等。每一个环节都要消耗一定种类和数量的资源。因此，可以利用作业成本预算的思想，根据生产流程划分作业中心，按照作业去计算资源的实际消耗量，确认和计量作业成本，再把作业成本归集到产品。

②煤炭企业基本具备作业成本预算法的应用条件。应用作业成本预算法的两个基本前提是实现生产自动化和引入作业思想。从目前的情况来看，煤炭企业经过改革开放以来的发展，机械自动化水平得到了很大的提高，不仅积极引入国外的先进设备，而且国内已具备了大型机械设备的生产能力，比如神华集团这样的大型矿业集团已率先实现了自动化开采。与此同时，作业成本法等先进的成本管理方法也逐渐走入人们的视野，越来越多的煤炭企业管理者逐渐接受了这类方法，作业成本法已经在许多矿区的财务分析与管理方面得以应用。

随着经济发展速度的放缓、外来低廉产品的涌入、新能源的逐渐发展，煤炭企业之间的竞争愈演愈烈，比如我国在南中国海进行的可燃冰开采试验以及核能的利用对传统的煤炭企业造成了一定的压力。煤炭企业除了需要利用科学的方法改进生产工艺、提高生产效率以外，还需要在成本管理方面有所突破，提高成本的管控能力，尽可能降低生产成本，增强企业自身的市场竞争能力。作业成本预算法可以消除不增值作业，减少生产资源的耗费，为企业在市场竞争中立于不败之地提供支持。

作业成本预算法的实施对煤炭企业财务人员的素质要求比较高，从业人员必须基于作业成本法的思想掌握作业成本预算的精髓。作业成本预算法的优势明显，缺点也比较突出，成本核算单元较小、成本核算范围广、成本核算工作量大、实际操作困难以及主观因素影响显著等都会对预算结果产生较大的影响。综合以上分析可知，随着煤炭企业机械自动化程度的不断提高，产品种类的多样化，可以把作业成本预算法引入其成本的预算和管理中来。

4.3　基于作业成本法的煤与瓦斯共采技术优化模型辅助参数研究

4.3.1　生产资源耗费的归集

产品生产过程中适用的最基础的原料是资源，所以资源也成为了考察生产成本的起点。煤炭和瓦斯生产作业中主要消耗以下资源[348]：

① 人工费：指生产经营过程中产生的工资、福利费、工会经费、职工教育经费及其他。

② 材料费：主要包括木材、支护用品、火工品、大型材料、专用工具、机械配件、劳保用品、建工材料、油脂及乳化液等材料。

③ 电费：指产品生产所耗用的电费。

④ 折旧费：指产品生产过程中所用到的各类固定资产计提的折旧费。

⑤ 修理费：指维修固定资产所发生的费用。

⑥ 专项费用：主要指可持续发展基金、地面塌陷赔偿费、矿产资源补偿费、安全费、维简费以及水资源补偿费等。

⑦ 其他支出：主要指运输费、办公费、差旅费和劳保费等。

4.3.2　作业流程分析及作业中心划分

（1）煤与瓦斯共采作业原理

利用作业成本法的基本原理分析煤与瓦斯生产过程，为共采作业中心的划分提供依据，煤与瓦斯共采基本作业如图4.1所示。

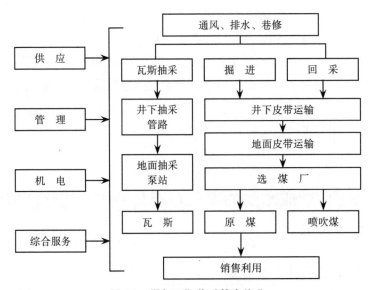

图4.1　煤与瓦斯共采基本作业

（2）煤与瓦斯共采作业中心的划分

狭义上的煤与瓦斯共采是指井下进行煤炭和瓦斯的协调开采，广义上的煤与瓦斯共采不仅是生产作业还包括矿山环境保护、原煤和瓦斯的再加工以及地面运输等。因此，洗选加工、地面运输、采购、供应、销售和管理等各个环节均为煤与瓦斯共采的一部分。煤与瓦斯共采作业可以划分为生产作业中心和非生产作业中心两个一级作业中心，每一个一级作业中心还可以继续细分为多个二级作业中心，具体划分如图4.2所示。

①掘进作业中心：巷道掘进作业，具体包括破煤、运输、巷修、清理工作面、巷道支护等作业。

②采煤作业中心：落煤、装煤、运煤、支护和采空区处理等是煤炭开采的基本作业环节。

③井下运输作业中心：井下原煤和材料的直接相互传输的作业，主要有胶带输送机运输作业、矿车轨道运输作业、绞车作业等。

④ 巷修作业中心：井下巷道的维修，主要包括补打锚杆、拉底、日常维护，以及住户设备修理等作业。

⑤ 排水作业中心：负责排出井下涌水，具体包括水仓挖掘、安装排水设备、水泵维修和排水管检修等作业。

⑥ 管线敷设作业中心：瓦斯抽采管路系统的安装与调试作业，主要包括安装瓦斯抽采管路、安装放水器等作业。

⑦ 瓦斯抽采作业中心：主要包括瓦斯巷道的掘进、瓦斯抽采系统的建立以及瓦斯抽采钻孔施工。

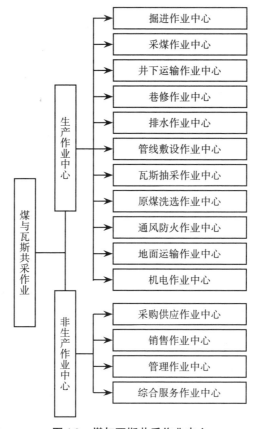

图4.2　煤与瓦斯共采作业中心

⑧ 原煤洗选作业中心：主要指通过科学方法对原煤进行处理，获得各种各样的煤炭产品。

⑨ 通风防火作业中心：主要包括井下一通三防测定、综合防尘、通风、防火、防瓦斯以及通防设备的日常维护等作业。

⑩ 地面运输作业中心：主要指产品在矿区地面的运输作业。

⑪ 机电作业中心：主要指供电系统的设计、安装以及维护等作业。

⑫ 采购供应作业中心：主要指根据实际生产情况，及时补充各项资源，保证持续生产能力。

⑬ 销售作业中心：主要负责联系采购商，实时掌握煤炭和瓦斯的市场价值，确定合理的销售计划，为生产规划决策提供参考。

⑭ 管理作业中心：主要指统筹各项事务，促进各个部门的协同合作，提高办事效率。

⑮ 综合服务作业中心：主要是指企业为广大员工提供的洗浴、餐饮、制服以及矿灯等服务项目。

煤炭开采和瓦斯抽采的主要产品是原煤、精煤和瓦斯。为原煤一种产品服务的主要包括掘进、采煤、井下运输、巷修和排水等作业中心；为瓦斯一种产品服务的主要包括管线敷设和瓦斯抽采作业中心；只为精煤一种产品服务的是原煤洗选作业中心；为原煤和瓦斯两种产品服务的是通风防火作业中心；为原煤、精煤和瓦斯三种产品服务的主要包括机电、地面运输、销售、采购供应、综合服务和管理作业中心。按照产品类别进行的共采生产作业中心划分如图4.3所示。

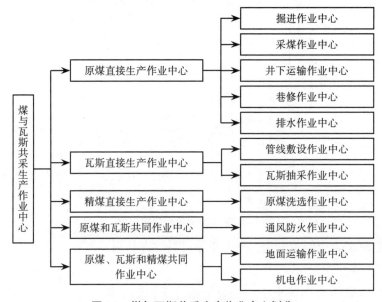

图4.3　煤与瓦斯共采生产作业中心划分

4.3.3　确认资源动因和作业动因

作业消耗资源存在一个衡量标准，每一项作业都会消耗一定种类和数量的资源，为了定量描述资源的消耗量，赋予每一种资源一个计量标准——资源动因。产品和作业之间存在一种因果关系，作业动因即产品消耗作业的原因，所以成本预算的关键在于成本动因。如果能够为作业提供准确的资源动因，为产品提供准确的成本动因，就能确保成本预算的准确性，提高企业的综合竞争力。不同的资源、作业、相应的资源动因和作业动因如表4.1所示。

表 4.1　资源动因和成本动因

资源	资源动因	作业中心	作业动因
人工费、材料费、折旧费、修理费、电费	工时、材料耗量、机器工时、修理工时或次数、使用度数	采煤作业中心	采煤吨数
		掘进作业中心	巷道进尺
		井下运输作业中心	公里数
		瓦斯抽采作业中心	钻孔进尺数
		地面运输作业中心	公里数
		机电作业中心	用电量
人工费、折旧费、电费、修理费	工时、机器工时、使用度数、修理工时或次数	原煤洗选作业中心	洗选煤吨数
		通风防火作业中心	巷道长度
		排水作业中心	排水量
人工费、材料费	工时、材料耗量	巷修作业中心	米/立方米
人工费、材料费、电费、折旧费	工时、材料耗量、机器工时、修理工时或次数、使用度数	管线敷设作业中心	安装米数
折旧费、人工费、电费	工时、机器工时、使用度数	采购供应作业中心	——
人工费、差旅费、办公费	工时、部门人数	销售作业中心	——
人工费、折旧费、电费、办公费	工时、机器工时、使用度数	综合服务作业中心 综合管理作业中心	——

4.3.4 作业成本库的确定和成本的归集

（1）作业成本库的确定

通过分析煤炭开采和瓦斯抽采的流程划分了作业中心，下一步需要为每个作业中心建立相应的成本库，把资源耗费归集到作业。以漳村煤矿2601工作面为例，将每一项作业产生的费用归集到成本库[349]。

① 掘进成本库。

该成本库是指巷道和硐室开拓产生的费用，主要包括修理费、电费、租赁费、材料费、折旧费、人员工资福利等。

② 采煤成本库。

采煤成本库主要是指煤炭生产消耗的费用，主要有机械装备的租赁费、折旧费、修理费、电费、材料费、人员工资福利等。

③ 井下运输成本库。

该成本库主要是指井下运输系统建立、运行以及维护产生的费用，主要包括井下煤仓存储费、电费、胶带磨损费、修理费、折旧费、人工费等。

④ 巷修成本库。

该成本库主要归集井下巷道维修费用，具体包括材料费、维修设备的折旧费、动力费用以及相关人员的工资福利等。

⑤ 排水成本库。

排水成本库是指排水作业消耗的费用，主要包括设备折旧费、电费、维修费、人工费和材料费等。

⑥ 管线敷设成本库。

管线敷设成本库是指建设瓦斯抽采和监测系统发生的费用，主要包含材料费、人员工资福利费、维修费、折旧费等。

⑦ 瓦斯抽采成本库。

瓦斯抽采成本库是指瓦斯抽采工程产生的费用，主要包括材料费、设备购置费、修理费、折旧费、电费、人工费以及其他费用。

⑧ 洗选加工成本库。

洗选加工成本库是指选煤厂原煤在加工中产生的费用，主要包括洗选设备购置费、维修费、折旧费、动力费用、人工费以及材料费等。

⑨ 通风防火成本库。

该成本库是指生产过程中通风防火作业消耗的费用，主要包括材料费用、设备维修费、折旧费、动力费用以及人工费等。

⑩ 地面运输成本库。

地面运输成本库是指井下生产出来的煤炭和瓦斯运送至工业广场指定地点产生的费用，主要包括材料费、设备购置费、租赁费、折旧费、修理费、电费以及人工费等。

⑪ 机电成本库。

机电成本库是指为生产活动提供动力消耗的费用，具体包括设备购置费、折旧费、维修费、材料费、动力费用以及人工费等。

⑫ 采购供应成本库。

该成本库是指生产资源供应环节产生的费用，具体包含设备的维修费和折旧费、材料仓储费、装卸费、电费以及人工费等。

⑬ 销售成本库。

该成本库是指销售产品过程中产生的费用，具体包括材料费、差旅费、运输费、广告费、设备维修费以及人工费等。

⑭ 管理成本库。

管理成本库是指管理部门日常开销产生的费用，具体包括办公费用、材料费以及管理人员的工资福利等。

⑮ 综合服务成本库。

该成本库是指其他辅助服务工作产生的费用，主要包括电费、水费、食堂餐饮费、设备购置费、维护费以及人工费等。

（2）资源成本分配

①计算资源成本分配率。

作业消耗的间接费用难以准确分离，需要根据资源成本分配率计算，具体计算方法是用资源成本除以该资源动因总量。计算公式如下：

$$R_0 = D / \sum_{i=1}^{n} N_i \tag{4.1}$$

式中：N_i——资源动因量；

D——共同消耗的资源；

R_0——资源成本分配率。

② 分配资源成本。

根据资源成本分配率和共同消耗的资源费用可以获得各项作业产生的制造费等于资源成本分配率和资源动因数的乘积。计算公式如下：

$$C_{0i} = R_0 \times N_i \tag{4.2}$$

式中：C_{0i}——作业 i 分摊的资源成本。

4.3.5　产品成本预算

（1）计算作业成本分配率

间接费用分配的基础是作业成本分配率，它是成本库的费用总额和成本动因总量的比值，计算公式如下：

$$R_1 = C / \sum_{i=1}^{n} M_i \tag{4.3}$$

式中：M_i——作业动因量；

C——共同成本库费用；

R_1——作业成本分配率。

（2）分配作业成本

产品所承担的间接费用等于作业成本分配率乘以作业动因数。计算公式如下：

$$C_{1i} = R_1 \times M_i \tag{4.4}$$

式中：C_{1i}——产品所分摊的作业成本。

4.4　本章小结

通过分析作业成本预算的优越性、可行性以及煤炭成本核算存在的问题，提出基于作业成本法的煤炭和瓦斯生产成本预算新方法，将瓦斯抽采成本从煤炭生产成本中剥离出来，为共采技术优化模型提供准确的煤炭和瓦斯生产成本信息。

① 分析作业成本预算法的优越性及其在煤炭企业的实用性。作业成本预算的基础是作业分析，优势在于引入"多成本动因"，体现的是成本与

资源耗费的因果关系。它将企业的生产经营活动划分为若干个作业环节，保证了成本数据的数量和质量，提高了成本预算的准确性。

②建立基于作业成本法的成本预算模型。通过分析漳村煤矿煤与瓦斯共采的井下作业流程，将煤与瓦斯共采生产作业划分为5个二级作业中心：原煤直接作业中心，瓦斯直接作业中心，精煤直接作业中心，原煤和瓦斯共同作业中心，原煤、瓦斯和精煤共同作业中心。基于相似工作面的煤与瓦斯共采成本资源耗费，分离煤炭和瓦斯生产成本中的制造费用，改进提出煤与瓦斯共采产品成本预算方法。

第5章　近距离煤层群煤与瓦斯共采优化

以沙曲矿工作面为应用工程背景。该工作面是典型的高瓦斯、低透气性的近距离煤层群，主采煤层具有突出危险性，开采前必须要进行保护层开采对主采煤层卸压，并抽采卸压瓦斯。

5.1　典型工作面煤与瓦斯共采协同优化

由煤与瓦斯共采中煤炭开采和瓦斯抽采、通风等相互促进和制约关系，以涌出瓦斯量、瓦斯含量作为主要的安全约束目标，用理论计算量化了以往根据经验值得到的共采参数，求解得到回采量、抽采量、通风量、回采速度、共采时间等共采参数，完成在保障瓦斯涌出在安全限度以下的回采速度、回采量和抽采量、通风、风速等的设计，实现回采参数和抽采参数的最优组合，使煤与瓦斯共采系统达到最优的协同状态。

5.1.1　优化所需的基础参数

24207工作面为北二采区第7个沿煤层倾向布置的长壁式回采工作面。工作面3#、4#煤合并，煤层厚度在3.85～4.36 m之间，厚度平均值为4.17 m。3#煤层与4#煤层垂距为350 mm。24207工作面整体呈单斜构造，工作面地质条件相对简单，煤层走向倾角平均为4°。工作面煤炭储量如表5.1所示[150]。

表 5.1　24207 工作面煤炭储量

块段号	走向长 /m	倾向长 /m	面积 /m²	煤厚 /m	容重 /(t·m⁻³)	工业储量 /万吨	可采储量 /万吨	备注
A−1	1506	220	362400	4.17	1.36	205.5	191.14	
	1550	260						
A−2	66	260	15860	4.17	1.36	9		大巷保护煤柱
合计			363960			214.5	191.14	

瓦斯参数：沙曲矿为高瓦斯具有煤与瓦斯突出危险性的矿井。3# + 4# 煤距离 5# 煤层较近。根据预测瓦斯涌出量主要来自本煤层，此外还有来自邻近 5# 煤层及围岩中的瓦斯涌向回采工作面，增大了工作面的瓦斯浓度值。经煤炭科学研究总院抚顺分院鉴定，4# 煤层为具有煤与瓦斯突出危险性的煤层。根据分源法预计，回采期间工作面相对瓦斯涌出量预计为 18.10 m^3/t，本煤层瓦斯涌出占 65%，邻近层瓦斯涌出占 45%。

根据沙曲煤矿提供的瓦斯地质资料：

煤的容重 $\rho = 1.36$ t/m³；工作面倾向长度平均值 $L_q = 240$ m；工作面走向长度平均值 $L_z = 1528$ m。

原始瓦斯含量：4# 煤 10.89 m^3/t，3# 煤 12.55 m^3/t，2# 煤 10.65 m^3/t，5# 煤 12.08 m^3/t。

解吸瓦斯量：4# 煤 7.15 m^3/t，3# 煤 8.65 m^3/t，2# 煤 7.24 m^3/t，5# 煤 8.44 m^3/t。

残存瓦斯量：4# 煤 3.5 m^3/t，3# 煤 3.8 m^3/t，2# 煤 3.41 m^3/t，5# 煤 3.64 m^3/t。

相对瓦斯涌出量：18.10 m^3/t，其中本煤层 11.82 m^3/t，2# 煤 5.31 m^3/t，5# 煤 0.97 m^3/t。

煤层厚度：$H_{3+4} = 4.17$ m，$H_5 = 3.50$ m，$H_2 = 0.8$ m。

24207 工作面倾角平均为 4°，近水平。

采煤方法：工作面采用走向长壁综合机械化一次采全高全部垮落法，3#、4# 煤层合并开采。

通风方式：采用沿空留巷 "Y" 型通风方式，将回风瓦斯浓度控制在 0.8% 以下。

图 5.1 所示为 24207 工作面钻孔柱状图。

界	系	组	层厚/m	柱状	岩石名称	岩性描述
古生界	二叠系	山西组	7.3		中砂岩	灰白色中砂岩，厚装层，以石英为主，次为长石，均匀层理
			2.07		泥岩	黑色泥岩
			1.04		2#煤层	2号煤层，半亮型煤，粉末状
			1.75		碳质泥岩	黑色含碳泥岩，含植物化石碎片
			1.61		细砂岩	灰色细砂岩，中厚层状，以石英为主，次为长石，均匀层理
			4.50		中砂岩	灰白色中砂岩，厚装层，以石英为主，次为长石，均匀层理
			0.50		砂质泥岩	灰黑色泥岩，含植物碎片化石
			0.59		粉砂岩	深灰色粉砂岩，薄层状，脉状层理
			0.50		砂质泥岩	灰黑色泥岩，含植物碎片化石，上部有菱铁矿，局部含砂
			4.17 (4.00～4.36)		3#+4#煤	半光亮型，玻璃光泽，内生裂隙发育，4#煤硬度2夹石为碳质泥岩，结构：1.00（0.35）2.82
			1.1		中砂岩	灰色中砂岩，可见大量的白云母碎片，顶部渐粗
			2.5		粉砂岩	黑色粉砂岩，有植物碎片化石
			2		泥岩	黑色泥岩
			3.3		5#煤	半光亮型煤，玻璃光泽
			2.6		砂质泥岩	黑灰色砂质泥岩，可见大量植物根茎化石
			1.7		K3砂岩	褐灰色粗砂岩，泥质胶结
			Pls			

图5.1　24207工作面钻孔柱状图

5.1.2　工作面共采约束条件

卸压面积及邻近层煤炭储量计算：为充分考虑保护层开采对邻近煤层的卸压作用，邻近层储量取卸压后面积参与计算。

（1）计算卸压角

按照《保护层开采技术规范》，根据图5.2按查表法（表5.2）由倾斜角度计算倾斜方向卸压角。

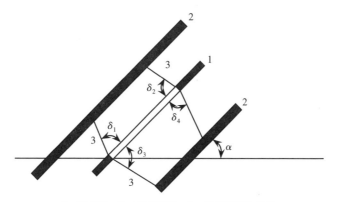

1—保护层；2—被保护层；3—保护范围边界线

图5.2　保护层工作面沿倾斜方向的保护范围

表5.2　保护层沿倾斜方向的卸压角

煤层倾角 α / (°)	卸压角 δ / (°)			
	δ_1	δ_2	δ_3	δ_4
0	80	80	75	75
10	77	83	75	75
20	73	87	75	75
30	69	90	77	70
40	65	90	80	70
50	70	90	80	70
60	72	90	80	70
70	72	90	80	72
80	73	90	78	75
90	75	80	75	80

（2）沿走向方向的保护范围

对停采线的保护层工作面，停采时间超过3个月且煤层充分卸压，如图5.3所示，根据该保护层工作面相关参数确定沿走向被保护层的卸压保护范围，其卸压角由$\delta_5 = 56° \sim 60°$划定。

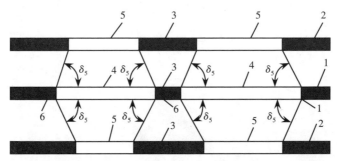

1—保护层；2—被保护层；3—煤柱；4—采空区；5—保护范围；6—始采线、停采线

图5.3 保护层工作面始采线、停采线和煤柱的影响范围

24207工作面倾角平均为4°，近水平，查表5.2，得到上、下邻近层倾斜方向卸压角为80°，80°，75°，75°；走向卸压角取56°。

$$卸压后倾向长度 = 回采层倾向长度 - 与上层间距 \times \left(\frac{1}{\tan\delta_1} + \frac{1}{\tan\delta_2} \right)$$

$$卸压后走向长度 = 回采层走向长度 - 与上或下层间距 \times \frac{2}{\tan\delta_5}$$

（上或下邻近层）

则

$$上邻近层卸压部分煤储量 = 卸压后倾向长度 \times 卸压后走向长度 =$$

$$\left\{ \left[回采层倾向长度 - 与上层间距 \times \left(\frac{1}{\tan\delta_1} + \frac{1}{\tan\delta_2} \right) \right] \times 邻近层煤厚 \times 密度 \right\} \times$$

$$\left(回采层走向长度 - 与上层间距 \times \frac{2}{\tan\delta_5} \right)$$

$$下邻近层卸压部分煤储量 = 卸压后倾向长度 \times 卸压后走向长度 =$$

$$\left\{ \left[回采层走向长度 - 与下层间距 \times \left(\frac{1}{\tan\delta_3} + \frac{1}{\tan\delta_4} \right) \right] \times 邻近层煤厚 \times 密度 \right\} \times$$

$$\left(回采层走向长度 - 与下层间距 \times \frac{2}{\tan\delta_5} \right)$$

3#+4#煤与上层2#煤间距为9.27 m，与下层5#煤间距为7.44 m。

$\tan\delta_1 = \tan\delta_2 = \tan80° = 5.6713$，倒数 $\dfrac{1}{\tan\delta_1} = \dfrac{1}{\tan\delta_2} = 0.1763$。

$\tan\delta_3 = \tan\delta_4 = \tan75° = 3.7321$，倒数 $\dfrac{1}{\tan\delta_3} = \dfrac{1}{\tan\delta_4} = 0.2679$。

$\tan\delta_5 = \tan56° = 1.4256$，倒数 $\dfrac{1}{\tan\delta_5} = 0.7015$。

考虑卸压作用的煤层储量计算：

2#煤储量

$$= 1.36 \times 0.8 \times \left(240 - H_{上} \times 2 \times \frac{1}{\tan80°}\right) \times \left(1528 - H_{上} \times 2 \times \frac{1}{\tan56°}\right)$$

$$= 1.36 \times 0.8 \times (240 - 10.5 \times 2 \times 0.1763) \times (1528 - 10.5 \times 2 \times 0.7015)$$

$$= 1.36 \times 0.8 \times 236.30 \times 1513.27$$

$$= 389049.07 \, t$$

5#煤储量

$$= 1.36 \times 3.5 \times \left(240 - H_{下} \times 2 \times \frac{1}{\tan75°}\right) \times \left(1528 - H_{下} \times 2 \times \frac{1}{\tan56°}\right)$$

$$= 1.36 \times 3.5 \times (240 - 5.6 \times 2 \times 0.2679) \times (1528 - 5.6 \times 2 \times 0.7015)$$

$$= 1.36 \times 3.5 \times 238.03 \times 1520.14$$

$$= 1722323.91 \, t$$

（3）煤炭开采约束条件

① $0 \leqslant x_c \leqslant M$。

式中：M——工作面煤炭地质储量，2145000 t。

$$0 \leqslant x_c \leqslant 2145000 \tag{5.1}$$

② $q_{fp} \cdot t_h \leqslant \rho \cdot H \cdot L_q \cdot \nu_h \cdot t_h \cdot q_{by} + Q_{liy} - (x_{g2} + x_{g3})$。

式中表示的是回采后产生的瓦斯抽采，排除预抽阶段风排，只有回采期间才有风排。

$$q_{fp} \cdot t_h \leqslant \frac{v_f \cdot S_{min} \cdot C}{K} \cdot t_h$$

则

$$\frac{v_f \cdot S_{\min} \cdot C}{K} \cdot t_h \leqslant x_{g2} + x_{g3} - \rho \cdot H \cdot L_q \cdot v_h \cdot t_h \cdot q_{by} - Q_{liy}$$

式中：Q_{liy}——邻近层涌出瓦斯总量，为邻近煤层相对涌出瓦斯量乘以邻近层卸压面积。

邻近层瓦斯涌出总量计算：

2#：$0.97\ m^3/t \times 389142.42\ t = 377468.15\ m^3$；

5#：$5.31\ m^3/t \times 1714900.5\ t = 9106121\ m^3$。

则，$Q_{liy} = 9483589.15\ m^3$

$$x_{g2} + x_{g3} \geqslant 1.36 \times 240 \times v_h \cdot t_h \times (4 \times 7.39 + 0.17 \times 8.768) -$$

$$\frac{v_f \times 25.58 \times 0.8\%}{1.2} \times \frac{x_c}{A} \times 24 \times 3600 + 9483589.15$$

且，$v_h \cdot t_h = 1528$，$t_h = \dfrac{x_c}{A} \times 24 \times 3600$，则 $v_h = \dfrac{1528}{t_h} = \dfrac{1528 \times A}{24 \times 3600 \times x_c}$

$$x_{g2} + x_{g3} \geqslant 27727129.66 - 14688 \times 1.74 \times x_c/A \qquad (5.2)$$

$$③\ \frac{v_{f\min} S_{\min} C(24 \times 60 \times 60)}{K q_y} \leqslant A \leqslant \frac{v_{f\max} S_{\min} C(24 \times 60 \times 60)}{K q_y}$$

式中：C——《煤矿安全规程》允许的风流中瓦斯浓度上限为1%，本工作面定为0.8%；

K——瓦斯涌出不平衡系数，取1.2；

$S_{\min}$——风流通过的最小巷道断面，m^2；

v_f——《煤矿安全规程》规定综采工作面风速为 $0.25 \sim 4\ m/s$。

工作面选用的是 ZZ5200-2.5/4.7 支承掩护式支架，最小控顶距6.61 m，最大控顶距7.275 m。巷道断面最大（最小）面积 = 最大控顶距（最小控顶距）$\times (H_{3+4} - 0.3)$。

通风量一定，通风面积大则风速小，通风面积小则风速大。

巷道最大通风面积 = $7.275 \times (4.17 - 0.3) = 28.15\ m^2$，最小通风面积 = $6.61 \times (3.17 - 0.3) = 25.58\ m^2$，这里 $S_{\min}$ 取为 $25.58\ m^2$。

$$0.25 \times 25.58 \times 0.8\% \times (24 \times 60 \times 60) \div 1.2 \div 18.10 \leqslant A \leqslant 4 \times 25.58 \times$$

$$0.8\% \times (24 \times 60 \times 60) \div 1.2 \div 18.10203.5 \leqslant A \leqslant 3256.15 \quad (5.3)$$

④ $\nu_\mathrm{h} \leqslant \dfrac{v_\mathrm{qy} \cdot \eta_\mathrm{xl} \cdot t}{L_\mathrm{q}} \cdot \dfrac{D}{t}$。

工作面选用的采煤机型号：MGTY-300/730-1.1D，牵引速度：0 ~ 7.7 m/min，换算为 0 ~ 0.13 m/s，$D = 0.6$ m，$\eta_\mathrm{xl} = 28/30$，代入

$$\nu_\mathrm{h} \leqslant \frac{0.13 \times 28}{30 \times 240} \times 0.6 = 0.000299$$

$$\frac{0.0177 \times A}{x_\mathrm{c}} - 0.000299 \leqslant 0 \quad (5.4)$$

⑤ 回采率约束。

3#+4#合层煤厚 4.17 m，属于中厚煤层，理论回采率为95%，因此回采率应大于等于理论值95%。

$$x_\mathrm{c}/M \geqslant 95\%$$

$$95\% \times 2145000 - x_\mathrm{c} \leqslant 0 \quad (5.5)$$

（4）瓦斯抽采约束条件

① $0 \leqslant x_\mathrm{g} \leqslant Q$。

式中，$Q_\mathrm{bt} = 1097544.086 \, \mathrm{m}^3 + 22408727.62 \, \mathrm{m}^3$，$Q_\mathrm{lt} = 4249257.98 \, \mathrm{m}^3 + 21086693 \, \mathrm{m}^3$，$Q = 48842223.06 \, \mathrm{m}^3$。

$$0 \leqslant x_\mathrm{g} \leqslant 48842223.06 \quad (5.6)$$

② $x_\mathrm{g} \geqslant \mu_\mathrm{g}' \left(x_\mathrm{g} + Q_\mathrm{fp} \right)$。

式中：μ_g'——理论瓦斯抽采率，参照沙曲邻近工作面，储层基本参数、开采条件（地质条件）等基本类似的工作面，抽采率取为50%。

$$x_\mathrm{g} \geqslant 50\% \times \left(x_\mathrm{g} + Q_\mathrm{fp} \right) \quad (5.7)$$

③ $x_\mathrm{g} \leqslant Q - M \cdot X_\mathrm{gcb}$。

式中，$X_\mathrm{gcb} = 3.5 \, \mathrm{m}^3/\mathrm{t}$；$Q = 48842223.06$（考虑卸压）。

$$x_\mathrm{g} \leqslant (48842223 - 2057734.4 \times 3.5 - 87453.712 \times 3.78) \times 1,$$

则

$$x_g \leqslant 41309577.63 \tag{5.8}$$

④ $Q_{fp} \leqslant \dfrac{\nu_f \cdot S_{min} \cdot C \cdot T}{K}$, $q_{fp} \leqslant \dfrac{q_f \cdot C}{K}$。

式中：Q_f——工作面通风总量，m^3，$Q_f = \nu_f \cdot S_{min} \cdot T$；

　　　ν_f——工作面最大风速，1.74 m/s；

　　　C——取0.8%。

将 $t_h = x_c/A \times 24 \times 3600$ 代入，则

$$Q_{fp} \leqslant 1.74 \times 25.58 \times 0.8\% \times \left(t_y + \frac{x_c}{A} \times 24 \times 3600\right) \times \frac{1}{1.2}$$

$$Q_{fp} \leqslant 0.30 \times \left(t_y + \frac{x_c}{A} \times 24 \times 3600\right) \tag{5.9}$$

⑤ $x_g \geqslant Q_y - Q_{fp}$。

式中：Q_y——瓦斯涌出总量，m^3，相对瓦斯涌出量（m^3/t）与煤炭储量（t）的乘积。

4#：8.44 $m^3/t \times 2057734.4$ t = 17367278.34 m^3。

3#：10.02 $m^3/t \times 87453.71$ t = 876261.68 m^3。

2#：0.97 $m^3/t \times 389142.42$ t = 377468.15 m^3。

5#：5.31 $m^3/t \times 1714900.5$ t = 9106121 m^3。

则，瓦斯涌出总量 $Q_y = 27727129.66$ m^3。

$$x_g \geqslant 27727129.66 - Q_{fp} \tag{5.10}$$

式中，$x_g = x_{g1} + x_{g2} + x_{g3}$。

⑥ 瓦斯预抽。

开采煤层3#+4#煤为煤与瓦斯突出煤层，预抽约束选第3种，瓦斯涌出量主要来自突出煤层的采煤工作面。瓦斯含量取3#+4#煤平均含气量 = （10.89+12.55）÷ 2 = 11.72 m^3/t，残存量取均值 = （3.8+3.5）÷ 2 = 3.65 m^3/t。

$$11.72 - x_{g1}/2145000 - 1.74 \times 25.58 \times 0.8\% \times \frac{1}{1.2} - 8 < 0$$

$$3.42 - x_{g1}/2145000 < 0 \tag{5.11}$$

因 $A_{max} = 3256.15 < 4000$，$X_{jb} = 6\,m^3/t$

$$11.72 - 3.65 - \frac{x_{g1}}{t_y} - 1.74 \times 25.58 \times 0.8\% \times \frac{1}{1.2} < 6$$

$$1.77 - \frac{x_{g1}}{t_y} < 0 \qquad (5.12)$$

⑦ 回采中抽采。

预抽之后本煤层内瓦斯含量小于 8 m³/t，需要按实际瓦斯残存量 "$11.42 - x_{g1}/2145000$" 值重新计算涌出量。

因为瓦斯涌出量主要来自本煤层，且本煤层涌出瓦斯量超过 10 m³/min，回采时间就等于抽采时间。

$$\nu_h \geqslant \frac{Q_{by}}{\left(X_{0b} - X_{gcb}\right) \cdot \rho \cdot H \cdot L_q}$$

式中，预抽后可解吸瓦斯量下降，按预抽后的瓦斯解吸量 "$7.77 - x_{g1}/t_y$" 计算预抽后可解吸量。

本煤层绝对瓦斯涌出量：

$$Q_{by} = 1.2 \times 1.07 \times 0.89 \times 4.17 \times \frac{1}{4.17} \times \left(8.07 - \frac{x_{g1}}{t_y} - 0.17 \times \nu_f\right)$$

$$= 1.14 \times \left(8.07 - \frac{x_{g1}}{t_y} - 0.17 \times \nu_f\right) = 9.22 - 1.14 \frac{x_{g1}}{t_y} - 0.1938 \times \nu_f$$

绝对涌出总量为：

$$\left(9.22 - 1.14 \times \frac{x_{g1}}{t_y} - 0.1938 \times \nu_f\right) \times \frac{A}{24 \times 60 \times 60}$$

$$\nu_h \geqslant \left(9.22 - 1.14 \times \frac{x_{g1}}{t_y} - 0.1938 \times 1.74\right) \times \frac{A}{24 \times 60 \times 60} \times$$

$$\frac{1}{(11.72 - 3.65) \times 1.36 \times 4.17 \times 240}$$

$$\left(8.88 - 1.14 \times \frac{x_{g1}}{t_y}\right) \cdot x_c \leqslant 16783521.68 \qquad (5.13)$$

⑧ 采空区抽采。

a. 对于一次采全高，落煤量少，不考虑本煤层遗煤瓦斯会使抽采量减少，因此有：

$$x_{g3} \geqslant q_{liy} = m_i \rho_i L v_h \left(X_{0li} - X_{gcli} \right) \cdot t_k$$

$$x_{g3} \geqslant \left(t_h + t_{chc} \right) \times \left[1.36 \times 240 \times \nu_h \times \left(3.5 \times 8.44 + 0.8 \times 7.24 \right) \right]$$

$$x_{g3} - 11532.3648 \times 1528 - 45 \times 24 \times 60 \times 60 \times 1528 \times A \times \frac{1}{24 \times 3600 \times x_c} \geqslant$$

$$0$$

$$x_{g3} - \frac{203.95 t_{chc} \cdot A}{x_c} \geqslant 17621453.41 \qquad (5.14)$$

b. 采空区封闭前的抽采时间：

$$t_{chc} \leqslant 45d = 45 \times 24 \times 60 \times 60 \qquad (5.15)$$

5.1.3   工作面共采优化求解

将24207工作面相关参数代入以上约束条件输入matlab中求解，输出结果：

$$X = 2062671.56 \qquad 8771452.94 \quad 20985182.5506021 \quad 2134121.5602$$
$$13129637.88 \quad 3888000 \qquad 2500.397 \qquad\qquad 20736013.59$$

$$fval = -755513036.317247 \qquad -0.96 \qquad -0.65$$

得到该工作面的回采量最优值为2062671.56 t，瓦斯抽采量最优值分别为预抽总量8771452.94 m³，回采中抽采总量20985182.55 m³，采空区抽采总量2134121.56 m³，风排瓦斯总量13129637.88 m³，日产量2500.40 t/d，预抽时间240 d，利润值为755513036.32元，约为7.56亿元，煤炭采收率96%（回采率），瓦斯采出率65%。计算得到回采时间为824.94 d（2.26 a），抽采总时间为1109.94 d（3.04 a）。

优化的日产量2500.40 t/d（实际平均2787 t/d），回采率96%（实际96%），回采时间2.26 a（实际为2.10 a），平均抽采量19.95 m³/min（正常生产期抽采量变化范围14.43～20.86 m³/min，平均18.88 m³/min），抽采率65%（实际65%），优化后利润为7.56亿元（实际为649565556.1元，约6.50亿元）。如图5.4和图5.5所示。

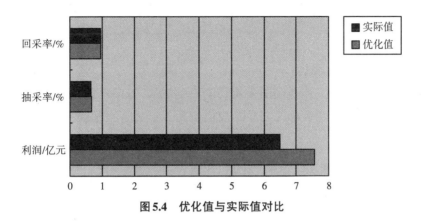

图5.4　优化值与实际值对比

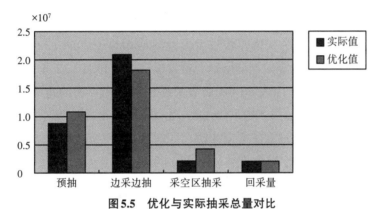

图5.5　优化与实际抽采总量对比

按照优化求解结果，要达到煤与瓦斯共采最优，回采量比较接近，预抽量、采空区抽采量应该降低，边抽边采量要提高，不仅能保证回采前的安全，更能提高煤与瓦斯共采利润，实现煤与瓦斯协同优化。

优化得到的日产量与24207工作面规程设计的日产量3000 t/d相近，但比规程设计值更精确，同时优化将回采设计时难以量化的开采量、开采时间、各个抽采阶段抽采量的最优值通过计算得到，为进一步的回采工作、抽采工作、抽采参数设计提供理论指导。

5.2　工作面钻孔间距优化

本节以优化求解的沙曲24207工作面为钻孔间距与钻孔密度优化对象，结合优化求解的预抽时间和预抽瓦斯量，进行实际间距钻孔抽采效果模拟研究。优化得到：瓦斯抽采量最优值分别为预抽总量8771452.94 m³，预抽时间240 d，预抽平均抽采量25.38 m³/min。

（1）地质模型建立

沙曲矿24207工作面倾向平均长度为240 m，走向平均长度为1560 m，以主采煤层3#+4#煤为抽采对象，煤层倾角4°，为近水平煤层，基本参数见表5.3。

表5.3　沙曲矿24207工作面3#+4#煤模拟参数

参数	煤层厚度/m	瓦斯压力/MPa	瓦斯含量/(m³·t⁻¹)	渗透率/(×10⁻⁵mD)	孔隙度
数值	4.17	0.92	11.72	8.75	2.68%

建立60×400×10个网格，模型上下边界均为等压边界，3#+4#煤埋深454.2 m，应力边界为煤层上部受到上覆岩层应力为13 MPa。只考虑工作面部分，不考虑周围其他煤体内瓦斯向工作面的涌入，四周边界做封闭处理。按25.38 m³/min抽采，抽采240 d，因为通过优化得知在这一生产速度和生产时间组合下既保证了安全生产，同时也达到了最高效益，以此为限定条件分析钻孔间距。煤层模型见图5.6、图5.7。

图5.6　煤层地质模型网格划分　　　图5.7　煤层地质模型网格划分局部显示

（2）实际钻孔抽采效果模拟

实际抽采中，在24207工作面每隔6 m沿煤层走向施工一个走向顺层钻孔，抽采本煤层瓦斯。

进行全部工作面尺寸模拟，是为了保证抽采速率的一致，而且抽采过程中煤层压力会受到多钻孔间抽采叠加效应影响，在抽采叠加效应的影响下，距钻孔不同距离处煤层瓦斯压力降低的幅度比单钻孔抽采时更大，故进行全工作面尺寸及钻孔的模拟更加准确。

5.2.1 实际的钻孔间距抽采模拟

在优化的产量和时间下，模拟实际的6 m间距钻孔抽采效果。如图5.8所示。

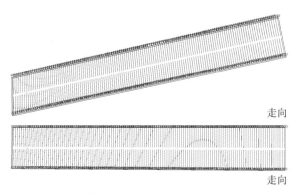

图5.8 6 m间距钻孔布置

分别模拟得到抽采60 d、120 d、240 d的煤层压力变化，分析不同时间段煤层抽采瓦斯后钻孔周围煤层压力分布，分析钻孔间距、抽采时间对瓦斯预抽的影响规律。

（1）抽采60 d

从图5.9中发现，煤层瓦斯压力沿着钻孔周围工作面倾向方向和走向方向逐渐向四周扩展，两个钻孔之间压力较大。两两钻孔相对的位置压力

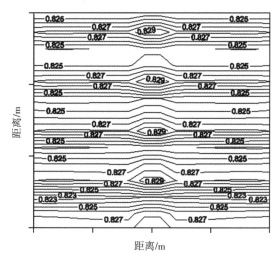

图5.9 6 m间距钻孔抽采60 d时局部压力等值线

呈一圈圈的波纹形式扩展，相隔一定距离钻孔之间压力呈旋涡状，旋涡中心压力最大。

抽采 60 d，钻孔压力扩展较缓慢，此时煤层最低压力即钻孔周围最小压力为 0.823 MPa，两钻孔中间压力为 0.827 MPa，降低了煤层原始瓦斯压力 0.92 MPa 的 10%，形成了钻孔抽采影响半径，旋涡中心的煤层抽采 60 d 后的最高压力为 0.829 MPa，接近影响抽采半径的 0.828 MPa，但高于标准值"0.74 MPa"。

图 5.10 中，在两钻孔相对的中间位置，压力整体偏高，图（a）四个钻孔之间的压力较高，向上凸起，两两钻孔相对处压力降低，下凹，所以在工作面走向方向煤层空间压力呈现锯齿状；工作面倾向方向左右对称，图（c）中间钻孔处压力要明显高出两侧钻孔位置，最多高出 0.07 MPa，中间最小压力也要比钻孔处压力低 0.05 MPa。中间孔孔间距按 7 m 计算，钻孔间距为 8 m，钻孔间距大于孔孔间距，因此钻孔处压降要比中间大。

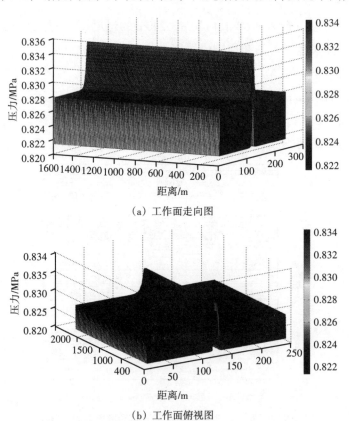

（a）工作面走向图

（b）工作面俯视图

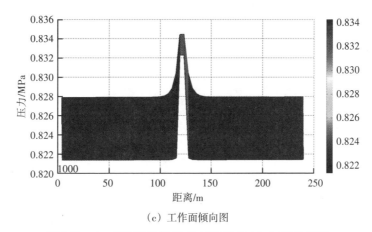

（c）工作面倾向图

图 5.10　6 m 间距钻孔抽采 60 d 时煤层压力 3D 等值线图

（2）抽采 120 d

图 5.11 中，抽采 120 d，钻孔附近最低压力已经达到安全压力 0.74 MPa，甚至有的地方低于 0.74 MPa，说明钻孔间距 6 m 时，抽采 120 d 就达到最优产量，也就是 6 m 钻孔达到最优产量只需预抽 120 d，抽采 240 d 反而会影响回采进度。

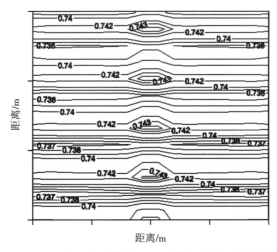

图 5.11　6 m 间距钻孔抽采 120 d 时局部钻孔压力等值线

图 5.12 中，6 m 间距钻孔在 120 d 时孔间压力降到 0.74 MPa 以下，达到以 0.74 MPa 为标准的"有效抽采半径"，即形成"有效"的孔间压力干扰。

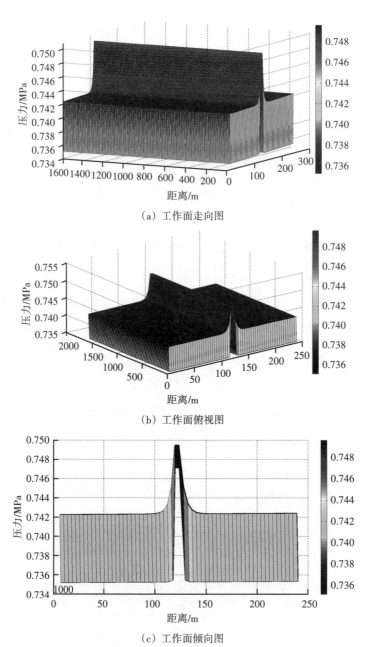

（a）工作面走向图

（b）工作面俯视图

（c）工作面倾向图

图5.12　6 m间距钻孔抽采120 d时煤层压力3D等值线图

（3）抽采240 d

图5.13中，随着时间增加，储层压力逐渐降低，压降幅度逐渐增大，生产240 d时，压力更低，降到0.683 MPa，远低于0.74 MPa。

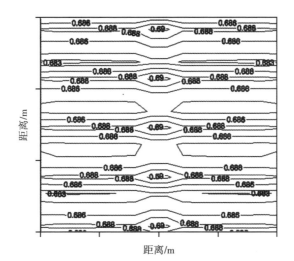

图 5.13　6 m 间距钻孔抽采 240 d 时局部钻孔压力等值线

6 m 间距钻孔抽采 240 d 时煤层压力 3D 等值线如图 5.14 所示。

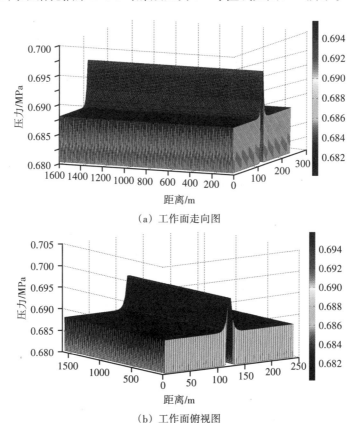

（a）工作面走向图

（b）工作面俯视图

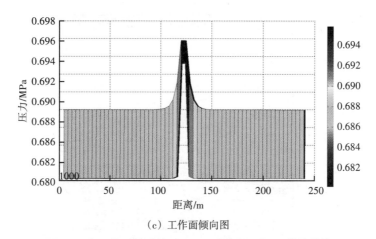

（c）工作面倾向图

图 5.14　6 m 间距钻孔抽采 240 d 时煤层压力 3D 等值线图

瓦斯抽采中，若出现孔间干扰，干扰部分煤层压力会出现叠加下降，所以抽采后以同样抽采速率生产，理应在同样时间内压降相同，但是因抽采时产生的孔间干扰，造成钻孔越密集，孔间干扰越明显，压力扩展越快，产量越高。但是并非钻孔越多越好，同时还需要考虑成本问题及施工难度。

因为 4# 煤层为煤与瓦斯突出煤层，预抽时瓦斯压力需要降到 0.74 MPa 以下，才能安全开采，实现消突，即在预抽时间范围内，两钻孔之间的瓦斯压力要降到 0.74 MPa 以下。在第 120 d 时，间距为 6 m 的实际钻孔瓦斯压力已经低于安全限值，这样抽采 120 d 就可以回采，推迟了回采进度，需要缩短预抽时间，但这样却不满足效益最高的目标，为达到最优生产效果，要将钻孔间距增大，因此需要寻求一个最经济、安全、合理的钻孔间距。

5.2.2　不同钻孔间距抽采模拟

6 m 间距的钻孔过于密集，孔间压力干扰作用明显，有效抽采半径大，压力降低快，不适合在最优产量和时间组合下安全抽采，因此增大钻孔间距，进行 7，8 m 钻孔间距抽采效果模拟。选取局部钻孔，观察钻孔生产后的压力变化。

（1）8 m 间距钻孔

8 m 间距钻孔布置如图 5.15 所示，抽采 60 d 时压力扩展如图 5.16 所示。

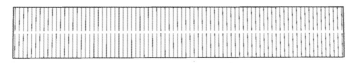

图 5.15　8 m 间距钻孔布置

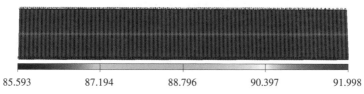

| 85.593 | 87.194 | 88.796 | 90.397 | 91.998 |

图 5.16　8 m 钻孔间距抽采 60 d 时压力扩展

在抽采初期，因为钻孔距离较近，压力很快就形成旋涡状。抽采 60 d，压力降低到 0.86 MPa，但并未降到影响半径的压力 0.828 MPa。

图 5.17 所示为抽采 60 d 时局部压力等值线。

图 5.18（c）中压力变化比 6 m 间距时更像是一本倒扣的书本，两两钻孔相对位置最大压力与钻孔处最大压力相差最大 0.04 MPa，比 6 m 钻孔要小，中间最小压力比钻孔处压力要低，这是因为钻孔间距 8 m 大于孔孔间距 7 m，钻孔处压降就要低于中间位置。抽采 60 d 后，钻孔附近压力最低 0.856 MPa，钻孔之间最高压力 0.875 MPa。

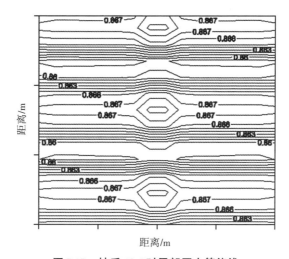

图 5.17　抽采 60 d 时局部压力等值线

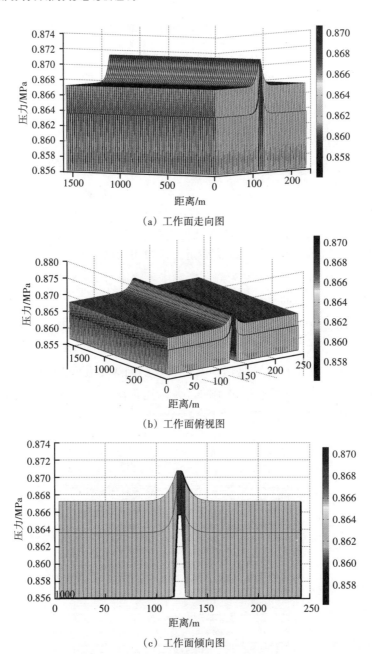

(a) 工作面走向图

(b) 工作面俯视图

(c) 工作面倾向图

图5.18　抽采60 d时煤层压力3D等值线图

抽采120 d后，钻孔附近压力最低0.805 MPa，钻孔之间最高压力0.817 MPa，孔孔相对位置最大压力0.822 MPa。局部压力等值线见图5.19，煤层压力3D等值线见图5.20。

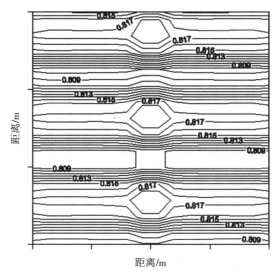

图5.19　抽采120 d时局部压力等值线

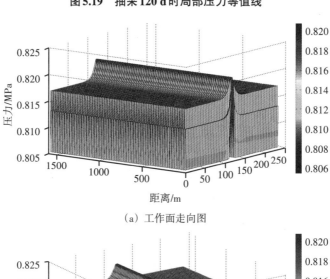

（a）工作面走向图

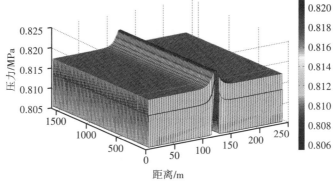

（b）工作面俯视图

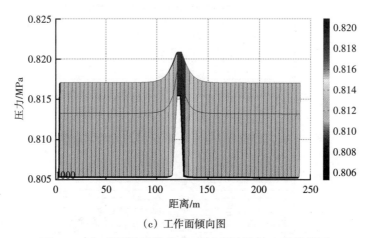

（c）工作面倾向图

图5.20 8 m间距钻孔抽采120 d时煤层压力3D等值线图

抽采240 d，预抽结束，由于钻孔间距较大，图5.21中，即使在钻孔周围最低压力0.777 MPa也高于安全压力值0.74 MPa，钻孔之间压力0.785 MPa。即使抽采240 d，也未形成有效孔间干扰，也达不到最优产量，压力未降到安全值，8 m间距的钻孔需要抽采更长的时间才能满足抽采量的要求。煤层压力3D等值线见图5.22。

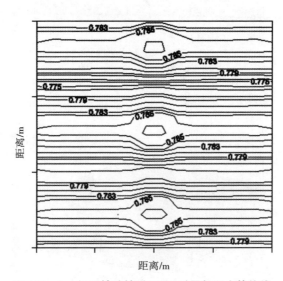

图5.21 8 m间距钻孔抽采240 d时局部压力等值线

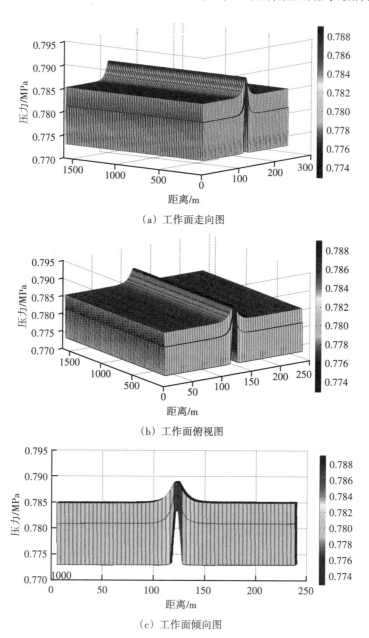

（a）工作面走向图

（b）工作面俯视图

（c）工作面倾向图

图5.22　8 m间距钻孔抽采240 d时煤层压力3D等值线图

（2）7 m间距钻孔

① 抽采60 d。

抽采60 d时，储层最低压力0.83 MPa。图5.23（c）中钻孔处最大压力等于孔孔之间最小压力，因为钻孔间距与孔孔间距相同。但模拟发现，钻孔之间压力下降速度要大于孔孔之间的，说明钻孔之间的压力干扰作用强于孔孔之间干扰作用。

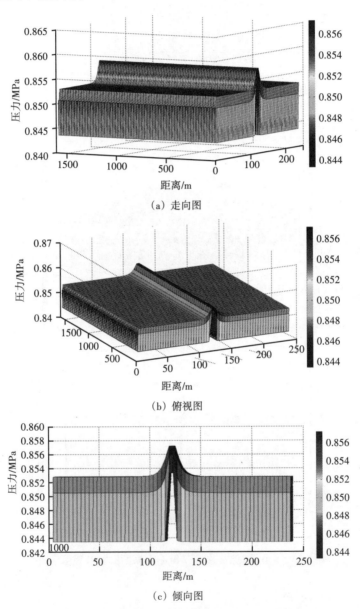

（a）走向图

（b）俯视图

（c）倾向图

图5.23　7 m间距钻孔抽采60 d时煤层压力3D等值线图

② 抽采 120 d。

抽采 120 d，储层最低压力 0.78 MPa。煤层压力 3D 等值线见图 5.24。

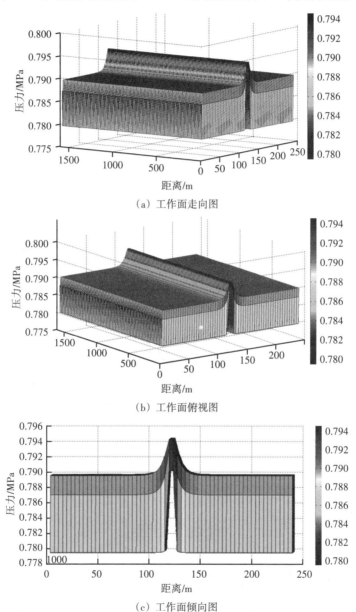

（a）工作面走向图

（b）工作面俯视图

（c）工作面倾向图

图 5.24　7 m 间距钻孔抽采 120 d 时煤层压力 3D 等值线图

③ 抽采 240 d。

抽采 240 d 时，储层压力降至 0.74 MPa，达到安全瓦斯压力值，压力与时间达到最优组合值，说明 7 m 是沙曲矿 24207 工作面最合理的钻孔间距。局部压力等值线见图 5.25。煤层压力 3D 等值线见图 5.26。

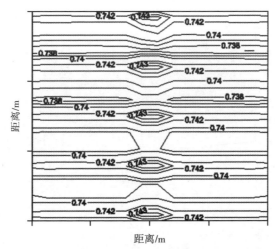

图 5.25　7 m 间距钻孔抽采 240 d 时局部压力等值线

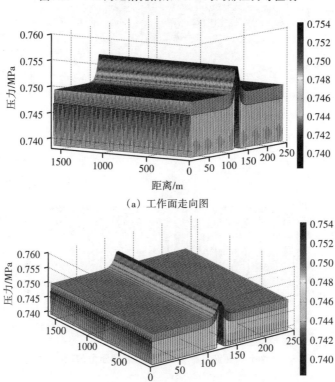

（a）工作面走向图

（b）工作面俯视图

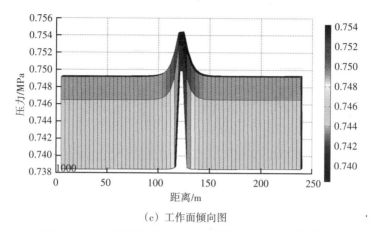

（c）工作面倾向图

图5.26 7 m间距钻孔抽采240 d时煤层压力3D等值线图

5.3 本章小结

选取近距离煤层群煤与瓦斯共采的沙曲矿24207工作面为研究对象，对建立煤与瓦斯共采协同优化理论模型进行应用。

① 建立煤与瓦斯共采优化模型，利用matlab求解得到24207工作面煤与瓦斯共采的最优解，回采量最优值为2062671.56 t，瓦斯抽采量最优值分别为预抽总量8771452.94 m³，回采中抽采总量20985182.55 m³，采空区抽采总量2134121.56 m³，风排瓦斯总量13129637.88 m³，日产量2500.40 t/d，预抽时间240 d，利润值约为7.56亿元，煤炭采收率（回采率）96%，瓦斯采出率65%。计算得到回采时间为824.94 d（2.26 a），抽采总时间为1109.94 d（3.04 a）。利润比实际提高14%，瓦斯抽采率提高2.5%。

② 建立煤层内瓦斯抽采数学模型，根据求解得到的最优抽采量和抽采时间进行抽采钻孔间距的模拟分析。发现6 m间距的钻孔在未达到最优抽采时间时就达到预抽安全瓦斯压力0.74 MPa以下，推迟回采进度；当间距为8 m，即使抽采到240 d也未形成"有效"的孔间压力扩展干扰，压力未降到安全值以下，压降幅度小，说明间距过大；7 m间距的钻孔在抽采240 d时压力降到安全值，达到煤与瓦斯共采最优协同。

第6章　单一煤层煤与瓦斯共采优化

利用煤与瓦斯共采优化模型对漳村煤矿2601工作面煤与瓦斯共采系统进行优化，根据煤与瓦斯共采中煤炭开采和瓦斯抽采的相互作用关系，建立共采效果的评判标准，对煤炭开采量和瓦斯抽采量进行优化，量化煤与瓦斯协调开采控制参数。获得煤与瓦斯共采控制参数的最优配置，使煤与瓦斯共采系统达到最优的协同状态。

漳村煤矿西部扩区为缓倾斜煤层，2601工作面采用综采放顶煤采煤法。工作面设计采度3.0 m，放煤高度2.9 m，采放比为1∶1.03。工作面走向长度为1730 m，斜长225 m。每日完成6个循环，年平均推进度为1584 m。工作面设计回采率为93%，采区回采率为75%。

2601工作面瓦斯防治措施主要有预抽、边掘边抽、边采边抽和采空区埋管抽放。在2601风巷和运巷施工本煤层预抽钻孔，钻孔抽采范围从停采线到切眼南侧20 m，钻孔与巷道中线夹角为85°，本煤层内交叉10 m，间距为3 m，开孔高度为1.8 m，钻孔直径为94 mm，设计深度120 m。如图6.1所示。

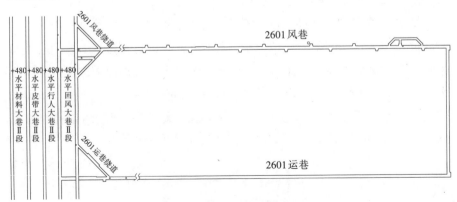

图6.1　2601工作面布置图

6.1 2601工作面采掘方案与瓦斯治理方法

6.1.1 2601工作面采掘方案

漳村煤矿西扩区3#煤层为缓倾斜煤层，工作面采用综采放顶煤采煤法，沿走向由采区边界向开拓大巷推进。矿井达产时，共布置两个综掘工作面、一个综放工作面、一个全煤巷普掘工作面，矿井生产时的采掘比为1：3。预计达产时，总的井巷工程为35745 m，其中包括岩巷1687 m，煤巷34058 m。完成掘进总体积558347.5 m³，包括24441.6 m³硐室体积。

6.1.2 2601采掘工作面瓦斯治理方法

（1）掘进工作面瓦斯分级治理

2601工作面掘进期间严格按照《瓦斯分级管理规定》执行，根据掘进期间测得的瓦斯参数确定该区域的瓦斯等级，然后采取相应的抽采措施。

① 巷道开口。

2601风巷、运巷、切眼开口位置需测 K_1 值、瓦斯含量和压力，只有 $K_1 < 0.4$、$W < 8$ m³/t、$P_0 < 0.74$ MPa，方可开口，若有不符合规定的指标，则在开口位置每平方米施工1个瓦斯释放孔。

② 巷道掘进。

巷道在掘进过程中根据测得的瓦斯参数将巷道划分为A级区域、B级区域、C级区域，根据不同的区域采取相应的抽采措施，具体如下：

a. A级区域。

瓦斯含量 $W \geqslant 10$ m³/t，或煤层瓦斯压力 $P_0 \geqslant 1.0$ MPa，或瓦斯涌出量 $Q \geqslant 10$ m³/min的区域。

采取工作面正前方预抽钻孔和钻场护帮预抽钻孔两种措施。掘进期间，巷道内每40 m（同帮钻场间距80 m）布置一个迈步钻场，迈步钻场为内宽4 m、外宽6 m、深4 m与巷道等高的等腰梯形钻场。每个钻场施工6个钻孔（其中6#孔为超前探孔）；5#孔钻孔深度为111 m、6#钻孔深度为121 m，其余钻孔深度为110 m；5#和6#钻孔方位与巷道中线夹角为7°，其余钻孔与巷道中线一致。巷道正前方施工15个抽采钻孔（其中9#，11#孔为超前探孔，孔深为 120 m，方位角与巷道中线一致），其余钻孔深度为 110 m，钻孔方位角与巷道中线一致，先施工超前探孔后施工抽采钻孔。

工作面正前方钻孔预抽范围内煤层瓦斯含量降到小于 8 m³/t，预抽时间不少于 10 d，抽采量衰减到预抽 10 d 内最大抽采量的 30% 以下，效果检验合格后，方可掘进，允许掘进距离为有效钻长度减去 20 m 与未预抽范围前方边界之间的距离。

当采取区域措施后，向前掘进过程中，在迎头抽采钻孔有效范围内，每 8 m 测定一次钻屑量解吸指标 K_1 值，每 20 m 测定一次煤层瓦斯含量指标，若 K_1 值 $\geqslant 0.4$ 或瓦斯含量 $W \geqslant 8$ m³/t，在工作面正前方每平方米施工 2 个释放孔，释放孔的孔径为 42 mm、孔深 13 m，释放 48 h 后，测得 $K_1 < 0.4$、瓦斯含量 $W < 8$ m³/t，允许掘进 8 m，若 $K_1 \geqslant 0.4$ 或 $W \geqslant 8$ m³/t，继续释放 48 h，直到 K_1 和 W 指标符合要求后方可掘进。

b. B 级区域。

瓦斯含量 8 m³/t $\leqslant W \leqslant 10$ m³/t、瓦斯压力 0.7 MPa $\leqslant P_0 < 1.0$ MPa 或掘进工作面瓦斯涌出量 3 m³/min $\leqslant Q < 10$ m³/min，无瓦斯动力现象的区域。

采取钻场护帮预抽钻孔和工作面正前方释放钻孔两种措施。掘进期间，巷道内每 40 m 布置一个迈步钻场。每个钻场施工 4 个钻孔，其中 1#，2# 钻孔深度为 110 m，钻孔方位角与巷道中线一致，4# 孔为超前探孔，3# 钻孔孔深为 111 m，4# 钻孔孔深 121 m，3#，4# 钻孔方位角与巷道中线夹角为 7°，先施工超前探孔后施工抽采钻孔。新钻场施工完成后巷道掘进 10 m，保证工作面前方有不少于 20 m 长的超前护帮钻孔。同时，工作面正前方每平方米施工 1 个释放孔，释放孔的孔径为 42 mm、孔深 13 m，允许掘进 18 m。

释放孔施工完毕并持续释放 24 h 后，每 8 m 测定一次钻屑量解吸指标 K_1 值，每 30 m 测定一次煤层瓦斯含量指标 W。当 $W < 8$ m³/min、$K_1 < 0.4$ 时，方可继续掘进；当 $W \geqslant 8$ m³/min、$K_1 \geqslant 0.4$ 时，继续释放 24 h 后，测量 W 和 K_1 指标，直至指标测量值符合要求后方可掘进。

c. C 级区域。

瓦斯含量 $W < 8$ m³/t，瓦斯压力 $P_0 < 0.7$ MPa、掘进工作面瓦斯涌出量 $Q < 3$ m³/min，且无瓦斯动力现象的区域。

当工作面处于 C 级区域时，每 100 m 测一次瓦斯含量 W、工作面瓦斯涌出量。

（2）掘进期间瓦斯治理区域转换

随着工作面的推进，瓦斯参数变化，瓦斯等级区域会发生变化，瓦斯治理措施也要发生相应的变化，具体如下：

① 瓦斯区域由低向高转换。

掘进过程中，C级区域或B级区域出现任意一个瓦斯参数超过本等级区域要求时，该等级区域随之升级为下一个等级区域，并执行相应的瓦斯治理措施。

当C级区域升级为B级区域时，在工作面前方两侧布置双翼钻场，工作面一侧钻场钻孔深度为110 m，另一侧钻场钻孔深度为70 m，超前探孔深度增加10 m。当工作面推进40 m，在工作面前方两侧布置双翼钻场中短孔深度较浅一侧施工钻场，并按照相对高瓦斯区域要求打设抽采孔，随后每40 m施工一个迈步钻场。

当B级区域升级为A级区域时，在距工作面最近的钻场内施工6个钻孔，同时在工作面前方另一侧布置钻场并按照A级区域在工作面前方及钻场内打设抽采孔的要求进行预抽。

② 瓦斯区域由高向低转换。

A级区域降级为B级区域：A级区域采取措施允许掘进后，如果工作面前方有效抽采钻孔范围内$K_1 < 0.4$，掘进至50 m时，测得$W < 10$ m^3/t，工作面连续推进50 m范围内测得K_1均小于0.4，且瓦斯含量均小于10 m^3/t，A级区域降级为B级区域。

B级区域降级为C级区域：B级区域采取措施允许掘进后，如果工作面前方有效抽采钻孔范围内$K_1 < 0.4$，掘进至50 m时，测得$W < 8$ m^3/t，工作面连续推进50 m范围内测得K_1均小于0.4，W均小于8 m^3/t、Q均小于3 m^3/min时，B级区域可降级为C级区域。

（3）工作面回采瓦斯治理

① 本煤层瓦斯抽采方法。

为了降低2601工作面回采过程中的瓦斯涌出量，保证2601工作面回采顺利进行，在2601风巷、运巷施工采前预抽。

② 上隅角埋管瓦斯抽采方法。

随着工作面的推进，将布置有筛孔的Φ426PVC瓦斯管埋入老塘，抽采上隅角瓦斯，回采过程中加强管路维护，避免出现折断、压裂等现象。

（4）瓦斯抽采参数的确定

本层瓦斯抽采钻孔覆盖范围为新切眼停采线至切眼南侧 20 m，钻孔在工作面内交叉 10 m，钻孔与巷道中心线夹角为 85°，钻孔间距为 2.5 m，钻孔开孔高度为 1.8 m，钻孔直径为 113 mm，设计深度为 120 m。计划施工本煤层钻孔 1056 个，总进尺 126720 m。

在 2601 切眼进行二氧化碳压裂，压裂孔间距为 10 m，布置 10 个预裂孔，开孔高度为 1.8 m，孔深为 80 m，两个预裂孔之间均匀分布 3 个抽采钻孔，孔深 100 m。

（5）瓦斯抽采管路选择

为了对 2601 工作面抽采钻孔进行并网带抽，并实现主系统与泵站系统带抽的切换和分源抽采，2601 风巷内安装一趟 Φ426 mm 瓦斯管与一趟 Φ325 mm 瓦斯管；2601 运巷内安装一趟 Φ426 mm 瓦斯管。

2601 工作面瓦斯抽采系统如表 6.1 所示。

表 6.1　2601 工作面瓦斯抽采系统

巷道名称	管路数	管路直径/mm	管路材质	抽采系统	钻孔类型
2601 风巷	2 趟	426	锻制	地面泵站（高负压）	平行孔
		325		地面泵站（低负压）	上隅角、采空区
2601 运巷	1 趟	426	钢制	地面泵站（高负压）	平行孔

6.2　2601 工作面煤与瓦斯共采成本分析

6.2.1　资源耗费的确认与归集

基于相似工作面 2306 生产成本数据采用作业成本法对漳村煤矿 2601 工作面生产成本进行预算，预计 2601 工作面生产原煤 2214420 t，抽采瓦斯 10429200 m³。

经数据统计，2306 工作面资源消耗总费用为 100288902 元，其中材料费 47572049 元，职工工资 26147198 元，电费 9284475 元，折旧费 696556 元，设备租赁及购置费 16588624 元。2306 煤与瓦斯共采工作面可以划分为掘进、采煤、井下运输、巷修、排水、管线敷设、瓦斯抽放、地面运输、机电、通风防火、销售、采购供应、管理以及综合服务作业中心。相应的2306工作面的作业成本库分别为掘进、采煤、井下运输、巷修、排水、管线敷设、瓦斯抽放、地面运输、机电、通风防火、销售、采购供应、管理以及综合服务成本库。

根据资源动因将资源归集到相应的成本库，得到2306工作面资源分配表，如表6.2所示。

表6.2 2306工作面耗费资源分配

成本库	材料费/元	职工工资/元	电费/元	折旧费/元	设备租赁及购置费/元	合计/元
掘进成本库	15622451	6161214	1864443	126589	564436	24339133
采煤成本库	13308014	6132918	1933241	174708	1970258	23519140
井下运输成本库	724893	2101466	1188543	63295	9577566	13655763
巷修成本库	959841	1230828	143302	12798	27730	2374500
排水成本库	800508	466865	123837	11463	86129	1488802
管线敷设成本库	943904	435533	137597	19087	11361	1547482
瓦斯抽放成本库	10288834	2359517	2118327	19811	140727	14927216
通风防火成本库	429561	3084143	119384	82413	10068	3725569
地面运输成本库	519590	326608	809577	126589	1379580	3161944
机电成本库	3974453	3848106	846223	59802	2820769	11549353
合计	47572049	26147198	9284475	696556	16588624	100288902

6.2.2 煤与瓦斯共采作业中心资源成本分配

原煤和瓦斯在生产过程中共同使用了通风防火成本库、机电成本库的费用。因此，当计算原煤和瓦斯的生产成本时，直接成本不需要分配，间接成本是二者共消耗的机电成本库和通风防火成本库的费用，首先需要计算各个成本库的成本动因量，然后根据成本总额与成本动因总量的比值计算出其成本动因率。

首先，依据2306工作面各个成本库相应的成本动因，以及原煤与瓦斯对应产品的总体作业量，然后统计各个成本库相应的成本动因量，得到结果如表6.3所示。

表6.3 2306工作面共采作业资源动因和作业动因

资源	资源动因	作业中心	作业动因	作业动因量
人工费、材料费、折旧费、修理费、电费	工时、材料耗量、机器工时、修理工时或次数、使用度数	采煤作业中心	采煤吨数	1860650
		掘进作业中心	巷道进尺	4634
		井下运输作业中心	运输距离	9286
		瓦斯抽放作业中心	钻孔进尺数	35420
		地面运输作业中心	运输距离	327
		机电作业中心	耗电量	16497900
人工费、折旧费、电费、修理费	工时、机器工时、使用度数、修理工时或次数	原煤洗选作业中心	洗选煤吨数	2214420
		通风防火作业中心	巷道长度	4634
		排水作业中心	排水量	620000
人工费、材料费	工时、材料耗量	巷修作业中心	次数	2860
人工费、材料费、电费、折旧费	工时、材料耗量、机器工时、修理工时或次数、使用度数	管线敷设作业中心	安装米数	1650
人工费、折旧费、电费	工时、机器工时、使用度数	采购供应作业中心	不直接计入成本	
人工费、差旅费、办公费	工时、部门人数	销售作业中心	不直接计入成本	
人工费、折旧费、电费、办公费	工时、机器工时、使用度数	综合服务作业中心	不直接计入成本	
		管理作业中心	不直接计入成本	

其次，成本动因率是成本总额与成本动因总量的比值，据此可得成本动因率的计算方法如下：

$$Y_j = c_j / d_j \qquad (6.1)$$

式中：Y_j——成本动因率；

226

d_j——成本动因总数；

c_j——费用总额。

通过公式（6.1）以及以上信息，计算出各个成本库的成本动因率，计算结果如表6.4所示。

表6.4 2306工作面共采作业成本动因率

成本库	成本库成本/元	成本动因总数	成本动因率
掘进成本库	24339133	4634	5252.294562
采煤成本库	23519140	1860650	12.64028162
井下运输成本库	13655763	9286	1470.575382
巷修成本库	2374500	2860	830.2447552
排水成本库	1488802	620000	2.401293548
管线敷设成本库	1547482	1650	936.8678788
瓦斯抽放成本库	14927216	35420	421.4346697
通风防火成本库	3725569	4634	803.963962
地面运输成本库	3161944	327	9669.553517
机电成本库	11549353	16497900	0.700049885
合计	100288902		

煤炭和瓦斯的生产量决定了生产成本，则可利用相似工作面2306的成本动因率预测2601工作面煤炭和瓦斯生产量，可得2601工作面各个共采成本库的费用，如表6.5所示。

表6.5 2601工作面共采成本库总费用

成本库	成本动因总数	成本动因率	成本库成本/元
掘进成本库	5048	5252.294562	26513583
采煤成本库	2214420	12.64028162	27990892
井下运输成本库	12735	1470.575382	18727777
巷修成本库	3240	830.2447552	2689993
排水成本库	740000	2.401293548	1776957

表6.5（续）

成本库	成本动因总数	成本动因率	成本库成本/元
管线敷设成本库	5125	936.8678788	4806573
瓦斯抽放成本库	126720	421.4346697	53404201
通风防火成本库	5048	803.963962	4058410
地面运输成本库	327	9669.553517	3161944
机电成本库	19634687	0.700049885	13745260
合计			156875592

6.2.3 煤与瓦斯共采成本库成本分配

煤炭开采和瓦斯抽采作业之间既具有一定的独立性又相互联系，因此，煤炭和瓦斯的生产成本中一部分是相互独立的，分别归集到相应的成本库即可，另外一部分相互关联，不能简单地分离。本书基于作业成本法的思想将2601工作面共采原煤和瓦斯共用成本库中的生产成本归集到相应的产品。

间接费用的分配，首先需要计算成本动因量，根据原煤和瓦斯的设计产量计算得到共享成本动因量如表6.6所示。

表6.6　原煤和瓦斯共同作业成本库成本动因量

成本库	成本动因	原煤成本动因量	瓦斯成本动因量	成本动因总量	合计
通风防火成本库	巷道长度	3155	1893	5048	4058410
机电成本库	耗电量	18231981	1402706	19634687	13745260

成本动因费率计算结果如表6.7所示。

表6.7　原煤和瓦斯共同作业成本库成本动因费率

成本库	成本动因总量	成本库成本/元	成本动因费率
通风防火成本库	5048	4058410	803.9639
机电成本库	19634687	13745260	0.7000

利用费用分配公式，计算得到共用成本库非配给原煤和瓦斯两种产品的费用，计算结果如表6.8所示。

表6.8 原煤和瓦斯共同作业成本库成本分配

成本库	原煤成本动因量	瓦斯成本动因量	成本动因费率	原煤分配成本/元	瓦斯分配成本/元
通风防火成本库	3155	1893	803.9639	2536506	1521904
机电成本库	18231981	1402706	0.7000	12763296	981964

6.2.4 煤与瓦斯共采产品的生产成本核算

根据前文划分的作业中心及相应的作业成本库可知，原煤直接消耗掘进、采煤、井下运输、巷修、排水以及地面运输等成本库的成本，瓦斯直接消耗的成本库包括管线敷设成本库和瓦斯抽采成本库，另外还有一定专项费需计入原煤成本。原煤和瓦斯的直接生产成本如表6.9和表6.10所示。

表6.9 原煤的直接生产成本

成本库	成本合计/元
掘进成本库	26513583
采煤成本库	27990892
井下运输成本库	18727777
巷修成本库	2689993
排水成本库	1776957
地面运输成本库	3161944
专项费用	141891376
合计	222752522

表6.10 瓦斯的直接生产成本

成本库	成本合计/元
管线敷设成本库	4806573
瓦斯抽放成本库	53404201
合计	58210774

计算得到2601工作面煤与瓦斯共采产品生产成本如表6.11所示。

表6.11 煤与瓦斯共采产品生产成本

产品	产量	直接生产成本/元	分配成本/元	总生产成本/元	单位生产成本/元
原煤	2214420 t	222752522	15299802	238052324	106.5
瓦斯	10429200 m³	58210774	2503868	60714642	5.8

6.3 2601工作面煤与瓦斯共采优化模型及求解

6.3.1 2601工作面煤与瓦斯共采技术优化目标函数

建立2601工作面煤与瓦斯共采优化目标函数：

（1）经济效益（利润）最大化

$$P = 119.35x_1 - 5.8x_2 - 2497988 \tag{6.2}$$

式中：P——共采利润，元；

x_1——煤炭开采量，t；

x_2——瓦斯抽采量，m³。

（2）工作面回采率最大化

$$\eta_1 = \frac{x_1}{2381096} \tag{6.3}$$

式中：η_1——工作面回采率，%。

（3）瓦斯抽采率最大化

$$\eta_2 = \frac{x_2}{x_2 + x_6} \tag{6.4}$$

式中：η_2——瓦斯抽采率，%；

x_6——风排瓦斯量，m³。

6.3.2 2601工作面煤与瓦斯共采技术优化约束条件

（1）煤炭开采约束条件

① $0 \leqslant x_1 \leqslant M$。

式中：M——工作面实际储量，2381096 t。

$$0 \leqslant x_1 \leqslant 2381096 \tag{6.5}$$

② $q_7 \cdot t_1 \leqslant \rho \cdot H \cdot L_1 \cdot v_1 \cdot t_1 \cdot q_2 - (x_4 + x_5)$。

风排瓦斯总量不包括掘进期间风排瓦斯量。

$$q_7 \cdot t_1 \leqslant \frac{v_4 \cdot S_1 \cdot C}{K} \cdot t_1$$

则 $\quad \dfrac{v_4 \cdot S_1 \cdot C}{K} \cdot t_1 \leqslant x_4 + x_5 - \rho \cdot H \cdot L_1 \cdot v_1 \cdot t_1 \cdot q_2$

$$x_4 + x_5 \geqslant 1.35 \times 5.85 \times 225 \times v_1 \times t_1 \times 7.29 -$$

$$\frac{v_4 \times 30 \times 0.8\%}{1.2} \times \frac{x_1}{A} \times 24 \times 3600$$

且，$v_1 \cdot t_1 = 1340$，$t_1 = \dfrac{x_1}{A} \times 24 \times 3600$，则

$$v_1 = \frac{1340}{t_1} = \frac{1340 \times A}{24 \times 3600 \times x_1}$$

$$x_4 + x_5 \geqslant 17358190 - 69120 \times \frac{x_1}{A} \tag{6.6}$$

$$v_1 = \frac{67 \times A}{4320 \times x_1}$$

式中：v_1——回采速度，m/s；

$\quad\quad t_1$——回采时间，s；

$\quad\quad q_7$——风排瓦斯速度，m³/s；

$\quad\quad \rho$——煤密度，t/m³；

$\quad\quad L_1$——工作面斜长，m；

$\quad\quad H$——采高，m；

$\quad\quad q_2$——开采层瓦斯涌出量，m³/t；

x_4——采中瓦斯抽采量，m^3；

x_5——采后瓦斯抽采量，m^3。

③ $\dfrac{v_5 \times S \times C \times 24 \times 3600}{K \times q_4} \leqslant A \leqslant \dfrac{v_6 \times S \times C \times 24 \times 3600}{K \times q_4}$。

式中：v_2——最大巷道风速，m/s；

$\quad\quad S_1$——回风巷道最小断面积，m^2；

$\quad\quad C$——回风巷道瓦斯浓度，%；

$\quad\quad K$——瓦斯涌出不均衡系数，$K = 1.2 \sim 1.7$；

$\quad\quad A$——日产量，t/d；

$\quad\quad q_4$——相对瓦斯涌出量，m^3/t。

$$\frac{0.25 \times 30 \times 0.8\% \times 24 \times 3600}{1.2 \times 7.29} \leqslant A \leqslant \frac{4 \times 30 \times 0.8\% \times 24 \times 3600}{1.2 \times 7.29}$$

$$592.59 \leqslant A \leqslant 9481.48 \tag{6.7}$$

④ $v_1 \leqslant \dfrac{v_3 \cdot \eta_3 \cdot t_6}{L_1} \cdot \dfrac{d}{t_6}$。

相似工作面选用的采煤机型号为：MGTY250/600-1.1D，牵引速度是 $0 \sim 7.7 \sim 12.8$ m/min，换算为 $0 \sim 0.13 \sim 0.22$ m/s，$d = 0.8$ m，$\eta_3 = 28 \div 30$，代入

$$v_1 \leqslant \frac{0.13 \times 28}{30 \times 225} \times 0.8 = 0.000431$$

$$\frac{0.0155 \times A}{x_1} - 0.000431 \leqslant 0 \tag{6.8}$$

式中：v_3——采煤机牵引速度，m/s；

$\quad\quad \eta_3$——采煤机额定效率，%；

$\quad\quad t_6$——割煤时间，d；

$\quad\quad d$——进尺，m/刀。

⑤ 回采率约束。

2601 工作面煤层平均厚度 5.85 m，属厚煤层，规定工作面回采率不小于 93%。

$$\frac{x_1}{M} \geqslant 93\%$$

$$93\% \times 2381096 - x_1 \leqslant 0$$

$$x_1 \geqslant 2214419 \tag{6.9}$$

（2）瓦斯抽采约束条件

① $0 \leqslant x_2 \leqslant Q$。

$$0 \leqslant x_2 \leqslant 27382604 \tag{6.10}$$

② $x_2 \geqslant \eta_4 (x_2 + x_6)$。

式中：t_2——预抽瓦斯时间，s；

　　　η_4——瓦斯抽采率，依据实际绝对瓦斯涌出量确定。

$$x_2 \geqslant 40\% \times (x_2 + x_6) \tag{6.11}$$

③ $x_2 \leqslant Q - M \cdot X_1$。

式中：X_1——开采层瓦斯残存量，m³/t；

　　　K'——安全系数，取1。

$$x_2 \leqslant 20858401 \tag{6.12}$$

④ $q_7 \leqslant \dfrac{v_1 \cdot S_1 \cdot C \cdot t_3}{K}$ 或 $q_7 \leqslant \dfrac{q_5 \cdot C}{K}$。

式中：q_7——风排瓦斯速度，m³/s；

　　　q_3——工作面风量，m³/s；

　　　v_1——工作面允许的最大风速，m/s；

　　　S_1——回风巷道最小断面积，m²；

　　　t_3——风排瓦斯持续时间，s；

　　　C——回风巷道瓦斯浓度，依据实际情况确定。

将 $t_1 = x_1/A \times 24 \times 3600$ 代入，则

$$x_6 \leqslant 4 \times 30 \times 0.8\% \times \left(t_1 + \frac{x_1}{A} \times 24 \times 3600 \right) \times \frac{1}{1.2}$$

$$x_6 \leqslant 0.8 \times \left(t_1 + \frac{x_1}{A} \times 24 \times 3600 \right) \tag{6.13}$$

⑤ $x_2 \geqslant x_7 - x_6$。

式中：x_7——瓦斯涌出总量，m³。

则瓦斯涌出总量 $x_7 = 17358189.84$ m³。

$$x_2 \geqslant 17358189.84 - x_6 \tag{6.14}$$

$$x_2 = x_3 + x_4 + x_5$$

式中：x_2——瓦斯抽采量，m³；

x_3——采前瓦斯预抽采量，m³；

x_4——采中瓦斯抽采量，m³；

x_5——采后瓦斯抽采量，m³。

⑥ 瓦斯预抽。

2601 工作面瓦斯主要来自本煤层，预抽约束选第 1 种，采煤工作面回采前的可解吸瓦斯量应达到相应的指标。瓦斯含量 11.5 m³/t，残存量取均值 2.7409 m³/t。

$$11.5 - 2.7409 - \frac{x_3}{2381096} -$$

$$\frac{4 \times 30 \times 0.8\%}{1.2} \times \frac{t_2}{2381096} \leqslant X_3 \tag{6.15}$$

因为 $A \leqslant 9481.48$，$X_3 = 4.5$ m³/t，所以

$$10143468.96 - x_3 - 0.8 \times t_2 \leqslant 0 \tag{6.16}$$

式中：X_3——可解吸指标上限值，m³/t。

⑦ 回采中抽采。

工作面瓦斯涌出量主要来自本煤层，边采边抽时间等于回采时间。

$$v_1 \geqslant \frac{x_7}{(X_2 - X_1) \cdot \rho \cdot H \cdot L_1}$$

$$v_1 \geqslant \frac{x_7}{(11.5 - 2.74 - 3.8 - x_3/2381096) \times 1.35 \times 5.85 \times 225}$$

本煤层绝对瓦斯涌出量：

$$x_7 = 1.35 \times 1.02 \times \frac{225 - 30}{225} \times \left(11.5 - 3.8 - 2.74 - \frac{x_3}{2381096}\right) + 1.2$$

绝对涌出总量为：

$$x_7 = \left[1.35 \times 1.02 \times \frac{225 - 30}{225} \times \left(11.5 - 3.8 - 2.74 - \frac{x_3}{2381096} \right) + 1.2 \right] \times \frac{A}{24 \times 60 \times 60}$$

则

$$v_1 \geqslant \left[1.1934 \times \left(4.96 - \frac{x_3}{2381096} \right) + 1.2 \right] \times \frac{A}{24 \times 3600} \times \frac{1}{(4.96 - x_3/2381096) \times 1776.94}$$

$$v_1 \geqslant \left(7.12 - \frac{1.1934 \times x_3}{2381096} \right) \times \frac{A}{761496975 - 64.48 \times x_3} \tag{6.17}$$

⑧ 采空区抽采。

a. 本煤层遗煤瓦斯涌出量:

$$x_5 \leqslant \left(11.5 - \frac{x_3 + x_4}{2381096} - \frac{x_7}{2381096} - 2.7409 \right) \times (2381096 - x_1) \tag{6.18}$$

b. 采空区封闭前的抽采时间。

$$t_5 \leqslant 45d = 3888000 \tag{6.19}$$

6.4　2601工作面煤与瓦斯共采优化现场应用

6.4.1　2601工作面煤与瓦斯共采技术优化结果

利用matlab求解2601工作面煤与瓦斯共采技术优化模型，结果如下：

X =　2254184　3675412　5406812　123219　8564131　8432　16761600

fval = 213147303　0.5239　0.9467

可知，2601工作面的煤炭开采量最优值为2254184 t，工作面回采时间为268 d，预抽瓦斯量最优值3675412 m³，预抽时间为194 d，回采中瓦斯抽采量5406812 m³，采空区瓦斯抽采量123219 m³，风排瓦斯量8564131 m³，日产量8432 t/d，共采利润为213147303元，工作面回采率94.67%，瓦斯抽采率52.39%。

煤炭开采量的优化值与设计值相差不大,得到预抽瓦斯量、预抽时间以及边采边抽瓦斯量等参数的量化参考值。建议预抽瓦斯时间为194 d,预抽瓦斯总量为3675412 m³,之后进行回采,工作面的回采速度为5 m/d,即日进尺5 m,合计268 d完成煤炭开采作业;边采边抽时间等于工作面回采时间,边采边抽瓦斯量为5406812 m³;回采期间268 d内风排瓦斯总量为8564131 m³,根据2601工作面供风量可知回风流中的瓦斯浓度保持在0.4%~0.6%范围之内,符合《煤矿安全规程》中的相关规定。

6.4.2 现场应用效果分析

(1)工作面基本参数

①工作面位置。

2601工作面位于西扩区26采区,南面为+480 m水平皮带大巷Ⅱ段,北面为井田边界(文王山南断层),其余均为未采区,工作面主巷道为2601风巷和运巷。工作面地面标高为964.5~981.7 m,工作面地面标高414.5~456.4 m;工作面走向长度225 m,倾向长1700 m,停采线位置为距切眼1340 m处,煤层厚度为5.80~5.90 m,煤层平均厚度5.85 m,开采层赋存稳定,煤厚变异较小,煤层结构较简单。层内含一层夹矸,夹矸均连续稳定,厚度变化不大。

②煤层瓦斯参数。

工作面煤体平均瓦斯含量11.5 m³/t,残存量为2.74 m³/t。根据漳村煤矿瓦斯基础参数测定报告,煤层瓦斯压力0.32~0.44 MPa,煤的孔隙率1.09%,煤层透气性系数1.6180 m²/(MPa²·d)。

③工作面瓦斯地质。

2601工作面预计瓦斯含量为11.5 m³/t,根据26采区煤层底板等高线图显示,2601风巷掘进区域位于向斜构造轴部,向斜倾伏方向为正北,2601风巷累计掘进至1638 m处可能会遇DF12断层,产状为355°∠72°H = 0~24 m。

(2)瓦斯储量及可抽采量预测

2601工作面瓦斯储量计算范围南北方向为2601切眼至2601停采线处,长度为1340 m,东西方向为2601运巷至2601风巷,长度为225 m。可采范围面积为301500 m²,工作面煤层平均厚度5.85 m,工作面工业储量为

2381096t，工作面平均瓦斯含量为11.5 m³/t，工作面瓦斯储量为2.73826×10⁷ m³。平均可解吸瓦斯含量为8.7951 m³/t，可抽采瓦斯总量为2.09418×10⁷ m³。

① 百米钻孔的最佳预抽时间。

通过现场测定3#煤层的瓦斯自然涌出量，百米钻孔瓦斯流量衰减系数 α 为0.00851 d⁻¹，初始瓦斯涌出量 q_0 为0.0311 m³/(min·100m)。不同时间段内百米钻孔的抽采有效系数和可抽瓦斯量计算：

$$Q_t = \frac{1440 \cdot q_0 \cdot (1 - e^{-\alpha t})}{\alpha} \quad (6.20)$$

$$K = (1 - e^{-\alpha t}) \cdot 100 \quad (6.21)$$

式中：Q_t——百米钻孔在 t 时间内可抽瓦斯总量，m³；

　　　t——抽采时间，d；

　　　K——钻孔抽采有效系数，%；

　　　q_0——百米钻孔初始瓦斯涌出量，m³/(min·100m)。

计算结果如表6.12所示。

表6.12　百米钻孔抽采瓦斯量及钻孔抽采有效系数

预抽时间/月	抽采总量/m³	钻孔抽采有效系数	单月瓦斯抽采量/m³
2	2104	39.99%	919
4	3367	63.98%	551
6	4125	78.39%	331
8	4580	87.03%	199
10	4853	92.22%	119
12	5017	95.33%	72
14	5115	97.2%	43
16	5174	98.32%	26
18	5209	98.99%	15
20	5231	99.39%	9
22	5243	99.64%	6
24	5251	99.78%	3

抽采初期，月累计抽采量逐渐增加，1个月至10个月增长速度最快，10个月至20个月增长速度放缓，21个月以后瓦斯抽采总量几乎不再增加。如图6.2所示。

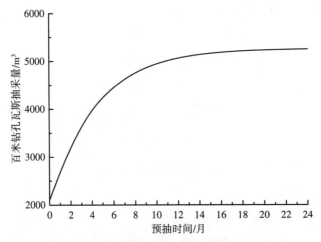

图6.2　百米钻孔瓦斯抽总量

第一个月的单孔抽采量为919 m³，1个月至10个月单孔抽采量呈指数式下降，10个月的单孔抽采量为119 m³，10个月至21个月下降速度减小，21个月以后单孔瓦斯抽采量几乎为零。

综合分析可知，理论上预抽21个月后钻孔的瓦斯抽采量已经接近自然衰减量的99%，随着抽采时间的继续增大，瓦斯抽采量几乎不再增加。如图6.3所示。

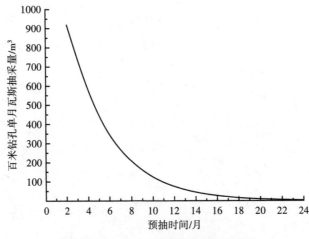

图6.3　百米钻孔单月瓦斯抽量变化趋势

② 预抽瓦斯量的计算。

根据2601工作面现有预抽设计，在2601风巷和运巷内施工本煤层平行孔，钻孔间距为2.5 m，开孔高度为1.8 m，钻孔深度为120 m，封孔长度为15 m，有效抽采长度105 m，钻孔方位角与切眼中线夹角为5°，钻孔从停采线外10 m开始施工，施工至距离切眼15 m的位置停止，风巷和运巷共施工1056个平行孔，工作面可采煤炭储量2381096 t，工作面总瓦斯储量为2.73826×10⁷ m³，吨煤瓦斯含量11.5 m³/t。

假设预抽时间分别为6个月、9个月、12个月、15个月、18个月和21个月，根据百米钻孔的月累计瓦斯抽采量计算可得2601工作面预抽瓦斯总量如下：

$$W_y = 1.05 \times Q_t \times n \tag{6.22}$$

式中：W_y——预抽瓦斯总量，m³；

　　　n——钻孔数量，个。

预抽后的吨煤瓦斯含量：

$$X_0 = \frac{\left(W_1 - W_y\right)}{A} \tag{6.23}$$

式中：X_0——瓦斯含量，m³/t；

　　　W_1——工作面瓦斯储量，m³。

（3）风排瓦斯量预测

瓦斯涌出量较大的矿井回采前必须开展瓦斯抽采工作。瓦斯涌出量较小的情况下增大通风量可以解决瓦斯超限问题，然而通风能力有限，当风排不能解决瓦斯涌出时必须开展瓦斯抽采工作，评价指标一般表示为：

$$q_c > q_t = \frac{q_3 \cdot C}{K} \tag{6.24}$$

式中：q_3——工作面风量，m³/min；

　　　C——瓦斯浓度在回风巷道内的允许值为1%，依据生产实际情况按照0.5%计算；

　　　K——瓦斯涌出不均衡系数，取1.5。

依据矿井供风能力，回采工作面最大供风量为3500 m³/min，巷道断面长5.5 m，宽3.5 m，断面积为19.25 m²，根据允许的风流最低速度，可以得到巷道供风量的最小值为288.75 m³/min。因此，工作面供风量：

$$2850 \leqslant Q_t \leqslant 4000$$

回风顺槽风量：

$$888.75 \leqslant Q_h \leqslant 3400, \quad 2850 \leqslant Q_h \leqslant 2900$$

风排瓦斯量：

$$14.25 \leqslant Q_{fp} \leqslant 14.5$$

依据回风顺槽最小供风量计算，风排瓦斯量约为14.25 m³/min，回采期间266 d风排瓦斯总量为5458320 m³。预抽瓦斯总量统计如表6.13所示。

表6.13　预抽瓦斯总量统计

煤层	工作面	预抽时间/月	预抽方法	预抽总量/(×10⁶ m³)	备注
3#	2601工作面	6	本煤层顺层平行钻孔	3.2228	预测值
		9		4.7211	
		12		5.7416	
		15		5.8921	
		18		5.9621	
		21		5.9947	

（4）其他参数设计值

2601工作面可采煤炭储量为2381096 t，按照理论回采率，煤炭开采量为2214420 t，设计工作面日产量为8340 t，工作面回采时间为266 d。设计瓦斯抽采率为53%，瓦斯抽采总量为10322304 m³。

对比分析表6.14中的优化参数和设计参数可知，优化后的共采实际利润比原利润多出11223627元；优化后的工作面回采率比原设计值高出1.67个百分点；瓦斯抽采率降低了0.61个百分点，瓦斯抽采总量降低1116861 m³；优化后的工作面日产量比原设计值增加92 t，煤炭开采总量增加39764 t，预抽时间增加14 d，预抽瓦斯量增加475412 m³。可见按照优化后的参数指导2601工作面煤与瓦斯共采作业，在保证安全回采的前提之下，可以实现煤与瓦斯共采利润最大化，获得最优的瓦斯抽采率和工作面回采率。

表6.14 2601工作面煤与瓦斯共采设计参数与优化参数对比

共采控制参数	设计值	优化值	差值
煤炭开采量/t	2214420	2254184	39764
预抽瓦斯量/m³	3200000	3675412	475412
边采边抽瓦斯量/m³	—	5406812	—
采空区瓦斯抽采量/m³	—	123219	—
风排瓦斯量/m³	5458320	8564131	3105811
瓦斯抽采总量/m³	10322304	9205443	−1116861
工作面日产量/t	8340	8432	92
回采时间/d	266	268	2
预抽时间/d	180	194	14
工作面回采率	93%	94.67%	1.67%
瓦斯抽采率	53%	52.39%	−0.61%
共采利润/元	201923676	213147303	11223627

6.5 本章小结

以漳村矿2601工作面为研究对象，应用煤与瓦斯共采成本预算模型和协同优化模型优化2601工作面共采控制参数。主要研究结果如下：

① 利用煤与瓦斯共采成本预算体系，计算得到煤炭直接生产成本为2.2亿元，瓦斯直接生产成本为5821万元，通风防火成本库和机电成本库分配给煤炭的成本为1529万元，分配给瓦斯的成本为250万元。吨煤生产成本为107.5元，每立方米瓦斯的生产成本为5.8元。

② 研究了2601工作面煤与瓦斯共采技术优化。利用煤与瓦斯共采技术优化模型，求解得到2601工作面煤与瓦斯共采的最优解。煤炭开采量最优值为 2.25×10^6 t，瓦斯抽采量最优值分别为预抽总量 3.67×10^6 m³、回采中抽采总量 5.40×10^6 m³、采空区抽采总量 1.2×10^5 m³，风排瓦斯总量 8.56×10^6 m³，日产量8432 t/d，预抽时间194 d，利润值为2.13亿元，工作面回采率94.67%，瓦斯抽采率52.39%，回采时间为268 d。

③ 对比分析了煤与瓦斯共采技术优化效果。根据 2601 工作面设计参数计算出相应的煤炭开采量、瓦斯抽采量以及共采利润等参数，与优化值对比发现，优化后的共采实际利润比原利润多出 1122 万元；优化后的工作面回采率比原设计值高出 1.67%；瓦斯抽采率降低了 0.61%，瓦斯抽采总量降低 $1.117×10^6$ m^3；优化后的工作面日产量比原设计值增加 92 t，煤炭开采总量增加 39764 t，预抽时间增加 14 d，预抽瓦斯量增加 $4.75×10^5$ m^3。可见按照优化后的参数指导 2601 工作面煤与瓦斯共采作业，在保证安全回采的前提之下，可以实现煤与瓦斯共采利润最大化，获得最优的瓦斯抽采率和工作面回采率。

第7章 瓦斯抽采方法研究

　　受回采扰动影响，回采工作面前方煤体应力发生较大变化，煤体裂隙发生扩展或短暂闭合，同时新开挖的工作面煤壁形成临空面，煤体内部原始的高压瓦斯与巷道空间气流产生强对流，大量卸压瓦斯涌入工作面巷道开挖空间，因此工作面煤炭开采时瓦斯涌出量会出现升高趋势。

　　为控制工作面瓦斯涌出量，防止瓦斯超限或瓦斯灾害事故发生，除采取加强矿井通风、加大瓦斯风排量措施外，回采工作面通常采取一定的瓦斯抽采措施。随着现代工业技术的不断进步，煤炭开采技术和矿井瓦斯抽采技术较过去有了质的提升，大量先进成套的采煤设备、钻具和抽采工艺设备应用到煤矿生产中，如大采高放顶煤支架、千米定向钻机、高负压瓦斯抽采泵等。工作面煤炭开采强度、开采量增大，使得含瓦斯煤层瓦斯涌出量不断增加，影响工作面推采进度同时也产生潜在的安全隐患，因此瓦斯抽采工作在瓦斯矿井生产中显得尤为重要，回采煤层卸压瓦斯抽采为工作面瓦斯抽采中的重要部分。

7.1 卸压瓦斯抽采方法及几何建模

　　书中提到的工作面卸压瓦斯特指卸压裂隙带的瓦斯，有多种来源：① 回采落煤和工作面煤壁大量瓦斯涌出。由于回采工作面煤层采动作用，工作面后的采空区顶板垮落垮断，垮落带上部为裂隙带，回采落煤和工作面煤壁大量瓦斯涌出集聚在裂隙带；② 受回采应力扰动影响，工作面应力降低区煤层裂隙扩展，大量卸压瓦斯沿煤层裂隙和顶板裂隙涌入裂隙带；③ 卸压带邻近层瓦斯涌出，特别是上邻近层卸压瓦斯涌入裂隙带。

　　工作面卸压瓦斯抽采有多种抽采方法，如沿顶板走向布置高抽巷抽采、工作面顺槽布置高位巷和裂隙钻孔抽采、高位裂隙孔抽采、沿空留巷抽采、高位长钻孔抽采等。根据沙曲矿钻孔布置情况，本章对顶板定向长钻孔抽采和高位裂隙孔抽采进行了研究。

7.1.1　顶板定向长钻孔抽采瓦斯

（1）顶板定向长钻孔卸压瓦斯抽采方法

近年来，一些大型矿井引入了千米定向钻机在高瓦斯煤层施工定向长钻孔进行瓦斯抽采，定向长钻孔瓦斯抽采较常规短距离钻孔瓦斯抽采方法具有抽采控制区域广、抽采浓度高、抽采时间长等优点，特别是煤层采动后，受采动卸压影响，落煤及邻近层卸压瓦斯大量涌出、上浮、集聚于顶板裂隙带中，布置在该层位的长钻孔可有效抽排该部分瓦斯，降低瓦斯超限风险。但不可否认该抽采方法也存在一定的弊端，如：① 对巷道断面尺寸要求高，因钻机设备体型庞大，施工操作空间较大；② 成本高，钻机设备价格昂贵，且设备精密，复杂地质条件下容易损坏，维护成本高；③ 设备安装、搬家较复杂；④ 钻孔长度较长容易发生塌孔现象。

定向长钻孔施工投入高，担负的设计抽采量也较大，抽采效果是否理想对工作面安全生产有重要意义。实际生产中，井下工作面地质条件复杂多变，钻孔钻进过程中难免遇到各种问题，这就需要在钻孔设计、施钻前和施钻过程中做好各种预测和准备工作，钻孔的施工设计显得尤为重要。

根据抽采区域和抽采目的的不同，定向长钻孔抽采分为工作面瓦斯预抽和顶板卸压瓦斯抽采，前者主要是在工作面准采阶段布置区域预抽钻孔进行本煤层瓦斯抽采，后者主要是在工作面回采过程中抽采裂隙带卸压瓦斯。定向长钻孔本煤层预抽抽采效果主要与煤层地质条件、瓦斯储存条件有关，与常规钻机施工的本煤层预抽钻孔类似，本章不对该部分进行研究。卸压裂隙带抽采则与钻孔的布置层位密切相关，受顶板岩性、厚度、构造等影响，裂隙带发育层位难以精确测定，裂隙带抽采受诸多不确定因素制约，本章就该部分开展相关研究，以期对现场实践能够有所指导。

（2）顶板定向长钻孔抽采几何模型

根据第3章相似模拟试验顶板裂隙演化特征，3#+4#煤顶板以上2#煤上部岩层裂隙较为发育，2#煤以下为垮落带，若钻孔布置位置偏下裂隙张开较大，容易与工作面通风产生对流，影响抽采浓度；若钻孔布置层位偏上，纵向裂隙发育较少，抽采瓦斯流动通道受限，影响瓦斯抽采量，因此抽采层位选择至关重要。综合考虑上述因素，结合相似材料试验成果，将模拟钻孔布置在顶板上部18 m层位，如图7.1所示。在采空区卸压裂隙带，钻孔随岩层垮断位移也会发生变化，根据布置层位岩层垮落特征，钻孔走向布置与岩层垮落一致。

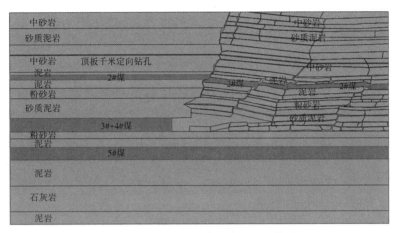

图7.1 顶板定向长钻孔抽采几何模型

7.1.2 高位裂隙孔抽采瓦斯

（1）高位裂隙孔卸压瓦斯抽采方法

高位裂隙钻孔应用较为广泛，是通过在巷道顶板向采空区裂隙带施工倾斜钻孔抽采卸压瓦斯的一种抽采方法。通常超前工作面一定距离，在工作面顺槽（回风巷）顶板施钻，向采空区顶板岩层打抽采钻孔。多煤层赋存时，高位裂隙孔抽采还可兼顾抽采邻近层瓦斯。

高位裂隙孔卸压瓦斯抽采，抽采效果受多方面因素制约，如封孔质量、抽采钻孔布置层位、裂隙水发育特征、抽采负压等，这些因素有的可控，如封孔质量、钻孔布置层位、抽采负压等；有的不可控，如裂隙水发育特征。钻孔封孔质量直接影响瓦斯抽采浓度，影响瓦斯抽采量。裂隙水发育丰富时，钻孔抽采时需提前进行钻孔排水，在抽采过程中也会影响抽采效果，同时还影响钻孔施工。钻孔布置层位直接影响到瓦斯治理效果，合理的钻孔布置层位可实现长期稳定抽采，钻孔布置不合理，可能出现瓦斯抽采量较低、抽采浓度差、有效抽采时间短、钻孔漏气等问题。

（2）高位裂隙孔抽采几何模型

进行高位裂隙钻孔抽采模拟时，为研究裂隙孔布孔位置对抽采效果的影响，选取 3 个典型位置分别布置高位抽采钻孔进行模拟，依次编号为 1#、2#、3#，如图 7.2 所示。3 个钻孔起点位置相同，位于 3#+4#煤顶板超前回采工作面 26.5 m。1#钻孔终孔位置在 2#煤顶板 3.15 m，位于中砂岩层，钻孔长度 28.27 m，钻孔倾角 34°；2#钻孔终孔位于采空区卸压裂隙带，钻孔长度 60.47 m，倾角 25°；3#钻孔终孔位于在回采工作面顶板垮落岩层垮落裂隙线位置，并与 2#煤相交，钻孔长度 39.87 m，钻孔倾角 17°。

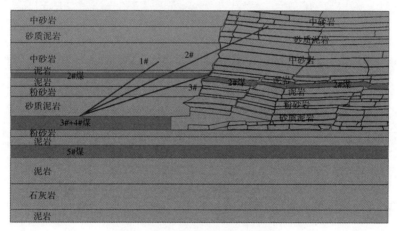

图 7.2　高位裂隙孔抽采几何模型

由钻孔布置位置可以看出，1#钻孔长度较短，仅能抽采 2#煤本煤层瓦斯，2#钻孔穿过 2#煤与顶板垮落裂隙，抽采 2#煤瓦斯和卸压裂隙带瓦斯，3#钻孔位于顶板垮落裂隙处，为临界位置，抽采 2#煤卸压瓦斯和裂隙带卸压瓦斯。

7.2　顶板定向长钻孔抽采效果研究

7.2.1　煤岩应力变化特征

图 7.3 为顶板定向长钻孔瓦斯抽采时模型 von Mises 应力分布特征。布置的长钻孔对围岩应力几乎不产生影响，但是在钻孔不同位置，应力差异较大，在原卸压裂隙附近，存在应力集中现象，应力值较大，钻孔有发生

变形破坏的可能。由图7.9卸压岩层位移变形特征可知，钻孔附近卸压带岩层还未沉降稳定，岩层沉降变形过程中，裂隙带的钻孔也会随之发生变形，不同位置变形量不尽相同。

图7.3 von Mises应力分布特征

7.2.2 渗流场瓦斯压力变化特征

采用有限元软件分析了顶板定向长钻孔抽采时流场瓦斯压力变化，钻孔抽采负压为35 kPa，采用瞬态求解器求解，设定最长求解时间为360 d。

图7.4所示为抽采1，30，90，180 d时，卸压带流场瓦斯压力变化。图7.5为顶板定向长钻孔抽采1 d时，钻孔附近两处裂隙瓦斯渗流特征细部图。

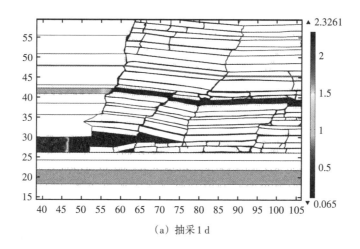

（a）抽采1 d

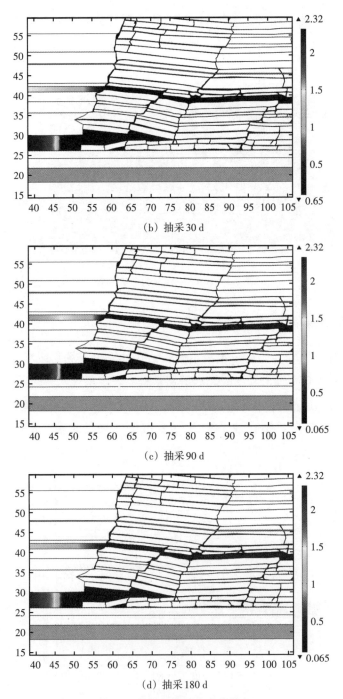

（b）抽采30 d

（c）抽采90 d

（d）抽采180 d

图7.4 流场瓦斯压力变化特征

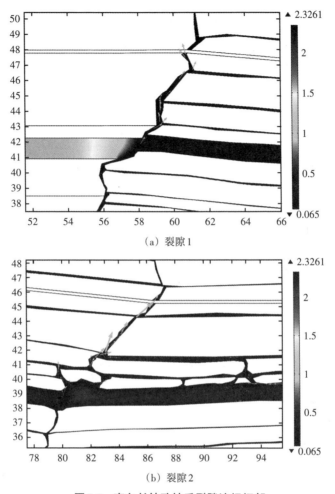

（a）裂隙1

（b）裂隙2

图7.5　定向长钻孔抽采裂隙流场细部

由图7.4可以明显看出，随着抽采时间延长，卸压带集聚在裂隙中的瓦斯逐渐被抽采出，同时未卸压带2#煤和3#+4#煤瓦斯透过裂隙边界和工作面煤壁渗流到裂隙空间被顶板定向长钻孔抽采出，使得未卸压带2#煤和3#+4#煤瓦斯压力逐渐降低，瓦斯压降区逐渐向出口边界内侧的未卸压煤层深部扩展。由图7.5可以看出，未卸压带2#煤和卸压带2#煤的瓦斯在钻孔抽采作用下，经由裂隙通道被钻孔抽采排出。

7.2.3　煤层瓦斯含量变化特征

应用COMSOL Multiphysics软件对顶板定向长钻孔抽采时煤层瓦斯含量

进行了分析。图7.6为钻孔抽采1，30，90，180 d时，煤层瓦斯含量变化。

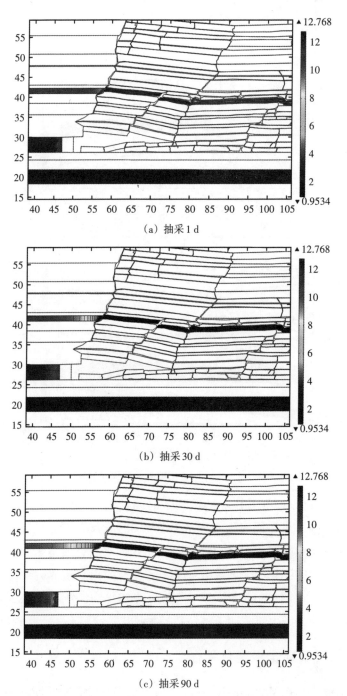

（a）抽采1 d

（b）抽采30 d

（c）抽采90 d

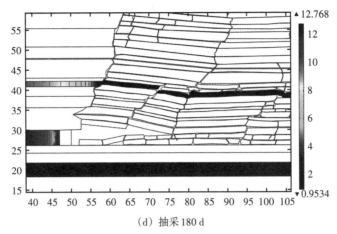

（d）抽采180 d

图7.6　煤层瓦斯含量变化特征

与图7.4类似，随着钻孔卸压瓦斯抽采，卸压带集聚在裂隙中的瓦斯逐渐被抽采，卸压裂隙场瓦斯压力梯度增大，使未卸压带2#煤和3#+4#煤瓦斯透过裂隙边界和工作面煤壁渗流到裂隙空间被顶板定向长钻孔抽采出，煤层瓦斯含量降低。位于卸压带的2#煤，瓦斯出口边界为断裂煤体外表面，瓦斯渗流速度较快，瓦斯含量也降低较快。

7.2.4　抽采负压对抽采效果的影响

钻孔抽采负压是煤层瓦斯抽采的重要参数，为研究不同抽采负压定向长钻孔抽采对煤层瓦斯抽采效果的影响，根据试验模型煤层瓦斯赋存条件和卸压裂隙网络发育特点，对不同负压顶板定向长钻孔抽采时钻孔瓦斯抽采量进行了模拟研究。设定7组不同抽采负压，分别为15，20，25，30，35，40，50 kPa。图7.7为不同负压抽采时，钻孔瓦斯抽采量变化曲线。

由图可知，卸压瓦斯抽采时，抽采初期瓦斯抽采量较大但抽采不稳定，抽采量下降较快，抽采稳定后，抽采量较低。不同负压抽采时，钻孔瓦斯流量变化差异较小，几乎看不出明显差异。由局部详图可知，抽采初期，如图中前18 d时，抽采负压越大，抽采量也相对越高，但抽采量下降较快，抽采稳定后，抽采负压越大，抽采量反而越小，如图中18 d后，说明抽采稳定后，抽采负压较大不利于瓦斯抽采。

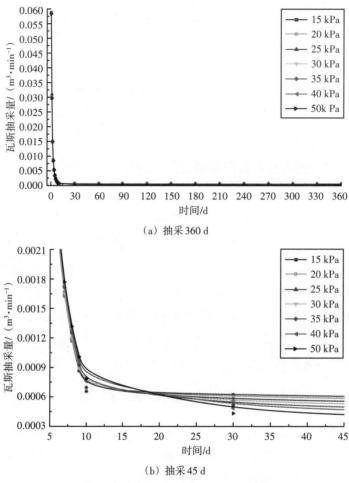

（a）抽采 360 d

（b）抽采 45 d

图 7.7　抽采负压对钻孔瓦斯抽采量的影响

7.3　高位裂隙孔抽采效果研究

7.3.1　煤岩应力变化特征

图 7.8 为高位裂隙孔抽采时模型 von Mises 应力分布特征。图 7.9 为高位裂隙孔抽采时模型位移变化特征。

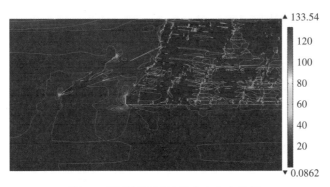

图7.8　高位裂隙孔抽采应力分布特征

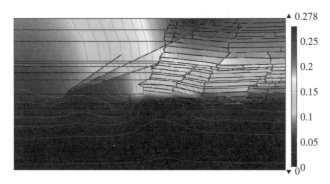

图7.9　高位裂隙孔抽采模型位移变化特征

由图7.8可知，在高位裂隙孔终孔位置产生了应力集中现象，应力值相对较高，由图7.9中位移等值线延展规律可以看出钻孔长度范围岩层发生不同程度的位移变形，岩层向工作面方向发生斜向位移变形，抽采钻孔将产生一定的变形。

7.3.2　渗流场瓦斯压力变化特征

应用COMSOL Multiphysics分析了高位裂隙孔组抽采时，各抽采钻孔模型流场瓦斯流动特征。裂隙孔抽采负压为15 kPa，求解时间360 d。为研究不同钻孔布置方式瓦斯抽采效果，对各钻孔分别进行研究。1#裂隙孔抽采模拟时，该钻孔未穿过垮落卸压岩层，求解时未对垮落卸压区裂隙流场进行计算。图7.10～图7.12所示为3个钻孔抽采时，模型流场瓦斯压力变化特征，为简化说明，图中只给出了抽采30 d和180 d时流场瓦斯压力变化。

（1）1#裂隙孔抽采瓦斯压力变化

图7.10所示为1#钻孔抽采30 d和180 d时煤层瓦斯压力变化。该钻孔

自3#+4#煤顶板施钻，穿过2#煤，但终孔位置未达到垮落岩层区域，因此作用与本煤层预抽相同。随着抽采时间延长，煤层瓦斯压力自钻孔附近逐渐降低，在顶板2#煤层垮落裂隙附近，2#煤层瓦斯沿断裂裂隙发生渗流，时间越长瓦斯压力降低越大，初始阶段瓦斯流速较快，后趋缓。

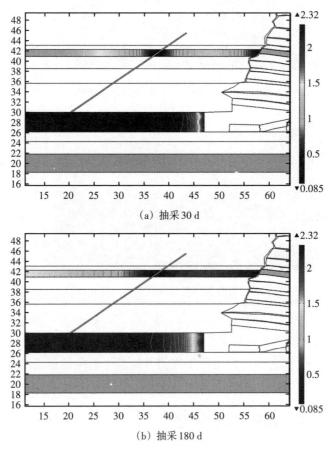

（a）抽采30 d

（b）抽采180 d

图7.10　1#钻孔煤层瓦斯压力变化

（2）2#裂隙孔抽采瓦斯压力变化

2#钻孔穿过2#煤和顶板垮落裂隙，抽采2#煤瓦斯和卸压裂隙带瓦斯。图7.11所示为2#钻孔抽采时煤层瓦斯压力变化，其中图（c）为抽采10 d时流场细部图，箭头指向为流速方向。

由图7.11所示钻孔抽采瓦斯压力变化可知，钻孔穿过2#煤部位，煤层瓦斯压力随抽采时间逐渐降低，压力降低区逐渐向煤层内部延伸，钻孔区域煤层瓦斯可有效抽采。由流场流速特征和图7.11（c）可知，抽采初期，裂隙场瓦斯集聚，2#煤大量瓦斯涌入裂隙空间，抽采一段时间后，裂隙场瓦斯渗流稳定，瓦斯渗流速度波动较小，经由裂隙通道被采出。

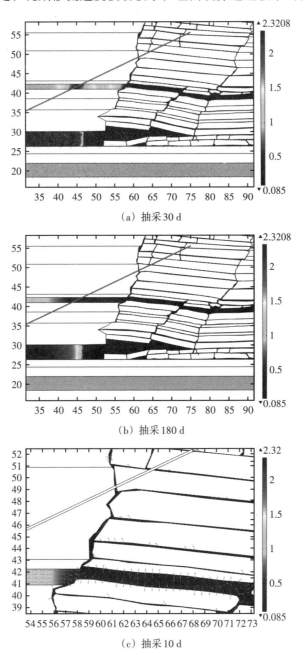

（a）抽采30 d

（b）抽采180 d

（c）抽采10 d

图7.11 2#钻孔煤层瓦斯压力变化

（3）3#裂隙孔抽采瓦斯压力变化

图7.12所示为3#钻孔抽采时流场瓦斯压力变化，其中图（c）为抽采3 d时，钻孔端部附近瓦斯流动详图，箭头表示瓦斯流动速度。

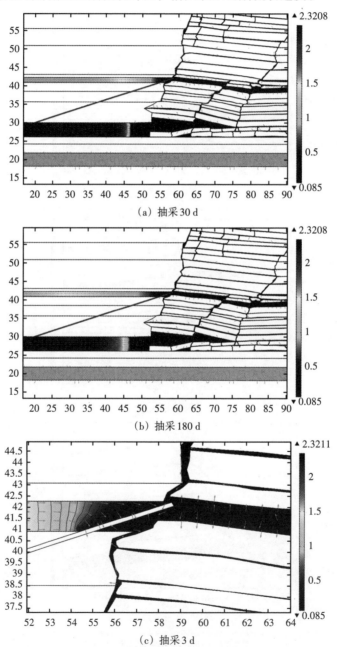

（a）抽采30 d

（b）抽采180 d

（c）抽采3 d

图7.12　3#钻孔煤层瓦斯压力变化

3#钻孔位于顶板垮落裂隙处，为临界位置，抽采2#煤卸压瓦斯和裂隙带卸压瓦斯。由图7.12所示钻孔抽采瓦斯压力变化可知，钻孔抽采2#煤部位，煤层瓦斯压力随抽采时间逐渐降低，压力降低区逐渐向煤层内部延伸，与图7.11中2#钻孔抽采时2#煤断裂位置瓦斯流动特征相比，煤层瓦斯压降幅度明显加快。由流场流速特征和图7.12（c）可知，卸压带中的2#煤瓦斯排放到裂隙场中，裂隙通道中集聚的瓦斯在压力梯度差作用下发生流动，钻孔抽采负压与裂隙空间压差较大，钻孔周围裂隙通道中的瓦斯逐渐被钻孔抽采排出。

7.3.3　煤层瓦斯含量变化特征

应用COMSOL Multiphysics软件对高位裂隙钻孔抽采时煤层瓦斯含量进行了分析。钻孔抽采负压与求解时间设定和顶板长钻孔抽采时设置相同，模拟求解抽采360 d时煤层瓦斯含量变化。图7.13～图7.15所示为3个钻孔独立抽采时，模型各煤层瓦斯含量变化特征，为简化说明，图中只给出了抽采30 d和180 d时煤层瓦斯含量变化图。

由图7.13～图7.15所示各钻孔瓦斯抽采时煤瓦斯含量变化特征可知，各钻孔抽采时相同特征为：随着钻孔瓦斯抽采，煤层瓦斯含量逐渐降低，结合图7.10～图7.12煤层瓦斯压力变化特征可知，抽采初期煤层钻孔位置与煤层内部瓦斯之间压力差较大，煤层瓦斯渗流速度较快，瓦斯含量快速降低。距离钻孔较远位置，瓦斯压力梯度相对较小，煤层瓦斯渗流速度相

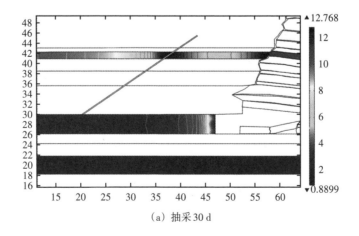

（a）抽采30 d

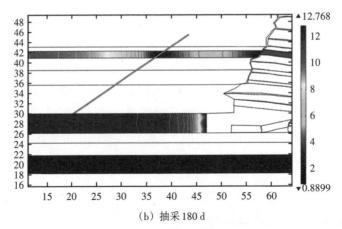

（b）抽采180 d

图7.13　1#孔抽采煤层瓦斯含量变化

对较低，瓦斯含量降低较慢，随着钻孔瓦斯抽采，煤层瓦斯含量降低区域逐渐向钻孔远端扩展。同样在煤层与裂隙空间或开挖空间接触的边界，即煤层自然外排边界，如2#煤和3#+4#煤钻孔外的出口边界，煤层瓦斯含量随时间逐渐降低。

　　由于各钻孔布置位置不同，抽采区域不尽相同。当钻孔布置在1#孔位置时，钻孔失去了抽采裂隙带卸压瓦斯的效用，充当了邻近层预抽钻孔，钻孔抽采瓦斯主要来源于邻近层瓦斯。当邻近层距离开采煤层较近，且岩层透气性较好时，邻近层瓦斯对工作面瓦斯涌出有一定贡献，该钻孔可以在一定程度上解决邻近层瓦斯涌出，对该层瓦斯也起到提前预抽作用。

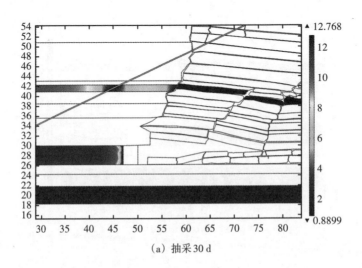

（a）抽采30 d

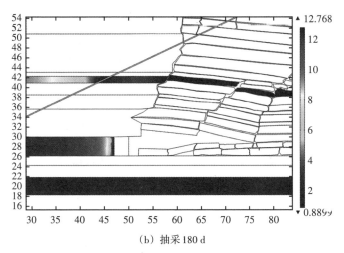

（b）抽采 180 d

图7.14 2#孔抽采煤层瓦斯含量变化

当裂隙孔钻孔长度较大，布置特点如2#钻孔时，钻孔不仅抽采卸压带裂隙瓦斯还可抽采上部邻近层瓦斯。当钻孔布置在临界的3#孔位置时，可有效抽采上部邻近层涌入裂隙带中的瓦斯，同样也可有效降低邻近层瓦斯含量。

由3种布置位置抽采时各煤层瓦斯含量变化特征可知：1#钻孔较其他2种钻孔布置方式抽采时，煤层瓦斯含量降低较快，降低范围也较广。按2#钻孔布置方式进行瓦斯抽采时，对煤层瓦斯含量的影响仅次于1#钻孔。3#钻孔对煤层瓦斯含量的降低程度影响有限。

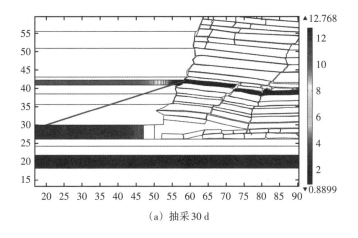

（a）抽采 30 d

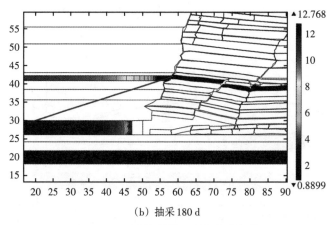

（b）抽采180 d

图7.15　3#孔抽采煤层瓦斯含量变化

7.3.4　抽采负压对抽采效果的影响

钻孔抽采负压是影响煤层瓦斯抽采的重要参数，为研究不同抽采负压对高位裂隙孔瓦斯抽采效果的影响，对3种不同钻孔布置方式分别进行了抽采负压影响模拟。设定6组钻孔抽采负压，分别为15，20，25，30，35，40 kPa。图7.16～图7.18所示为不同负压抽采时，钻孔瓦斯抽采量变化曲线。其中1#钻孔为抽采邻近2#煤瓦斯，未能抽采卸压裂隙带瓦斯，2#、3#钻孔布置位置均对卸压裂隙带瓦斯进行了相应抽采，图中给出了裂隙带瓦斯抽采量变化曲线。

（1）抽采负压对1#钻孔瓦斯抽采量的影响

钻孔抽采负压对1#钻孔瓦斯抽采量的影响如图7.16所示。

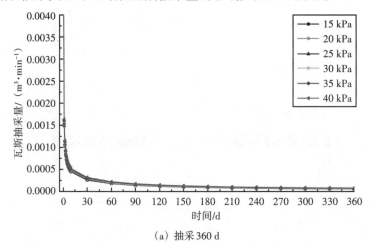

（a）抽采360 d

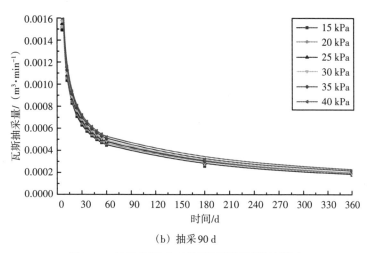

（b）抽采90 d

图7.16　抽采负压对1#钻孔瓦斯抽采量的影响

（2）抽采负压对2#钻孔瓦斯抽采量的影响

钻孔抽采负压对2#钻孔瓦斯抽采量的影响如图7.17所示。其中，图7.17（c）为2#钻孔垮落裂隙带钻孔瓦斯抽采量变化。

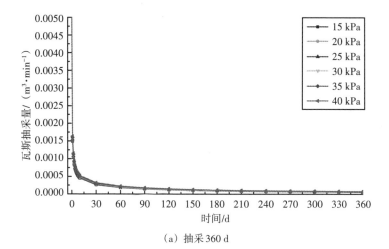

（a）抽采360 d

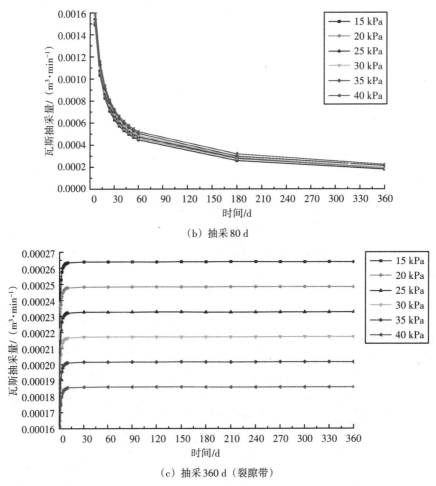

（b）抽采 80 d

（c）抽采 360 d（裂隙带）

图7.17　抽采负压对2#钻孔瓦斯抽采量的影响

（3）抽采负压对3#钻孔瓦斯抽采量的影响

抽采负压对3#钻孔瓦斯抽采量的影响如图7.18所示。抽采模拟时，假定各钻孔抽采负压不发生压力损失，即不考虑钻孔抽采负压损失，钻孔各处瓦斯压力均等于出口抽采负压。由图7.16~图7.18各钻孔瓦斯抽采量变化曲线可知，钻孔抽采量变化规律分3个阶段：① 抽采量快速降低阶段；② 过渡阶段；③ 抽采稳定阶段。抽采初期，钻孔瓦斯抽采量较高，但衰减较快，经过短期的抽采过渡阶段，抽采量下降速度趋缓，变化稳定。

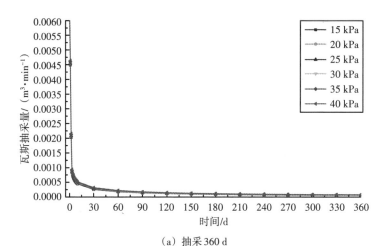

（a）抽采 360 d

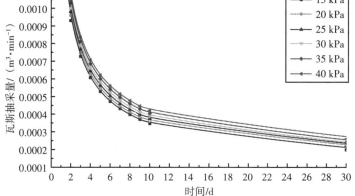

（b）抽采 30 d

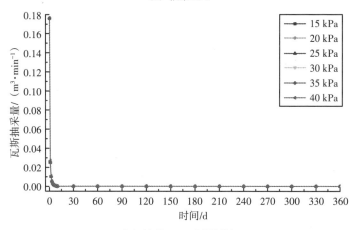

（c）抽采 360 d（裂隙带）

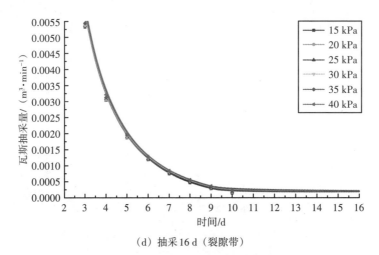

（d）抽采 16 d（裂隙带）

图 7.18　抽采负压对 3#钻孔瓦斯抽采量的影响

通过 3 种钻孔布置方式瓦斯抽采量对比发现，抽采初期阶段，3#钻孔瓦斯抽采量最高，2#钻孔次之，1#钻孔抽采量最低。说明抽采初期阶段，3#钻孔布置方式瓦斯抽采效果较好，抽采量较高，适合短期快速降低卸压带瓦斯。抽采稳定后，各钻孔维持相对较低的稳定抽采量，钻孔抽采量有一定的微小差值，说明长期抽采后，各钻孔瓦斯抽采量差异不大。

由 2#钻孔和 3#钻孔裂隙带瓦斯抽采量变化曲线可知，两种布置方式裂隙带瓦斯抽采量差异较大，3#钻孔裂隙带卸压瓦斯抽采量远高于 2#钻孔。因钻孔布置位置不同，3#钻孔紧邻 2#煤断裂裂隙位置，由图 7.12（c）可知，2#煤卸压瓦斯涌入裂隙带后，迅速被 3#卸压钻孔抽采，3#钻孔抽采的卸压带瓦斯大多来源于 2#煤卸压瓦斯，由于钻孔距离 2#煤卸压层较近，瓦斯流动通道短，而 2#钻孔布置位置距离卸压带 2#煤较远，2#煤卸压瓦斯被 2#钻孔抽采的流程远，因此 2#钻孔卸压瓦斯抽采量相对较低。

由钻孔瓦斯抽采量变化曲线可知，钻孔抽采负压越大钻孔瓦斯抽采量相对也越大，但是差值不大。由 3#钻孔裂隙带瓦斯抽采量变化曲线可知，抽采初期，抽采负压越大，抽采量也相对越大，经过短期的抽采量急剧下降后，钻孔抽采量随钻孔负压变化趋势发生逆转，抽采 24 d 后，抽采负压较大时，抽采量反而减小，说明抽采稳定后，抽采负压较大反而不利于瓦斯抽采。2#钻孔卸压裂隙带瓦斯抽采稳定后，抽采负压值较高，瓦斯抽采量相对较低。与 3#钻孔抽采负压对抽采量的影响相同。两个钻孔裂隙带瓦斯抽采量随负压变化趋势表明，裂隙孔抽采负压较大时，抽采初期抽采量较高，但抽采稳定后抽采量相对不理想。

7.4　本章小结

瓦斯矿井煤层群赋存条件下，开采层煤炭采出后顶底板岩层卸压，顶板岩层垮落破断产生大量卸压裂隙和离层裂隙，当顶板覆岩有含瓦斯煤层时，位于卸压带的煤层瓦斯大量涌入卸压裂隙空间，此外回采煤层落煤和裸露工作面煤壁也不断有瓦斯涌入采空区卸压空间，因此采空区卸压瓦斯抽采对工作面上隅角瓦斯治理较为重要，同时通过抽采该部分瓦斯可有效提高矿井瓦斯资源利用率。为此本章对覆岩裂隙带卸压瓦斯抽采方法进行了研究，分别对顶板长钻孔抽采和高位裂隙孔抽采进行了模拟研究，研究成果主要有以下几个方面：

①根据各岩层物理属性，对模型进行了适当简化，分别建立了顶板定向长钻孔抽采几何模型和高位裂隙孔抽采几何模型，其中高位裂隙孔布置了3个不同位置的钻孔。

②进行了顶板定向长钻孔抽采模拟。定向长钻孔对围岩应力几乎不产生影响，但钻孔不同位置应力差异较大，钻孔在原卸压裂隙附近，有发生变形破坏的可能。卸压带中的煤层瓦斯压力和含量降低较快。抽采初期瓦斯抽采量较大，衰减较快，抽采一段时间后，维持相对较低的抽采量。抽采负压对钻孔瓦斯量影响相对较小，抽采初期，抽采负压越大，瓦斯抽采量越大，抽采稳定后，抽采负压增大，抽采量反而减小。

③进行了高位裂隙孔抽采数值模拟。钻孔抽采2#煤未卸压瓦斯时，煤层瓦斯压力、瓦斯含量随抽采时间逐渐降低。钻孔抽采量变化分3个阶段：快速降低—降速减慢—抽采稳定。抽采初期阶段，3#钻孔布置方式瓦斯抽采效果较好，适合短期快速降低卸压带瓦斯。3#钻孔裂隙带卸压瓦斯抽采量远高于2#钻孔。未卸压带煤层瓦斯抽采时，钻孔抽采负压越大钻孔瓦斯抽采量相对也越大；裂隙带卸压瓦斯抽采时，抽采初期，抽采量随抽采负压增大而增大，抽采一段时间后，较大抽采负压不利于抽采。

参考文献

[1] 李树刚，钱鸣高，许家林，等. 对我国煤层与瓦斯共采的几点思考 [J]. 煤，1999，8（2）：3-6.

[2] 钱鸣高，许家林，缪协兴. 煤矿绿色开采技术 [J]. 中国矿业大学学报，2003，32（4）：343-348.

[3] HU G，WANG H，LI X，et al. Numerical simulation of protection range in exploiting the upper protective layer with a bow pseudo-incline technique [J]. Journal of China University of Mining & Technology，2009，19（1）：58-64.

[4] DZIURZYNSKI W，KRACHA. Mathematical model of methane emission caused by a collapse of rock mass ctrump [J]. Archives of Mining Sciences，2001，46（4）：433-449.

[5] SAGHAFI A，FAIZM，ROBERTSD. CO_2 storage and gas diffusivity properties of coals from Sydney Basin，Australia [J]. International Journal of Coal Geology，2007，70：240-254.

[6] HU G，WANG H，FAN X，et al. Mathematical model of coalbed gas flow with Klinkenberg effects in multi-physical fields and its analytic solution [J]. Transport in Porous Media，2009，76（3）：407-420.

[7] LIU L，CHENG Y，WANG H，et al. Principle and engineering application of pressure relief gas drainage in low permeability outburst coal seam [J]. Journal of Mining Science & Technology，2009，19（3）：342-345.

[8] 钱鸣高. 绿色开采的概念与技术体系 [J]. 煤炭科技，2003（4）：1-3.

[9] 钱鸣高，缪协兴，许家林. 资源与环境协调（绿色）开采 [J]. 煤炭学报，2007，32（1）：1-7.

[10] 缪协兴，钱鸣高. 中国煤炭资源绿色开采研究现状与展望 [J]. 采矿与安全工程学报，2009，26（1）：1-14.

[11] 王金庄. 采动覆岩断裂破坏的开采条件分析 [C]. 承德：1999全国矿山测量学术会议论文集，1999.

［12］ S. S. 彭. 煤矿地层控制［M］. 高博彦，韩持，译. 北京：煤炭工业协会出版社，1984.

［13］ Z. T. 比尼斯基. 矿业工程岩层控制［M］. 孙恒虎，孙继平，马燕合，译. 徐州：中国矿业大学出版社，1990.

［14］ VALLIAPPAN S, ZHANG W H. Numerical modeling of methane gas migration in dry coal seam［J］. Geomechanics Abstracts, 1997（1）：10-12.

［15］ SKOCZYLAS F, HENRY J P. A study of the intrinsic permeability of granite to gas［J］. Int. J. Rock Mech. Min. Sci. and Geomech. Abstr., 1995, 32：171-179.

［16］ BLAIR S C, COOK N G W. Analysis of compressive fracture in rock using statistical techniques：part Ⅰ：a non-linear rule-based model［J］. Int. J. Rock Mech. Min. Sci., 1998, 35（7）：837-848.

［17］ BLAIR S C, COOK N G W. Analysis of compressive fracture in rock using statistical techniques：part Ⅱ：effect of microscale heterogeneity on macroscopic deformation［J］. Int. J. Roch Mech. Min. Sci., 1998, 35（7）：849-861.

［18］ LIU Z, MYER L R, COOK N G W. Numerical simulation of the effect of heterogeneities on macro-behavior of granular materials［C］. SIRIWARDANE, ZAMAN. Computer methods and advances in geomechanics. Rotterdam：Balkema, 1994：611-616.

［19］ YANG L H. Study on the model experiment and numerical simulation for underground coal gasification［J］. Fuel, 2004（3）：573-584.

［20］ ANTONIOC M, LILIANA F S, EDUARDO P M. Dynamic simulation model of a coal thermoelectric plant with a flue gas desulphurisation system［J］. Energy Policy, 2006（12）：3812-3826.

［21］ SUN P D. A numerical approach for coupled gas leak flow and coal/rock deformation in parallel coal seams［J］. International Journal of Rock Mechanics and Mining Sciences, 2004（5）：1-6.

［22］ 赵德深. 开采空间在覆岩中的传播规律［D］. 阜新：阜新矿业学院，1986.

［23］ 石必明. 远距离下保护层开采上覆煤层变形及透气性变化规律的研究［D］. 徐州：中国矿业大学，2004.

［24］ 钱鸣高，刘昕成. 矿山压力及其控制［M］. 修订本. 北京：煤炭工业出版社，1991.

［25］ 钱鸣高，缪协兴，许家林，等. 岩层控制的关键层理论［M］. 徐州：中国矿业大学出版社，2003.

［26］ SUN P. Numerical simulations for coupled rock deformation and gas leak flow in parallel coal seams［J］. Geotechnical and Geological Engineering, 2004, 22（1）：1-17.

［27］ BELARMINO A D, BENJAMIN L, RUBEN A. Simulation in dynamic environments: optimization of transportation inside a coal mine ［J］. IIE Transactions (Institute of Industrial Engineers), 2004 (6): 547-555.

［28］ LEBEDEVA L N, KOST L A, GORLOV E G, et al. Thermodynamic simulation of transfer of lead, cadmium, and zinc to the gas phase during oxidative and reductive thermal treatment of coals from some coal deposits of the Russian federation ［J］. Solid Fuel Chemistry, 2007, 41 (1): 58-63.

［29］ BILGESU H I, ALI M W. Well-completion strategies for methane gas production from coal seams using simulation ［J］. SPE Eastern Regional Meeting, 2005: 347-352.

［30］ KRAUSE U, SCHMIDT M, CHRISTIAN L L. A numerical model to simulate smouldering fires in bulk materials and dust deposits ［J］. Journal of Loss Prevention in the Process Industries, 2006, 19 (2/3): 218-226.

［31］ YANGL H. Three-dimensional non-linear numerical analysis on the oxygen concentration field in underground coal gasification ［J］. Fuel Processing Technology, 2004, 85 (15): 1605-1622.

［32］ GU F, CHALATURNYK R J. Numerical simulation of stress and strain due to gas sorption/desorption and their effects on in situ permeability of coal beds ［J］. Journal of Canadian Petroleum Technology, 2006 (10): 52-56.

［33］ HAN B, WANG Z Y, DING X L, et al. Numerical simulation for rheological characteristics of alternating distribution of soft and hard rock layers ［J］. Journal of Coal Science and Engineering, 2006 (6): 1-5.

［34］ 程远平, 俞启香. 煤层群煤与瓦斯安全高效共采体系及应用 ［J］. 中国矿业大学学报, 2003, 32 (5): 471-75.

［35］ 许家林, 钱鸣高, 金宏伟. 基于岩层移动的"煤与煤层气共采"技术研究 ［J］. 煤炭学报, 2004, 29 (2): 129-132.

［36］ 袁亮. 低透高瓦斯煤层群安全开采关键技术研究 ［J］. 岩石力学与工程学报, 2008, 27 (8): 1370-1379.

［37］ SU S, CHEN H, TEAKLE P, et al. Characteristics of coal mine ventilation air flows ［J］. Journal of environmental management, 2006 (11): 1-19.

［38］ PARRA M T, VILLAFRUELA J M, CASTRO F, et al. Numerical and experimental analysis of different ventilation systems in deep mines ［J］. Building and Environment, 2006 (41): 87-93.

［39］ NOACK K. Control of gas emissions in underground coal mines ［J］. International Journal of Coal Geology, 1998 (35): 369-379.

［40］LUNARZEWSKI L L W. Gas emission prediction and recovery in underground coal mines ［J］. International Journal of Coal Geology, 1998 (35): 117-145.

［41］WHITTLES D N, LOWNDES I S, KINGMAN S W, et al. The stability of methane capture boreholes around a long wall coal panel ［J］. International Journal of Coal Geology, 2006 (11): 1-16.

［42］ETTINGER I L. Solubility diffusion of methane in coal strata ［J］. Soviet Mining Science, 1980, 16 (1): 49-54.

［43］DXIURZYNSKI W, KRACH A. Mathematical model of methane emission caused by a collapse of rock mass crump ［J］. Archives of Mining Sciences, 2001, 46 (4): 433-449.

［44］涂敏. 煤层气卸压开采的采动岩体力学分析与应用研究 ［D］. 徐州：中国矿业大学，2008.

［45］袁亮. 低透气煤层群首采关键层卸压开采采空侧瓦斯分布特征与抽采技术 ［J］. 煤炭学报，2008，33 (12): 1362-1367.

［46］袁亮，郭华，沈宝堂，等. 低透气性煤层群煤与瓦斯共采中的高位环形裂隙体 ［J］. 煤炭学报，2011，36 (3): 257-365.

［47］卢平，袁亮，程桦，等. 低透气性煤层群高瓦斯采煤工作面强化抽采卸压瓦斯机理及试验 ［J］. 煤炭学报，2010，35 (4): 580-585.

［48］袁亮. 低透气性煤层群无煤柱煤气共采理论与实践 ［J］. 中国工程科学，2011，11 (5): 72-80.

［49］吴仁伦. 煤层群开采瓦斯卸压抽采"三带"范围的理论研究 ［D］. 徐州：中国矿业大学，2011.

［50］谢和平，高峰，周宏伟，等. 煤与瓦斯共采中煤层增透率理论与模型研究 ［J］. 煤炭学报，2013，38 (7): 1101-1108.

［51］许家林. 岩层移动与控制的关键层理论及其应用 ［D］. 徐州：中国矿业大学，1999.

［52］许家林，刘华民. 采空区瓦斯抽放钻孔布置的研究 ［J］. 煤炭科学技术，1997，25 (4): 30-32.

［53］许家林，钱鸣高. 地面钻井抽放上覆远距离卸压煤层气试验研究 ［J］. 中国矿业大学学报，2000，29 (1): 78-81.

［54］钱鸣高，许家林. 覆岩采动裂隙分布的"O"形圈特征研究 ［J］. 煤炭学报，1998，23 (5): 20-23.

［55］许家林. 岩层采动裂隙分布理论与应用 ［M］. 徐州：中国矿业大学出版社，2003.

[56] 许家林，钱鸣高. 岩层采动裂隙分布在绿色开采中的应用 [J]. 中国矿业大学学报，2004，33（2）：17-20，25.

[57] 许家林，孟广石. 应用上覆岩层采动裂隙 "O" 形圈特征抽放采空区瓦斯 [J]. 煤矿安全，1995（7）：2-4.

[58] 李树刚. 综放开采围岩活动及瓦斯运移 [M]. 徐州：中国矿业大学出版社，2000.

[59] 林海飞，李树刚，成连华，等. 覆岩采动裂隙带动态演化模型的实验分析 [J]. 采矿与安全工程学报，2011，28（2）：298-303.

[60] 李树刚，石平五，钱鸣高. 覆岩采动裂隙椭抛带动态分布特征研究 [J]. 矿山压力与顶板管理，1999（Z1）：44-46.

[61] 袁亮，薛俊华，张农，等. 煤层气抽采和煤与瓦斯共采关键技术现状与展望 [J]. 煤炭科学技术，2013，41（9）：6-11，17.

[62] 袁亮. 留巷钻孔法煤与瓦斯共采技术 [J]. 煤炭学报，2008，33（8）：898-902.

[63] 袁亮，郭华，李平，等. 大直径地面钻井采空区采动区瓦斯抽采理论与技术 [J]. 煤炭学报，2013，38（1）：1-8.

[64] 袁亮，薛俊华. 低透气性煤层群无煤柱煤与瓦斯共采关键技术 [J]. 煤炭科学技术，2013，41（1）：5-11.

[65] 袁亮. 低透气性煤层群无煤柱煤与瓦斯共采理论与实践 [M]. 北京：煤炭工业出版社，2008.

[66] 袁亮，刘泽功. 淮南矿区开采煤层顶板抽放瓦斯技术的研究 [J]. 煤炭学报，2003，28（2）：149-152.

[67] 袁亮. 卸压开采抽采瓦斯理论及煤与瓦斯共采技术体系 [J]. 煤炭学报，2009，34（1）：1-8.

[68] GUO H，YUAN L，SHEN B，et al. Mining-induced strata stress changes，fractures and gas flow dynamic sin multi-seam long wall mining [J]. International Journal of Rock Mechanics and Mining Sciences，2012，54（3）：129-139.

[69] YANG T H，XU T，LIU H Y，et al. Stress-damage-flow coupling model and its application to pressure relief coal bed methane in deep coal seam [J]. International Journal of Coal Geology，2011，86（4）：357-366.

[70] 杨天鸿，陈仕阔，朱万成，等. 煤层瓦斯卸压抽放动态过程的气-固耦合模型研究 [J]. 岩土力学，2010，31（7）：2247-2252.

[71] 杨天鸿，唐春安，朱万成，等. 岩石破裂过程渗流与应力耦合分析 [J]. 岩土工程学报，2001，23（4）：489-493.

[72] 杨天鸿，徐涛，刘建新，等. 应力-损伤-渗流耦合模型及在深部煤层瓦斯卸压实

践中的应用 [J]. 岩石力学与工程学报, 2005, 24 (16): 2900-2905.

[73] 刘泽功. 高位巷道抽放采空区瓦斯实践 [J]. 煤炭科学技术, 2001, 29 (12): 10-13.

[74] 卢平, 刘泽功, 廖光煊, 等. 高瓦斯综采面顶板覆岩卸压抽放瓦斯实验研究 [J]. 力学与实践, 2003, 25 (4): 53-57.

[75] 刘泽功, 袁亮, 戴广龙, 等. 开采煤层顶板环形裂隙圈内走向长钻孔法抽放瓦斯研究 [J]. 中国工程科学, 2004, 6 (5): 32-38.

[76] 刘泽功, 袁亮, 戴广龙, 等. 采场覆岩裂隙特征研究及在瓦斯抽放中应用 [J]. 安徽理工大学学报 (自然科学版), 2004, 24 (4): 10-15.

[77] 涂敏, 刘泽功. 综放开采顶板离层裂隙变化研究 [J]. 煤炭科学技术, 2004, 32 (4): 44-47.

[78] 叶建设, 刘泽功. 顶板巷道抽放采空区瓦斯的应用研究 [J]. 淮南工业学院学报, 1999, 19 (2): 32-36.

[79] 刘泽功. 开采煤层顶板抽放瓦斯流场分析 [J]. 矿业安全与环保, 2000, 27 (3): 4-6.

[80] 涂敏, 袁亮, 缪协兴, 等. 保护层卸压开采煤层变形与增透效应研究 [J]. 煤炭科学技术, 2013, 41 (1): 40-43, 47.

[81] 涂敏. 低渗透性煤层群卸压开采地面钻井抽采瓦斯技术 [J]. 采矿与安全工程学报, 2013, 30 (5): 766-772.

[82] 涂敏, 付宝杰. 低渗透性煤层卸压瓦斯抽采机理研究 [J]. 采矿与安全工程学报, 2009, 26 (4): 433-436.

[83] 涂敏, 付宝杰. 关键层结构对保护层卸压开采效应影响分析 [J]. 采矿与安全工程学报, 2011, 28 (4): 536-541.

[84] 涂敏, 付宝杰, 缪协兴. 卸压开采损伤煤岩气体渗透率试验研究 [J]. 实验力学, 2012, 27 (2): 249-253.

[85] ZHOU H, LIU J, XUE D, et al. Numerical simulation of gas flow process in mining-induced crack network [J]. International Journal of Mining Science and Technology, 2012, 22 (6): 793-799.

[86] 薛东杰, 周宏伟, 赵天, 等. 基于体积估算岩石断面分维的算法研究 [J]. 岩土工程学报, 2012, 34 (7): 1256-1261.

[87] 周宏伟, 张涛, 薛东杰, 等. 长壁工作面覆岩采动裂隙网络演化特征 [J]. 煤炭学报, 2011, 36 (12): 1957-1962.

[88] 吴仁伦. 关键层对煤层群开采瓦斯卸压运移 "三带" 范围的影响 [J]. 煤炭学报, 2013, 38 (6): 924-929.

[89] 薛东杰, 周宏伟, 唐咸力, 等. 采动工作面前方煤岩体积变形及瓦斯增透研究 [J]. 岩土工程学报, 2013, 35 (2): 328-336.

[90] 薛东杰, 周宏伟, 唐咸力, 等. 采动煤岩体瓦斯渗透率分布规律与演化过程 [J]. 煤炭学报, 2013, 38 (6): 930-935.

[91] 薛东杰, 周宏伟, 孔琳, 等. 采动条件下被保护层瓦斯卸压增透机理研究 [J]. 岩土工程学报, 2012, 34 (10): 1910-1916.

[92] 马念杰, 李季, 赵希栋, 等. 深部煤与瓦斯共采中的优质瓦斯通道及其构建方法 [J]. 煤炭学报, 2015, 40 (4): 742-748.

[93] 马念杰, 郭晓菲, 赵希栋, 等. 煤与瓦斯共采钻孔增透半径理论分析与应用 [J]. 煤炭学报, 2016, 41 (1): 120-127.

[94] 俞启香, 程远平, 蒋承林, 等. 高瓦斯特厚煤层煤与卸压瓦斯共采原理及实践 [J]. 中国矿业大学学报, 2004, 33 (2): 3-7.

[95] 李宏艳, 王维华, 齐庆新, 等. 煤与瓦斯共采覆岩应力及渗透耦合特性实验研究 [J]. 煤炭学报, 2013, 38 (6): 942-947.

[96] 薛俊华. 近距离高瓦斯煤层群大采高首采层煤与瓦斯共采 [J]. 煤炭学报, 2012, 37 (10): 1682-1687.

[97] 王伟, 程远平, 袁亮, 等. 深部近距离上保护层底板裂隙演化及卸压瓦斯抽采时效性 [J]. 煤炭学报, 2016, 41 (1): 138-148.

[98] 胡国忠, 王宏图, 李晓红, 等. 急倾斜俯伪斜上保护层开采的卸压瓦斯抽采优化设计 [J]. 煤炭学报, 2009, 34 (1): 9-14.

[99] 刘三钧, 林柏泉, 高杰, 等. 远距离下保护层开采上覆煤岩裂隙变形相似模拟 [J]. 采矿与安全工程学报, 2011, 28 (1): 51-55, 60.

[100] 涂敏, 黄乃斌, 刘宝安. 远距离下保护层开采上覆煤岩体卸压效应研究 [J]. 采矿与安全工程学报, 2007, 24 (4): 418-421, 426.

[101] 赵兵文. 坚硬顶板保护层沿空留巷Y型通风煤与瓦斯共采技术研究 [D]. 北京: 中国矿业大学 (北京), 2012.

[102] 涂敏, 缪协兴, 黄乃斌. 远程下保护层开采被保护煤层变形规律研究 [J]. 采矿与安全工程学报, 2006, 23 (3): 253-257.

[103] 杨大明. 下保护层开采作用分析 [D]. 徐州: 中国矿业大学, 1992.

[104] 王露, 许家林, 吴仁伦. 采动煤层瓦斯充分卸压应力判别指标理论研究 [J]. 煤炭科学技术, 2012, 40 (3): 1-5.

[105] 董春游, 张斌斌. 云模型和D-S理论的煤与瓦斯共采综合评价 [J]. 黑龙江科技大学学报, 2015, 25 (4): 450-456.

[106] 王文, 李化敏, 高保彬, 等. 远距离保护层开采煤层渗透特性及瓦斯抽采技术

研究［J］. 中国安全生产科学技术，2014，10（11）：84-89.

［107］袁亮. 煤与瓦斯共采：领跑煤炭科学开采［J］. 能源与节能，2011（4）：1-4.

［108］BEAMISH B B, CROSDALE P J. Instantaneous outbursts in underground coal mines：an overview and association with coal type［J］. International Journal of Coal Geology，1998，35：27-55.

［109］WU S Y, GUO Y Y, LI Y X. Research on the mechanism of coal and gas outburst and the screening of prediction indices［J］. Procedia Earth and Planetary Science，2009：173-179.

［110］B. B. 霍多特. 煤与瓦斯突出机理［M］. 北京：中国工业出版社，1966.

［111］KAREV V I, KOVALENKO Y F. Theoretical model of gas filtration in gassy coal seams［J］. Soviet Mining Science，1989，24（6）：528-536.

［112］Gray I. The mechanism of energy release associated with outbursts［C］// Proceedings of the Occurrence and Control of Outbursts in Coal Mines Queen sland. Australia：Plenum Publishing Corporation，1980.

［113］LAMA R D, BODZIONY J. Management of outburst in underground coal mines［J］. International Journal of Coal Geology，1998，35：83-115.

［114］NOWAK E. Ways to accelerate implementation of methane removal from underground workings［J］. Przegl. Com. 1995，51（1）：27-30.

［115］BOBROV A I. Present day status and prospects for solution of gas-dynamic phenomena in mines［J］. Ugol' Ukr. 1998，39（1）：63-67.

［116］WOSTENHOLME E F, ARSCOTTR L. Methane drainage［J］. Colliery Guardian，1989，217（9）：514-520.

［117］俞启香. 煤矿瓦斯灾害防治理论研究与工程实践［M］. 徐州：中国矿业大学出版社，2005：12-16.

［118］程远平，俞启香，袁亮，等. 煤与远程卸压瓦斯安全高效共采试验研究［J］. 中国矿业大学学报，2004，33（2）：132-136.

［119］国家煤矿安全监察局. 煤矿瓦斯治理经验五十条［M］. 北京：煤炭工业出版社，2005.

［120］程远平，周德永，俞启香，等. 保护层卸压瓦斯抽采及涌出规律研究［J］. 煤炭学报，2006，23（1）：12-18.

［121］袁亮. 高瓦斯矿区复杂地质条件安全高效开采关键技术［J］. 煤炭学报，2006，31（2）：174-178.

［122］国家安全生产监督管理总局. 保护层开采技术规范［M］. 北京：煤炭工业出版社，2009.

[123] ZHOU H，CHENG Y. Study on proper roadway location in gob-side of outburst seam ［C］. Huainan：Proceedings of 2007 International Symposium on Coal Gas Control Technology，2007.

[124] BAUER M. High performance longwall mining in deep and methane rich coal deposits in Germany taking into account methods and technologies for controlling the estimated gas liberation ［C］. Xuzhou：China University of Mining and Technology Press，2007：57-75.

[125] WANG L，CHENG Y，LI F，et al. Fracture evolution and pressure relief gas drainage from distant protected coal seams under an extremely thick key stratum ［J］. Journal of China University of Mining & Technology (English Edition)，2008，18 (2)：182-186.

[126] 梁冰，石占山，蒋福利，等. 远距离薄煤上保护层开采方案保护有效性论证 ［J］. 中国安全科学学报，2015，25 (4)：17-22.

[127] 谢生荣，武华太，赵耀江，等. 高瓦斯煤层群"煤与瓦斯共采"技术研究 ［J］. 采矿与安全工程学报，2009，26 (2)：173-178.

[128] 柏发松，郑群，周汝洪. 高瓦斯煤层群开采沿空留巷 U 型通风煤与瓦斯共采试验研究 ［J］. 矿业安全与环保，2010，37 (4)：40-45.

[129] 吴仁伦，许家林，孔翔，等. 长综放面采动上覆煤层的瓦斯卸压规律研究 ［J］. 采矿与安全工程学报，2010，27 (1)：8-12，18.

[130] 李进朋. 高瓦斯近距离煤层群保护层煤与瓦斯共采技术 ［J］. 煤矿开采，2012，17 (2)：41-43，40.

[131] 方新秋，耿耀强，王明. 高瓦斯煤层千米定向钻孔煤与瓦斯共采机理 ［J］. 中国矿业大学学报，2012，41 (6)：885-892.

[132] 煤矿安全高效开采技术的重大突破 ［N］. 科技日报，2005-05-23 (4).

[133] 郑西贵，张农，袁亮. 无煤柱分阶段沿空留巷煤与瓦斯共采方法与应用 ［J］. 中国矿业大学学报，2012，41 (3)：390-396.

[134] 范立国. 高瓦斯突出矿井沿空留巷"Y"型通风煤与瓦斯共采技术推广应用 ［J］. 技术应用，2013 (8)：112，81.

[135] LUBINSKI A，WOODS H B. Factors affecting the angle of inclination and dog-legging in rotary bore holes ［J］ Drilling and Production Practice，1953 (1)：222-242.

[136] BRETT J F，GRAY J A，BELL R K，et al. A method of modeling the directional behavior of buttomhole assembles including those with bent subs and downhole motors ［C］. IADC/SPE 14767J，1986.

[137] FOTOOHI K，Mitri S H. Non-linear fault behaviour near underground excavations a

boundary element approach ［J］．International Journal for Numerical and Analytical Methods in Geomechanics，1996，20（3）：173-190．

［138］HOUETAL C. A new method to control heave in hetero generous strata ［C］．Ninth International Conference on Computer Methods and Advances in Geomechanics，WIRSM，1997：1519-1522．

［139］NAKAGAWA M，JIANG Y，ESKI T. Application of large strain analysis for prediction of behavior of tunnels in soft rock ［J］．Computer Methods and Advances in Geomechanics，1997：1309-1315．

［140］MALAN D F. Time-dependent behavior of deep level tabular excavations in hard rock ［J］．Rock Mechanics and Rock Engineering，1999，32（2）：123-155．

［141］QU Q，XU J，YANG S，et al. The characteristics of gas emission in high-output and high-efficiency super-length fully-mechanized top coal caving face ［C］．2007，ISMS-ST，2007．

［142］SOMERTON W H. Effect of stress on permeability of coal ［J］．International Journal of Rock Mechanics and Mining Sciences and Geomechanics Abstracts，1975，12（2）：151-158．

［143］石必明，俞启香，周世宁．保护层开采远距离煤岩破裂变形数值模拟 ［J］．中国矿业大学学报，2004，33（3）：25-29．

［144］田世祥，蒋承林，张才广，等．复杂地质条件下高瓦斯近距离突出煤层群煤与瓦斯共采技术 ［J］．煤矿安全，2013，44（1）：57-59，63．

［145］李维光．低透气性薄煤层煤与瓦斯共采技术研究 ［J］．中国安全生产科学技术，2012，8（10）：14-17．

［146］冀超辉．单一低透突出煤层底抽巷煤气共采技术及实践 ［J］．矿业安全与环保，2015，42（3）：86-89．

［147］张吉雄，缪协兴，张强，等．"采选抽充采"集成型煤与瓦斯绿色共采技术研究 ［J］．煤炭学报，2016，41（7）：1683-1693．

［148］薛俊华．三巷布置Y型通风煤与瓦斯共采技术 ［J］．安徽建筑工业学院学报（自然科学版），2012，20（4）：83-90．

［149］李树刚，李生彩，林海飞，等．卸压瓦斯抽取及煤与瓦斯共采技术研究 ［J］．西安科技学院学报，2002，22（3）：247-249，263．

［150］袁亮．复杂特困条件下煤层群瓦斯抽放技术研究 ［J］．煤炭科学技术，2003，33（11）：1-4．

［151］胡国忠，许家林，黄军碗，等．高瓦斯综放工作面的均衡开采技术研究 ［J］．煤炭学报，2010，35（5）：711-716．

[152] 张新建，王硕，张双全，等. 大采高长工作面三级瓦斯抽采模式研究［J］. 煤炭科学技术，2013，41（6）：62-64.

[153] 俞启香. 矿井瓦斯防治［M］. 徐州：中国矿业大学出版社，1992.

[154] 程远平，俞启香，袁亮. 上覆远程卸压岩体移动特性与瓦斯抽采技术［J］. 辽宁工程技术大学学报，2003，22（4）：483-486.

[155] 王海锋，程远平，吴冬梅，等. 近距离上保护层开采工作面瓦斯涌出及瓦斯抽采参数优化［J］. 煤炭学报，2010，35（4）：590-594.

[156] 刘洪永，程远平，陈海栋，等. 高强度开采覆岩离层瓦斯通道特征及瓦斯渗流特性研究［J］. 煤炭学报，2012，37（9）：1437-1443.

[157] 舒彦民，赵益，孙建华，等. 薄煤层群煤与瓦斯共采技术研究［J］. 矿业安全与环保，2011，38（4）：47-49，93.

[158] 刘珂铭，张勇，许力峰，等. 近距离煤层群瓦斯立体抽采技术研究［J］. 煤炭科学技术，2012，40（6）：46-50.

[159] 赵玉岐，齐黎明. 突出煤层透析解突技术研究［J］. 采矿与安全工程学报，2009，26（1）：110-113.

[160] 屈利伟. 高瓦斯煤层群开采卸压瓦斯抽采技术研究［D］. 西安：西安科技大学，2013.

[161] 张正林，李树刚. 卸压瓦斯抽采技术研究及其效果［J］. 陕西煤炭，2005，24（4）：10-11，37.

[162] 张学民，张晓波，张仲信，等. 阳泉矿区瓦斯涌出规律研究及其综合治理［J］. 煤炭科学技术，2014，42（9）：123-125，149.

[163] 谢和平，陈至达. 岩石类材料裂纹分叉非规则性几何的分形效应［J］. 力学学报，1989，21（5）：613-318.

[164] 谢和平，高峰，周宏伟，等. 岩石断裂和破碎的分形研究［J］. 防灾减灾工程学报，2003，23（4）：1-9.

[165] 张玉军，张华兴，陈佩佩. 覆岩及采动岩体裂隙场分布特征的可视化探测［J］. 煤炭学报，2008，33（11）：1216-1219.

[166] 张玉军，李凤明. 采动覆岩裂隙分布特征数字分析及网络实现［J］. 煤矿开采，2009，14（5）：4-6.

[167] 王志国，周宏伟，谢和平. 深部开采上覆岩层采动裂隙网络演化的分形特征研究［J］. 岩土力学，2009，30（8）：2403-2408.

[168] 彭永伟，齐庆新，李红艳，等. 煤体采动裂隙场演化与瓦斯渗流耦合数值模拟［J］. 辽宁工程技术大学学报，2009，28（S1）：229-231.

[169] 彭永伟，齐庆新，汪有刚，等. 煤体采动裂隙现场实测及其应用研究［J］. 岩

石力学与工程学报，2010，29（A2）：4188-4193.

[170] 张炜，张东升，马立强，等. 一种氢气地表探测覆岩采动裂隙综合试验系统研制与应用 [J]. 岩石力学与工程学报，2011，30（12）：2531-2539.

[171] 刘洪涛，马念杰，李季，等. 顶板浅部裂隙通道演化规律与分布特征 [J]. 煤炭学报，2012，37（9）：1451-1455.

[172] 张勇，许力峰，刘珂铭，等. 采动煤岩体瓦斯通道形成机制及演化规律 [J]. 煤炭学报，2012，37（9）：1444-1450.

[173] 高明忠，金文城，郑长江，等. 采动裂隙网络实时演化及连通性特征 [J]. 煤炭学报，2012，37（9）：1535-1540.

[174] 付金伟，朱维申，曹冠华，等. 岩石中三维单裂隙扩展过程的试验研究和数值模拟 [J]. 煤炭学报，2013，38（3）：411-417.

[175] 赵小平，裴建良，戴峰，等. 裂隙岩体内3维裂隙体的分形描述 [J]. 四川大学学报（工程科学版），2014，46（6）：95-100.

[176] 许江，苏小鹏，程立朝，等. 压剪应力作用下含瓦斯原煤细观裂隙演化特征试验研究 [J]. 岩石力学与工程学报，2014，33（3）：458-467.

[177] 杨科，谢广祥. 采动裂隙分布及其演化特征的采厚效应 [J]. 煤炭学报，2008，33（10）：1092-1096.

[178] 林海飞. 综放开采覆岩裂隙演化与卸压瓦斯运移规律及工程应用 [D]. 西安：西安科技大学，2009.

[179] 李振华，丁鑫品，程志恒. 薄基岩煤层覆岩裂隙演化的分形特征研究 [J]. 采矿与安全工程学报，2010，27（4）：576-580.

[180] 高保彬，王晓蕾，朱明礼，等. 复合顶板高瓦斯厚煤层综放工作面覆岩"两带"动态发育特征 [J]. 岩石力学与工程学报，2012，31（A1）：3444-3451.

[181] 华明国. 采动裂隙场演化与瓦斯运移规律研究及其工程应用 [D]. 北京：中国矿业大学（北京），2013.

[182] 华明国，刘进平，吴兵，等. 基于相似模拟实验的采动裂隙场演化规律研究 [J]. 华北科技学院学报，2014，11（2）：59-64.

[183] 肖鹏，李树刚，林海飞，等. 基于物理相似模拟实验的覆岩采动裂隙演化规律研究 [J]. 中国安全生产科学技术，2014，10（4）：18-23.

[184] 张平松，刘盛东，吴荣新. 地震波CT技术探测煤层上覆岩层破坏规律 [J]. 岩石力学与工程学报，2004，23（15）：2510-2513.

[185] 尹增德. 采动覆岩破坏特征及其应用研究 [D]. 青岛：山东科技大学，2007.

[186] 张平松，胡雄武，刘盛东. 采煤面覆岩破坏动态测试模拟研究 [J]. 岩石力学与工程学报，2011，30（1）：78-83.

[187] 许家林，朱卫兵，王晓振. 基于关键层位置的导水裂隙带高度预计方法 [J].
煤炭学报，2012，37（5）：762-769.

[188] 胡小娟，李文平，曹丁涛，等. 综采导水裂隙带多因素影响指标研究与高度预
计 [J]. 煤炭学报，2012，37（4）：613-620.

[189] 杨逾，梁鹏飞. 基于EH-4电磁成像系统的采空区覆岩破坏高度探测技术 [J].
中国地质灾害与防治学报，2013，24（3）：68-71.

[190] 夏小刚，黄庆享. 基于空隙率的垮落带高度研究 [J]. 采矿与安全工程学报，
2014，31（1）：102-107.

[191] 周世宁，孙辑正. 煤层瓦斯流动理论及其应用 [J]. 煤炭学报，1965，2（1）：
24-37.

[192] 林柏泉，周世宁. 煤样瓦斯渗透率的实验研究 [J]. 中国矿业学院学报，1987，
16（1）：21-28.

[193] 孙培德. 煤层瓦斯流场流动规律的研究 [J]. 煤炭学报，1987，12（4）：
74-82.

[194] 孙培德. 变形过程中煤样渗透率变化规律的实验研究 [J]. 岩石力学与工程学
报，2001，20（S1）：1801-1804.

[195] 李树刚，徐精彩. 软煤样渗透特性的电液伺服试验研究 [J]. 岩土工程学报，
2001，23（1）：68-70.

[196] 李树刚，钱鸣高，石平五. 煤样全应力应变过程中的渗透系数-应变方程 [J].
煤田地质与勘探，2001，29（1）：22-24.

[197] 邓英尔，黄润秋，麻翠杰，等. 含束缚水低渗透介质气体非线性渗流定律 [J].
天然气工业，2004，24（11）：88-91.

[198] 邓英尔，谢和平，黄润秋，等. 低渗透孔隙-裂隙介质气体非线性渗流运动方程
[J]. 四川大学学报（工程科学版），2006，38（4）：1-4.

[199] 曹广祝. 岩石CT尺度小裂纹扩展与渗流特性研究 [D]. 西安：西安理工大学，
2004.

[200] 唐巨鹏，潘一山，李成全，等. 固流耦合作用下煤层气解吸-渗流实验研究
[J]. 中国矿业大学学报，2006，35（2）：274-278.

[201] 张金才，王建学. 岩体应力与渗流的耦合及其工程应用 [J]. 岩石力学与工程学
报，2006，25（10）：1981-1989.

[202] 何翔. 岩体渗流-应力耦合的随机有限元方法 [D]. 武汉：中国科学院武汉岩土
力学研究所，2006.

[203] 涂敏，刘泽功. 煤体采动顶板裂隙发育研究与应用 [J]. 煤炭科学技术，2002，
30（7）：54-56.

[204] 尹光志，王登科，张东明，等. 两种含瓦斯煤样变形特性与抗压强度的实验分析 [J]. 岩石力学与工程学报，2009，28（2）：410-417.

[205] 尹光志，李广治，赵洪宝，等. 煤岩全应力-应变过程中瓦斯流动特性试验研究 [J]. 岩石力学与工程学报，2010，29（1）：170-175.

[206] 尹光志，蒋长宝，李晓泉，等. 突出煤和非突出煤全应力-应变瓦斯渗流试验研究 [J]. 岩土力学，2011，32（6）：1613-1619.

[207] 许江，彭守建，尹光志，等. 含瓦斯煤热流固耦合三轴伺服渗流装置的研制及应用 [J]. 岩石力学与工程学报，2010，29（5）：907-914.

[208] 王登科. 含瓦斯煤岩体本构模型与失稳规律研究 [D]. 重庆：重庆大学，2009.

[209] 孔海陵. 煤层变形与瓦斯运移耦合系统动力学研究 [D]. 徐州：中国矿业大学，2009.

[210] 汪有刚，李宏艳，齐庆新，等. 采动煤层渗透率演化与卸压瓦斯抽放技术 [J]. 煤炭学报，2010，35（3）：406-410.

[211] 李宏艳，齐庆新，梁冰，等. 煤岩渗透率演化规律及多尺度效应分析 [J]. 岩石力学与工程学报，2010，29（6）：1192-1197.

[212] 曹树刚，李勇，郭平，等. 型煤与原煤全应力-应变过程渗流特性对比研究 [J]. 岩石力学与工程学报，2010，29（5）：899-906.

[213] 胡大伟，周辉，潘鹏志，等. 砂岩三轴循环加载条件下的渗透率研究 [J]. 岩土力学，2010，31（9）：2749-2755.

[214] 马强. 煤层气储层渗透率变化规律理论与实验研究 [D]. 北京：中国矿业大学（北京），2011.

[215] 高峰，许爱斌，周福宝. 保护层开采过程中煤岩损伤与瓦斯渗透性的变化研究 [J]. 煤炭学报，2011，36（2）：1979-1985.

[216] 张丹丹. 力热耦合作用下含瓦斯煤力学特性与渗流特性的实验研究 [D]. 重庆：重庆大学，2011.

[217] 秦伟，许家林，彭小亚. 本煤层超前卸压瓦斯抽采的固-气耦合试验 [J]. 中国矿业大学学报，2012，41（6）：900-905.

[218] 宋常胜. 超远距离下保护层开采卸压裂隙演化及渗流特征研究 [D]. 焦作：河南理工大学，2012.

[219] 俞缙，李宏，陈旭，等. 渗透压-应力耦合作用下砂岩渗透率与变形关联性三轴试验研究 [J]. 岩石力学与工程学报，2013，32（6）：1203-1213.

[220] 季文博. 近距离煤层群采动煤岩渗透特性演化规律与实测方法研究 [D]. 北京：中国矿业大学（北京），2013.

[221] 李波. 受载含瓦斯煤渗流特性及其应用研究 [D]. 北京：中国矿业大学（北

京），2013.

[222] 孟磊. 含瓦斯煤体损伤破坏特征及瓦斯运移规律研究 [D]. 北京：中国矿业大学（北京），2013.

[223] 薛东杰. 不同开采条件下采动煤岩体瓦斯增透机理研究 [D]. 北京：中国矿业大学（北京），2013.

[224] 潘荣琨. 载荷煤体渗透率演化特性及在卸压瓦斯抽采中的应用 [D]. 徐州：中国矿业大学，2014.

[225] 李波波. 不同开采条件下煤岩损伤演化与煤层瓦斯渗透机理研究 [D]. 重庆：重庆大学，2014.

[226] 胡少斌. 多尺度裂隙煤体气固耦合行为及机制研究 [D]. 徐州：中国矿业大学，2015.

[227] 孔胜利. 采动煤岩体离散裂隙网络瓦斯流动特征及应用研究 [D]. 徐州：中国矿业大学，2015.

[228] 杨延毅，周维垣. 裂隙岩体的渗流-损伤耦合分析模型及其工程应用 [J]. 水利学报，1991，36（5）：19-27.

[229] 郑少河，朱维申. 裂隙岩体渗流损伤耦合模型的理论分析 [J]. 岩石力学与工程学报，2001，20（2）：156-159.

[230] 程国明，黄侃，王思敬. 综放开采顶煤裂隙及其对渗透性研究的意义 [J]. 煤田地质与勘探，2002，30（6）：19-21.

[231] 王恩志，王洪涛，孙役. 双重裂隙系统渗流模型研究 [J]. 岩石力学与工程学报，1998，17（4）：400-406.

[232] 王恩志，孙役，黄远智，等. 三维离散裂隙网络渗流模型与实验模拟 [J]. 水利学报，2002，47（5）：37-40.

[233] 王恩志，侯鹏，李昂，等. 润扬桥基三维裂隙网络渗流数值模拟 [J]. 水文地质工程地质，2006，50（1）：27-30.

[234] 刘晓丽，王恩志，王思敬，等. 裂隙岩体表征方法及岩体水力学特性研究 [J]. 岩石力学与工程学报，2008，27（9）：1814-1821.

[235] 刘晓丽，王思敬，王恩志，等. 单轴压缩岩石中缺陷的演化规律及岩石强度 [J]. 岩石力学与工程学报，2008，27（6）：1195-1201.

[236] 齐庆新，彭永伟，汪有刚，等. 基于煤体采动裂隙场分区的瓦斯流动数值分析 [J]. 煤矿开采，2010，15（5）：8-10.

[237] 陈红江. 裂隙岩体应力-损伤-渗流耦合理论、试验及工程应用研究 [D]. 长沙：中南大学，2010.

[238] 宋颜金，程国强，郭惟嘉. 采动覆岩裂隙分布及其空隙率特征 [J]. 岩土力学，

2011，32（2）：533-536.

[239] 王会杰. 深部裂隙煤岩渗流性质的试验研究 [D]. 北京：中国矿业大学（北京），2013.

[240] 吕闰生. 受载瓦斯煤体变形渗流特征及控制机理研究 [D]. 北京：中国矿业大学（北京），2014.

[241] 赵阳升，秦惠增，白其峥. 煤层瓦斯流动的气-固耦合数学模型及数值模拟研究 [J]. 固体力学学报，1994，15（1）：49-56.

[242] 赵阳升. 煤体-瓦斯耦合数学模型及数值解法 [J]. 岩石力学与工程学报，1994，13（3）：229-239.

[243] 梁冰，章梦涛. 对煤矿岩体中固流耦合效应问题研究的探讨 [J]. 阜新矿业学院学报（自然科学版），1993，12（2）：1-6.

[244] 梁冰，章梦涛，王泳嘉. 含瓦斯煤的内时本构模型 [J]. 岩土力学，1995，16（3）：22-28.

[245] 梁冰，章梦涛，潘一山，等. 煤和瓦斯突出的固流耦合失稳理论 [J]. 煤炭学报，1995，20（2）：492-496.

[246] 梁冰，章梦涛，王泳嘉. 应力、瓦斯压力在煤和瓦斯突出发生中作用的数值试验研究 [J]. 阜新矿业学院学报（自然科学版），1996，15（1）：1-4.

[247] 梁冰，王泳嘉，章梦涛. 含瓦斯煤的内时本构关系及其参数的实验研究 [J]. 固体力学学报，1996，17（3）：229-234.

[248] 梁冰，章梦涛，王泳嘉. 煤层瓦斯渗流与煤体变形的耦合数学模型及数值解法 [J]. 岩石力学与工程学报，1996，15（2）：135-142.

[249] 胡耀青，赵阳升，魏锦平，等. 三维应力作用下煤体瓦斯渗透规律实验研究 [J]. 西安矿业学院学报，1996，16（4）：308-311.

[250] 孙培德，鲜学福. 煤层气越流的固气耦合理论及其应用 [J]. 煤炭学报，1999，24（1）：60-64.

[251] 孙培德，万华根. 煤层气越流固气耦合模型及可视化模拟研究 [J]. 岩石力学与工程学报，2004，23（7）：1179-1185.

[252] 杨天鸿，屠晓利，於斌，等. 岩石破裂与渗流耦合过程细观力学模型 [J]. 固体力学学报，2005，26（3）：333-337.

[253] 刘建军，刘先贵，胡雅礽，等. 低渗透储层流固耦合渗流规律的研究 [J]. 岩石力学与工程学报，2002，21（1）：88-92.

[254] 刘建军，冯夏庭. 我国油藏渗流-温度-应力耦合的研究进展 [J]. 岩土力学，2003，24（S2）：645-650.

[255] 刘建军，薛强. 岩土热-流-固耦合理论及在采矿工程中的应用 [J]. 武汉工业

学院学报，2004，23（3）：55-60.

[256] 刘建军，裴桂红. 裂缝性低渗透油藏流固耦合渗流分析 [J]. 应用力学学报，2004，21（1）：36-39.

[257] 肖晓春，潘一山. 考虑滑脱效应的煤层气渗流数学模型及数值模拟 [J]. 岩石力学与工程学报，2005，24（16）：2966-2971.

[258] 胡国忠，王宏图，范晓刚，等. 低渗透突出煤的瓦斯渗流规律研究 [J]. 岩石力学与工程学报，2009，28（12）：2527-2534.

[259] 胡国忠，许家林，王宏图，等. 低渗透煤与瓦斯的固气动态耦合模型及数值模拟 [J]. 中国矿业大学学报，2011，40（1）：1-5.

[260] 郝富昌. 基于多物理场耦合的瓦斯抽采参数优化研究 [D]. 北京：中国矿业大学（北京），2012.

[261] 马勇，胡依鲁. 基于ABAQUS的高位抽放钻孔数值模拟 [J]. 煤矿安全，2014，45（1）：140-146.

[262] 姜晓东，秦金辉. 高位钻场在李雅庄煤矿的应用效果分析 [J]. 中州煤炭，2014，223（7）：62-64.

[263] 任仲久. 高位钻孔抽采技术在工作面瓦斯治理中的应用 [J]. 中州煤炭，2014，218（2）：52-54.

[264] 李凤龙，杨宏民，陈立伟. 大直径高位钻孔治理综放工作面初采期瓦斯涌出 [J]. 中国煤炭，2015，41（4）：114-117.

[265] 刘卫忠，逯万胜. 高位抽放及顶板预裂爆破技术的优化研究及应用 [J]. 煤矿现代化，2014，123（6）：79-83.

[266] 陈亮，许小凯，尚荣亚，等. 综放采空区千米钻孔与高位钻孔抽采方法对比分析及优化 [J]. 中国煤炭，2015，41（2）：92-113.

[267] 王明，张新福，邹永铭，等. 顶板大孔径千米定向钻孔瓦斯抽采方法研究 [J]. 煤炭科技，2011（1）：63-65.

[268] 林柏泉，李庆钊，杨威，等. 基于千米钻机的"三软"煤层瓦斯治理技术及应用 [J]. 煤炭学报，2011，36（12）：1968-1973.

[269] 汪东升. 近距离煤层群保护层开采瓦斯立体抽采防突理论与实验研究 [D]. 徐州：中国矿业大学，2009.

[270] 宋洪庆，朱维耀，王一兵，等. 煤层气低速非达西渗流解析模型及分析 [J]. 中国矿业大学学报，2013，42（1）：93-99.

[271] 许江，彭守建，刘东，等. 煤层气抽采过程中煤储层参数动态响应物理模拟 [J]. 煤炭科学技术，2014，42（6）：61-64.

[272] 张少帅，杨胜强，鹿存荣. 基于瓦斯涌出量预测的近距离煤层群开采顺序优化

选择［J］. 中国安全生产科学技术，2011，7（9）：60-63.

[273] 王峰. 煤炭产业动态投入产出多目标优化模型［J］. 辽宁工程技术大学学报，2004，6（3）：253-255.

[274] 高清东. 复杂供矿条件矿山技术指标整体动态优化系统及应用［D］. 北京：北京科技大学，2005.

[275] 黄庭. 基于多目标优化的矿产资源经济评价模型及其实证研究［D］. 北京：中国地质大学，2009.

[276] 李建伟，侯晓红，刘长郡. 基于多目标优化算法的矿井可持续开采模式研究［J］. 煤矿开采，2013，18（3）：125-127，124.

[277] 李园. 煤炭企业安全成本及其优化分析［D］. 青岛：山东科技大学，2007.

[278] 吕文玉. 薄煤层采煤方法优选与工作面长度优化研究［D］. 北京：中国矿业大学（北京），2010.

[279] 张伟. 倒"S"型复杂煤层开采方法优化研究与应用［D］. 北京：中国矿业大学（北京），2011.

[280] 陈庆刚. 基于模糊预测与线性规划的多矿山产能优化配置［J］. 矿业研究与开发，2011，31（4）：8-12.

[281] 郑明贵，王文潇，蔡嗣经. 姑山矿区多矿床矿产资源开发时空量序综合优化研究［J］. 矿业研究与开发，2012，32（1）：117-122.

[282] 冯夕文，王岳，冯玉振，等. 煤矿井下生产可视化动态优化决策系统的研发［J］. 中国矿业，2013，22（12）：132-135.

[283] 吕保民. 煤层瓦斯预抽期评价及预抽效果分析［J］. 能源技术与管理，2011（3）：16-18.

[284] 秦伟，许家林，吴仁伦，等. 基于CFD模拟的邻近层穿层钻孔瓦斯抽采优化设计［J］. 采矿与安全工程学报，2012，29（1）：111-117.

[285] 高宏，杨永生，康先勇，等. 五阳煤矿瓦斯抽采参数优化研究［J］. 矿业安全与环保，2013，40（3）：29-32.

[286] 刘志强. 综放工作面瓦斯专排巷位置优化研究［J］. 能源技术与管理，2013，38（1）：23-25.

[287] 张明，刘杰. 采场覆岩裂隙发育规律及高位钻孔优化［J］. 能源技术与管理，2013，38（4）：34-36.

[288] 郁钟铭，韩修彪，艾德春，等. 基于FLUENT软件对水城矿区某煤矿钻孔抽采参数的优化研究［J］. 贵州大学学报，2013，30（5）：49-52.

[289] 王耀锋，聂荣山. 基于采动裂隙演化特征的高位钻孔优化研究［J］. 煤炭科学技术，2014，42（6）：86-91.

［290］HAKEN H. Advanced synergetices ［M］. Berlin：Springer，1983.

［291］HAKEN H. Information and self-organization：macroscopic approach to complex systems ［M］. Berlin：Springer，1988.

［292］HAKEN H. Synergetics. an introduction. ［M］. 3rd ed. Berlin：Springer，1983.

［293］赫尔曼·哈肯. 协同学：大自然构成的奥秘 ［M］. 凌复华，译. 上海：上海译文出版社，2001.

［294］赫尔曼·哈肯. 大脑工作原理：脑活动、行为和认知的协同学研究 ［M］. 郭治安，译. 上海：上海科技教育出版社，2000.

［295］GUTTINGER W. The physics of structure formation：theory and simulation ［M］. Berlin：Springer，1987.

［296］SCHOLL E. Nonequlibrium phase transitions in semiconductors ［M］. Berlin：Springer，1987.

［297］EBELING W. Self organization by non linear irreversible processes ［M］. Berlin：Springer，1986.

［298］FOSTER J，WILD P. Economic evolution and the science of synergetics ［J］. Journal of Evolutionary Economics，1996，6 （3）：239-260.

［299］HOGG T，TALHAM H，REES D. Learning in a self-organising pattern formation system ［J］. Pattern Recognition Letters，1999 （20）：1-5.

［300］KNYAZEVA E N，KURDYUMOV S P. Evolution and self-organization laws of complex systems ［M］. Moscow：Nauka，1994.

［301］LANDSBERG P T. Entropy and order ［C］//KILOMETER C W. Disequilibrium and self-organization. Dordrecht：D. Reidel Publishing Company，1986：19-21.

［302］SHEVCHENKOAND D O，KENYA I A. Fluctuation induced reconstruction of phase transition ［J］. The European Physical Journal，2003，32 （3）：375-382.

［303］陈卫忠，李术才，朱维申，等. 考虑裂隙闭合和摩擦效应的节理岩体能量损伤理论与应用 ［J］. 岩石力学与工程学报，2000，19 （2）：131-135.

［304］谭云亮，王泳嘉，朱浮声，等. 顶板活动过程的自组织演化研究 ［J］. 岩石力学与工程学报，1997，16 （3）：258-265.

［305］黄润秋，许强. 斜坡失稳时间的协同预测模型 ［J］. 山地研究，1997，15 （1）：7-12.

［306］宋修海. 岩体损伤演化的协同效应及其热弹性不稳定性 ［J］. 辽宁工程技术大学学报，2007，26 （5）：691-693.

［307］陈群，任建勋，过增元. 流体流动场协同原理以及其在减阻中的应用 ［J］. 科学通报，2008，53 （4）：489-492.

[308] 于广明，潘永战，王国艳. 岩石损伤协同特征分析 [J]. 山东科技大学学报，2009，28（4）：5-8.

[309] 张扬，郭亮. 基于修正残差的协同预测模型边坡失稳预测应用 [J]. 科学技术与工程，2011，11（26）：6424-6429.

[310] 龙景奎，蒋斌松，刘刚. 巷道围岩协同锚固系统及其作用机理研究与应用 [J]. 煤炭学报，2012，37（3）：372-379.

[311] 贺小黑，王思敬，肖锐铧，等. 协同滑坡预测预报模型的改进及其应用 [J]. 岩土工程学报，2013，35（10）：1839-1849.

[312] 周琪，郑振东，唐聪，等. 基于背景值修正的协同预测模型 [J]. 武汉理工大学学报，2014，38（5）：1140-1143.

[313] 刘伟，刘志春，过增元. 对流换热层流流场的物理量协同与传热强化分析 [J]. 科学通报，2009，54（12）：1779-1785.

[314] 刘伟，刘志春，马雷. 多场协同原理在管内对流强化传热性能评价中的应用 [J]. 科学通报，2012，57（10）：867-874.

[315] VON NEUMANN J，MORGENSTEM O. Theory of games and economic behavior [Z]. Princeton：Princeton University Press，1944.

[316] KOOPMANS T C. Activity analysis of production and allocation [Z]. New York：Wiley，1952.

[317] COHON J L. Multi objective programming briefer view and application [C] // GERO J S. Design optimization [M]. Orlando：Academic Press，1985.

[318] STEUER R E. Multiple criteria optimization：theory，computation，and application [M]. New York：Wiley Press，1986.

[319] 金欣磊. 基于PSO的多目标优化算法研究及应用 [D]. 杭州：浙江大学，2006.

[320] MARMING L，YEN G G. Rank-density-based multi-objective genetically algorithm and bench mark test function study [J]. IEEE Transactions on Evolutionary Computation，2003，4（7）：325-342.

[321] 郑贱成，李晓青，周平. 临澧县矿产资源现状分析与经济综合评价研究 [J]. 经济研究导刊，2000（1）：140-141.

[322] 宋光兴，钱鑫，刘怀. 基于熵技术的矿产资源综合开发利用评价方法研究 [J]. 中国矿业，2000，9（3）：26-29.

[323] 闫军印，赵国杰，孙卫东. 基于可持续发展的区域矿产资源配置问题研究 [J]. 生态经济，2006（5）：5-9.

[324] 张聪，赵怡晴，张宇，等. 安太堡露天煤矿生产计划多目标优化模型及其应用 [J]. 昆明理工大学学报（自然科学版），2015，40（5）：119-124.

[325] 胡耀青，赵阳升，杨栋. 三维流固耦合相似模拟理论与方法 [J]. 辽宁工程技术大学学报，2007，26 (2)：204-206.

[326] SEIDLE J P, JEANSONNE D J, ERICKSON D J. Application of matchstick geometry to stress dependent permeability in coals [C]. The SPE Rocky Mountain Regional Meeting，1992.

[327] SEIDLE J P, HUITT L G. Experimental measurement of coal matrix shrinkage due to gas desorption and implications for cleat permeability increases [C]. Beijing: SPE International Meeting on Petroleum Engineering，1995.

[328] DURUCAN S, EDWARDS J S. The effects of stress and fracturing on permeability of coal [J]. Mining Science & Technology，1986，3 (3)：205-216.

[329] SHI J Q, DURUCAN S. Drawdown induced changes in permeability of coalbeds: a new interpretation of the reservoir response to primary recovery [J]. Transport in Porous Media，2004，1 (56)：1-16.

[330] ROBERTSON E P, CHRISTIANSEN R L. Modeling permeability in coal using sorption-induced strain data [C]. Dallas: 2005 SPE Annual Technical Conference and Exhibition，2005.

[331] PALMER I, MANSOORI J. How permeability depends on stress and pore pressure in coalbeds: a new model [J]. Reservoir Evaluation & Engineering，1998 (10)：539-544.

[332] PALMER I. Permeability changes in coal: analytical modeling [J]. International Journal of Coal Geology，2009，77 (2)：119-126.

[333] LIU J, CHEN Z, ELSWORTH D, et al. Linking gas-sorption induced changes in coal permeability to directional strains through a modulus reduction ratio [J]. International Journal of Coal Geology，2010，83 (1)：21-30.

[334] LIU J, CHEN Z, ELSWORTH D, et al. Evolution of coal permeability from stress-controlled to displacement-controlled swelling conditions [J]. Fuel，2011，90 (10)：2987-2997.

[335] 王连国，缪协兴. 岩石渗透率与应力、应变关系的尖点突变模型 [J]. 岩石力学与工程学报，2005，24 (23)：4210-4215.

[336] 靳钟铭，赵阳升，贺军. 含瓦斯煤层力学特性的实验研究 [J]. 岩石力学与工程学报，1991，3 (10)：271-280.

[337] 赵阳升，胡耀青，赵宝虎，等. 块裂介质岩体变形与气体渗流的耦合数学模型及其应用 [J]. 煤炭学报，2003，28 (1)：41-45.

[338] 聂百胜，何学秋，李祥春，等. 真三轴应力作用下煤体瓦斯渗流规律实验研究

　　　［C］. 第四届深部岩体力学与工程灾害控制学术研讨会论文集，2009.

[339] 朱红青，张民波，冯世梁，等. 高位孔抽采上被保护层卸压瓦斯的研究及其应用［J］. 中国安全科学学报，2013，23（2）：92-97.

[340] HARPALANI S，CHEN G. Estimation of changes in fracture porosity of coal with gas emission［J］. Fuel，1995，74（10）：1491-1498.

[341] LIU S，HARPALANI S，PILLALAMARRY M. Laboratory measurement and modeling of coal permeability with continued methane production：part 2：modeling results［J］. Fuel，2012，94（4）：117-124.

[342] ZIMMERMAN R W，SOMERTON W H，KING S M. Compressibility of porous rocks［J］. Journal of Geophysical Research，1986，91（B12）：12765-12777.

[343] 孔祥言. 高等渗流力学［M］. 合肥：中国科学技术大学出版社，2010.

[344] ROSE R E，FOH S E. Liquid permeability of coal as a function of net stress ［C］. Pittsburgh：SPE Unconventional Gas Recovery Symposium，1984.

[345] 王紫薇. 基于作业成本预算的煤炭企业成本控制研究：以JZ煤矿为例［D］. 济南：山东财经大学，2013.

[346] 王晓辉. 作业成本法在煤炭企业的应用研究［D］. 淮南：安徽理工大学，2007.

[347] 刘慧敏. 作业成本法在伊宁煤业集团的应用研究［D］. 重庆：重庆大学，2011.

[348] 汪健民. 基于作业成本法的煤炭企业成本控制研究［D］. 北京：中国矿业大学，（北京），2013.

[349] 袁清和. 基于作业的煤炭企业成本管理体系研究［D］. 青岛：山东科技大学，2009.